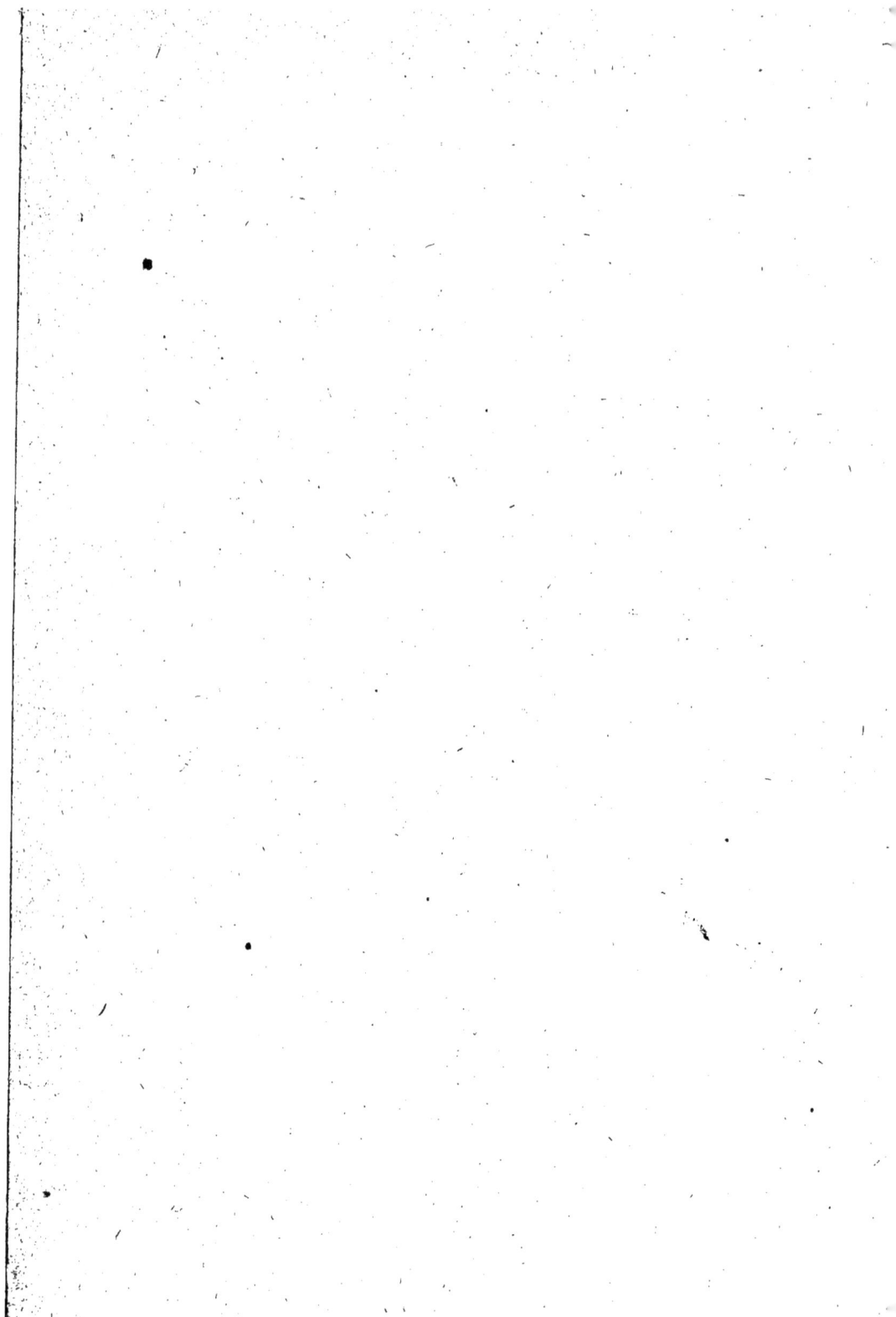

RECUEIL

DE

L'INSTITUT BOTANIQUE LÉO ERRERA

(UNIVERSITÉ DE BRUXELLES)

PUBLIÉ PAR

JEAN MASSART

TOME SUPPLÉMENTAIRE VIIBIS

AVEC UNE ANNEXE CONTENANT
DEUX CENT SEIZE PHOTOTYPIES SIMPLES,
DEUX CENT QUARANTE-SIX PHOTOTYPIES STÉRÉOSCOPIQUES,
NEUF CARTES ET DEUX DIAGRAMMES

BRUXELLES

HENRI LAMERTIN, ÉDITEUR-LIBRAIRE

20, RUE DU MARCHÉ AU BOIS, 20

1910

RECUEIL

L'INSTITUT BOTANIQUE LÉO ERRERA

RECUEIL

DE

L'INSTITUT BOTANIQUE LÉO ERRERA

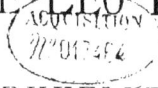

(UNIVERSITÉ DE BRUXELLES)

PUBLIÉ PAR

JEAN MASSART

TOME SUPPLÉMENTAIRE VIIBIS

AVEC UNE ANNEXE CONTENANT
DEUX CENT SEIZE PHOTOTYPIES SIMPLES,
DEUX CENT QUARANTE-SIX PHOTOTYPIES STÉRÉOSCOPIQUES,
NEUF CARTES ET DEUX DIAGRAMMES

BRUXELLES

HENRI LAMERTIN, ÉDITEUR-LIBRAIRE

20, RUE DU MARCHÉ AU BOIS, 20

—

1910

A LA MÉMOIRE

DE

LÉO ERRERA

Président du Comité organisateur
du IIIe Congrès international de Botanique

ESQUISSE

DE LA

GÉOGRAPHIE BOTANIQUE

DE LA BELGIQUE

PAR

JEAN MASSART

———

SOMMAIRE

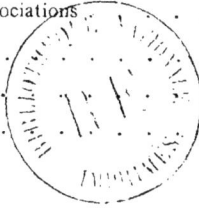

ESQUISSE

DE LA

GÉOGRAPHIE BOTANIQUE

DE LA BELGIQUE

INTRODUCTION

LES METHODES ET LES BUTS DE LA GÉOGRAPHIE BOTANIQUE.

Il y a deux manières d'arriver à la connaissance de la géographie botanique d'un pays. On peut partir de l'étude de la flore ; et dès que celle-ci est suffisamment avancée, dresser des cartes de la distribution des principales espèces. Ces cartes montreront que beaucoup de plantes n'occupent qu'une partie du territoire étudié : les aires de distribution de certaines espèces se confondent plus ou moins, tandis que d'autres n'ont guère de points de contact; il y a aussi de nombreuses espèces qui habitent le pays tout entier; d'autres encore sont étroitement localisées. La comparaison et la discussion de ces faits permettront de diviser la contrée en districts, dont chacun a sensiblement la même flore en tous ses points, mais qui diffèrent notablement quand on passe de l'un à l'autre.

Au lieu de baser la subdivision géobotanique du pays sur des observations floristiques, on peut s'appuyer sur des données climatiques ou géologiques, sur des analyses chimiques du sol, c'est-à-dire sur l'ensemble des facteurs qui définissent les conditions d'existence des végétaux. Sachant de quelle manière ces facteurs se combinent dans les divers points du territoire, on pourra établir des subdivisions, dont chacune offre, sur toute son étendue, la même température, la même quantité de pluie, la même structure du sol, la même fertilité, etc., tandis que ces conditions se présentent autrement dans les districts voisins.

Faut-il ajouter que ces deux méthodes, quelque divers que soient leurs fondements, doivent finalement se rencontrer pour découper le territoire de la même manière, puisque ce sont précisément les différences dans les conditions d'existence qui délimitent les aires géographiques des végétaux, à condition qu'il n'y ait pas de barrières empêchant la dissémination.

Jusqu'ici c'est uniquement la floristique qui a servi de base à l'étude géobotanique de notre pays. Dès 1866, FR. CRÉPIN, dans la deuxième édition de la *Flore de Belgique*, délimitait les principales régions et zones. La classification admise par ce botaniste est la suivante :

Région jurassique.
Région ardennaise.

Région moyenne.
\ Zone calcareuse.
) Zone argilo-sablonneuse.

Région septentrionale.
{ Zone campinienne.
} Zone poldérienne.
(Zone maritime.

Depuis 1866, la connaissance de la flore belge a fait des progrès considérables, grâce à la publication de la Flore des Algues par M. De Wildeman, aux catalogues de Champignons de Mmes Bommer et Rousseau, de M. Mouton et de Van der Haeghen, à la Flore des Mousses de Delogne et à la Flore des Hépatiques de Mansion. Ajoutons-y les innombrables listes de plantes, florules locales, monographies, récits d'herborisation, etc., qui ont paru dans le *Bulletin de la Société royale de Botanique de Belgique*.

Tous ces renseignements ont été coordonnés dans le *Prodrome de la Flore belge* de MM. De Wildeman et Durand. Dans l'introduction (parue en 1907), M. Durand, par la comparaison des flores phanérogamiques des diverses parties de la Belgique, arrivait à cette conclusion, que la zone calcareuse et la zone argilo-sablonneuse sont foncièrement distinctes et que plusieurs des régions et zones de Crépin doivent encore être subdivisées.

Pendant que se poursuivait l'exploration floristique du pays, de nombreuses observations relatives au climat, à l'hydrologie, à la géologie, à la nature physique et chimique des sols, etc., venaient compléter les indications insuffisantes dont avait disposé Crépin. Les plus importants de ces renseignements ont été réunis et utilisés dans les Monographies agricoles de la Belgique.

Le moment semble donc venu de tenter la synthèse de toutes ces données éparses pour arriver à une compréhension plus précise des divers districts géobotaniques de notre pays. C'est cette esquisse que j'apporte ici.

*
* *

Mais un travail de géobotanique ne peut plus se borner
à la simple délimitation des districts : il faut aussi qu'on
essaie d'indiquer quelles sont les adaptations des végétaux
aux diverses stations de chaque district, aussi bien aux
stations qui se retrouvent plus ou moins semblables dans
les districts voisins, qu'à celles qui sont spéciales au pays
étudié. C'est seulement à cette condition qu'on pourra définir
l'association végétale occupant chaque station. Ainsi, dans
un pays calcaire, il y aura non seulement à déterminer les
principales adaptations des végétaux habitant les rochers
calcaires nus et exposés au plein soleil, mais aussi les particularités que présentent la flore des moissons, celle des
bois, des prairies, etc.

Ce qui frappe tout d'abord, dès qu'on se met à dresser la
liste des plantes composant une association donnée, c'est que
des espèces qui vivent ensemble ici sont tout à fait séparées
ailleurs et manifestent des besoins souvent opposés. Préci-
sons notre pensée par un exemple. On trouve contigus, sur
1 mètre carré de dune littorale : *Corynephorus canescens,
Carex arenaria, Rosa pimpinellifolia, Koeleria cristata,
Helianthemum Chamaecistus, Climacium dendroides,
Convolvulus arvensis, Ramalina farinacea, Erythraea
linariifolia, Hippophaës rhamnoides.* Est-ce là un groupe-
ment qu'on peut s'attendre à retrouver aussi ailleurs? En
aucune manière. Sur les dunes de la Campine, on ne ren-
contrera que deux des espèces énumérées : *Corynephorus* et
Carex; sur les dunes jurassiques des environs d'Arlon, il
n'y a même que la première de ces plantes. Quant à
Koeleria, Helianthemum et *Rosa,* nous ne les trouverons
guère que sur les pelouses sèches, souvent argileuses, qui
surmontent les rochers calcaires, par exemple le long de la

Meuse et de ses affluents. Par contre, *Climacium* est une Mousse de prairies marécageuses; *Ramalina* est un lichen qui habite les troncs d'arbres; *Convolvulus* vient de préférence dans les moissons. Enfin *Erythraea* et *Hippophaës* ne quittent pas la côte, du moins en Belgique.

Ainsi donc il y a, dans les dunes littorales, un ensemble de facteurs combinés de telle manière que des espèces en apparence inconciliables peuvent y cohabiter : des plantes des sables, des plantes qui ailleurs sont propres aux marécages, des plantes habitant les coteaux rocheux brûlés par le soleil, d'autres qui fréquentent les champs de céréales, d'autres encore qui ne s'écartent jamais des sables littoraux. Et ce n'est pas seulement dans les dunes que vivent ensemble des espèces à besoins tellement divergents qu'elles semblent devoir s'exclure mutuellement, car chaque fois qu'un botaniste arrive devant une association qui est nouvelle pour lui, il est tout surpris d'y retrouver, au milieu d'espèces plus ou moins spéciales, de multiples plantes qu'il est habitué à voir dans des conditions tout autres et qu'il ne s'attendait pas à rencontrer dans une situation aussi insolite. Toute association est comme une marqueterie dont les éléments fort variés auraient été rapportés d'endroits aussi disparates que possible.

Ceci nous montre combien il serait intéressant de pouvoir discerner quelle est la combinaison de conditions que chaque station doit réaliser pour suffire aux besoins des végétaux qui la peuplent. Ainsi, dans l'exemple cité plus haut, à l'endroit qui porte l'association dont nous avons constaté la diversité, le sable est assez meuble pour *Corynephorus* et *Carex,* assez riche en humus pour que de l'eau s'y conserve et permette le développement de *Climacium,*

assez chargé de coquillages pour que des plantes calcicoles
(*Koeleria, Helianthemum, Rosa*) puissent s'en contenter,
assez sec dans sa couche tout à fait superficielle pour qu'un
lichen corticicole ne risque pas de rester trop longtemps
mouillé, etc. On comprendra que, dans la rapide esquisse
géobotanique que j'ébauche ici, je n'insiste pas sur ces
points, qui devraient être traités en détail pour chaque
association. Cependant, pour permettre au lecteur de se faire
une idée de l'hétérogénéité de la flore de toutes les stations,
j'aurai soin de citer, à côté des espèces les plus caractéristiques, quelques plantes dont les noms reviennent plus ou
moins souvent pour des stations tout à fait autres.

* * *

Reprenons, à un point de vue un peu différent, l'exemple
de la dune littorale. Les espèces qui composent sa flore vivent
aussi dans des stations où les conditions d'existence diffèrent, plus ou moins profondément, de celles de la dune.
Quelle est au juste l'amplitude des différences entre les
dunes littorales et les autres stations? Il est impossible de
l'indiquer d'une façon générale, car il n'y a pas de commune mesure s'appliquant à toutes les espèces. Ainsi
pour *Corynephorus*, les dunes de la côte, celles de la
Campine et celles du Jurassique se valent : il suffit que
la plante ait à sa disposition du sable fraichement remué
et pas trop humide. Il n'en est pas de même pour *Carex
arenaria*, puisque celle-ci manque aux dunes jurassiques,
où le climat est sans doute trop peu constant; par contre, la
Cypéracée n'exige pas du tout du sable sec et meuble : elle
habite indifféremment les mares qui dorment entre les monticules et les dunes les plus arides, elle enfonce aussi bien

ses longs stolons dans un sol complètement tassé qu'entre les grains qui viennent d'être déposés. Le sable mobile et le sable compact sont donc deux stations trop dissemblables pour *Corynephorus*, tandis que *Carex* peut s'accommoder à l'un comme à l'autre. De même, *Helianthemum, Rosa* et *Koeleria* ont la faculté de prospérer dans des sols très divers : d'une part, le sable mélangé de débris de coquillages, d'autre part, les pelouses du district calcaire. Ces trois plantes possèdent-elles le même degré d'accommodabilité aux conditions externes? Nullement : *Helianthemum* et *Rosa* vivent à la fois dans la mi-ombre des broussailles et au plein soleil, tandis que *Koeleria* ne vient qu'à une lumière intense. Enfin, *Rosa* et *Helianthemum* manifestent des exigences différentes relativement à la nature du support : *Helianthemum* n'a pas besoin de terre; il peut insinuer ses longues racines dans les fentes du calcaire et se maintenir florissant sur des rochers abrupts; *Rosa,* au contraire, doit absolument avoir une couche de terre meuble.

Ce qui vient d'être dit suffit à montrer combien sont inégales les facultés d'accommodation des espèces végétales. Telle plante ne se développe qu'entre des limites fort étroites, alors que sa voisine possède une remarquable aptitude à se plier aux milieux les plus disparates. Ajoutons que ce n'est pas seulement pour pouvoir coloniser des stations diverses que certaines espèces ont besoin d'une accommodabilité étendue; il y a aussi des endroits où les conditions changent avec les saisons; citons seulement les bords des mares, tantôt inondés, tantôt à sec, ainsi que les sous-bois des forêts feuillues, tantôt pleinement éclairés, tantôt ombragés.

Il n'est pas douteux que l'accommodabilité est un facteur très important pour la géographie botanique, puisqu'elle intervient puissamment pour restreindre ou élargir les aires d'habitat des espèces et pour déterminer l'étendue et le nombre des stations que chacune peut occuper dans les limites de son aire. Il serait donc très intéressant de l'étudier de près pour toutes les espèces ou du moins pour les principales. Mais tout d'abord, en quoi consiste cette faculté ? Les facteurs extérieurs agissent comme des excitants auxquels l'organisme répond par des réactions, souvent fort compliquées, amenant des changements plus ou moins profonds dans l'anatomie des organes ou dans leur manière de se conduire. A chaque ensemble de conditions d'existence correspond une structure et un fonctionnement qui sont exactement appropriés aux besoins du moment. C'est comme si la plante possédait une base d'équilibre spéciale pour chacun des cas qui peuvent se présenter. Ainsi, *Polygonum amphibium* possède des feuilles et des tiges tout autrement constituées dans la plante aquatique, dans la plante vivant au bord des eaux, et enfin dans celle qui habite les endroits secs; le Chêne et le le Hêtre ont des feuilles beaucoup plus épaisses au soleil qu'à l'ombre ; tantôt *Salicornia herbacea* s'étale sur l'argile saumâtre, tantôt il dresse ses rameaux, selon qu'il vit sur un plateau ou dans une rigole; un Hêtre isolé garde sa cime jusque tout contre le sol, alors qu'un individu qui a vécu en forêt possède un haut tronc dénudé. Ces quelques exemples suffisent pour montrer combien sont variables les manifestations de l'accommodabilité.

Il y a une difficulté qui se présente tout de suite lorsqu'on se met à étudier l'accommodabilité : on ne sait pas, *a priori,* si les différences que l'on observe tiennent à ce qu'on a affaire à des races distinctes, adaptées chacune à des conditions spéciales, ou bien si elles ont été amenées par la faculté que possède la plante de se mettre en harmonie avec des milieux différents (¹). Ainsi *Festuca durius-cula,* des rochers calcaires qui bordent la Meuse, a des feuilles très glauques et des épillets beaucoup plus gros que les individus de la même espèce habitant les terrains vagues aux environs de Bruxelles. Les botanistes descripteurs font de la plante rupicole une variété *glauca* ou même une espèce (*F. glauca* Schrad.). Pour décider s'il s'agit ici d'une variation spécifique ou d'un changement introduit par l'accommodation, il faut recourir à la culture. Dans le cas présent, l'expérience montre que les caractères se maintiennent intégralement quand on cultive le *Festuca* sur une plate-bande de jardin, et qu'ils se transmettent héréditairement : ils sont donc spécifiques. Que la plante des rochers constitue une race, une variété ou une espèce, c'est une question de mots : aux botanistes descripteurs à la débattre entre eux ; toujours est-il que ses caractères ne doivent rien à l'accommodabilité. Malheureusement, on ne peut pas toujours se fier aux travaux de systématique pour distinguer les accommodations des variations proprement dites. Voici un exemple : les livres renseignent pour *Polygonum amphibium* deux variétés, *natans* et *terrestre* ; d'autres ajoutent encore une variété *maritimum* habitant

---

(¹) On pourrait se mettre d'accord pour appeler « adaptation » l'ensemble des caractères *héréditaires* obtenus par mutation, grâce auxquels l'espèce est en harmonie avec son milieu, et « accommodation » l'ensemble des caractères *non héréditaires et très plastiques* par lesquels l'individu se met en harmonie avec les vicissitudes du milieu.

les dunes. Or des essais de culture montrent que ce sont simplement des états accommodatifs que l'on fait passer à volonté de l'un à l'autre.

Mais on comprend que ce n'est que dans des cas exceptionnels qu'on a eu recours à l'expérimentation pour décider de la valeur, spécifique ou accommodative, des variétés. Faut-il donc renoncer à l'étude de l'accommodation? Certes non, car dans beaucoup de cas nous possédons un moyen de décider, par l'observation directe, de la valeur réelle des caractères d'un individu donné. Appuyons-nous encore sur un exemple concret. Les nombreuses variétés que les bryologues distinguent chez *Hypnum cupressiforme* sont-elles des variétés réelles ou des accommodats? La simple observation fait voir que la variété *filiforme*, qui semble à première vue si distincte du type, n'est qu'une accommodation à la vie sur les troncs. Cueillons un échantillon sur l'écorce d'un Hêtre : les rameaux sont longs, grêles, cylindriques, tous pendants; les feuilles de la pointe des tiges sont parallèles et à peine recourbées en faucille. Par terre, autour du pied de l'arbre, les *Hypnum cupressiforme* constituent des touffes épaisses, molles, où les rameaux, aplatis de haut en bas, divergent en tous sens et sont même en partie dressés obliquement; les feuilles sont toutes nettement falciformes. La distinction entre les deux échantillons semble radicale; et pourtant récoltons maintenant les *Hypnum* tout à la base du tronc, d'autres un peu plus haut, d'autres encore plus haut, et nous aurons bientôt une série complète reliant graduellement les formes extrêmes, sans qu'il reste la moindre lacune. La plante du sol et celle du tronc ne sont donc que des accommodats. En serait-il de même pour les « variétés » de *H. cupressiforme* habitant les rochers calcaires, les dunes, les bruyères, les toitures? je n'en sais rien ; l'observation serait d'ailleurs moins aisée, car il faudrait ici également réunir tous les intermédiaires et les comparer entre eux.

Chaque fois qu'on dispose d'individus ayant vécu dans des conditions intermédiaires entre celles qu'on étudie, on aura donc le moyen de savoir si les caractères différentiels de deux individus sont adaptatifs, c'est-à-dire spécifiques, ou accommodatifs, c'est-à-dire individuels. Encore sera-t-il opportun d'exclure les genres qui sont en voie de mutation étendue : *Rosa, Rubus, Mentha, Hieracium...*

On voit que malheureusement les cas les plus intéressants ne peuvent être attaqués : ceux où une même espèce habite des stations éloignées, entre lesquelles elle fait défaut, car on n'oserait plus alors certifier si l'on a affaire à des accommodations simples, à des adaptations ou même à des accommodations surajoutées à une adaptation. Dans ce travail, je citerai quelques faits non douteux d'accommodation J'ai trouvé en Mlle Maria Ernould une collaboratrice qui m'a rendu beaucoup de services dans cette étude; je la remercie sincèrement de son aide.

*
* *

Délimiter d'abord les districts, puis les stations occupées chacune par une association végétale distincte, expliquer les adaptations et les accommodations des plantes aux conditions d'existence, telles sont les premières étapes d'un travail de géographie botanique. Il en reste une dernière. Il faut rechercher d'où viennent les espèces qui colonisent tous les divers endroits : sont-elles nées sur place, ont-elles immigré d'ailleurs, sont-elles les reliques des âges géologiques ? C'est à peine s'il est possible de répondre à ces questions pour un très petit nombre de nos plantes. C'était surtout le manque de documents paléontologiques qui nous arrêtait. Or voici que des fouilles récentes ont fait découvrir de nombreuses couches fossilifères des horizons holocènes, pléistocènes et pliocènes. Toutefois l'étude des fossiles est loin d'être achevée, et je pense qu'il serait prématuré de faire des conjectures sur l'origine de notre flore, alors que toutes les données pourront dans peu d'années être remaniées et assises sur des bases positives. Aussi ne traiterai-je pas spécialement de la provenance de nos plantes indigènes, me contentant de dire chemin faisant, dans le chapitre consacré au passé géologique de la Belgique, quels sont les faits acquis dès à présent.

*
* *

J'ai cru devoir donner une place importante à l'illustration. Grâce à l'intervention de Mme Léo Errera, j'ai pu reproduire beaucoup de photographies caractéristiques de nos divers districts. Je me permets aussi de renvoyer le lecteur à des photographies qui ont paru dans d'autres ouvrages :

1° JOSÉPHINE WERY (maintenant Mme Schouteden-Wery), *Sur le littoral belge*, 2e édition ;

2° JOSÉPHINE SCHOUTEDEN-WERY, *Dans le Brabant* ;

3° J. MASSART, *Essai de géographie botanique des districts littoraux et alluviaux* ;

4° J. MASSART, *Les districts littoraux et alluviaux* (dans *Les aspects de la végétation en Belgique*, de C. Bommer et J. Massart).

Ces ouvrages seront cités en abrégé de la manière suivante :

1° Wery, *Littoral* ;
2° Schouteden-Wery, *Brabant* ;
3° Massart, *Essai* ;
4° Massart, *Aspects*.

*   *
*

Il ne sera pas inutile, pour éviter tout malentendu, de préciser une fois pour toutes la valeur des mots que j'emploierai. Les unités géobotaniques seront désignées par les termes qu'a proposés M. Flahault (*1900-1901*) ; les voici par ordre d'importance décroissante :

Région.
Domaine.
Secteur.
District.
Sous-district.
Station.

A chaque station correspond une *association* dont les éléments sont adaptés aux conditions qu'offre cette station.

On pourrait réserver le terme d'*écologie* pour l'étude de ces adaptations-là, laissant à *éthologie* un sens plus général qui s'applique à toutes les adaptations quelles qu'elles soient.

*   *
*

Pour finir, un mot sur le nombre de nos plantes.

D'après le relevé fait par M. Durand (*1907*) le nombre des espèces indigènes de la flore de Belgique est au total de 8,896, dont 1,258 Phanérogames, 49 Phéridophytes,

582 Bryophytes, 240 Algues, 105 Flagellates, 5,709 Champignons, 70 Myxomycètes et 183 Schizophytes.

*
* *

Je ne veux pas clore cet avant-propos sans dire combien ma tâche a été facilitée par la précieuse collaboration d'un grand nombre de savants. Outre ceux qui seront cités dans le texte, je signale ici les noms des personnes envers lesquelles ma dette de gratitude est la plus grande. Ce sont d'abord les botanistes qui m'ont guidé dans les excursions : MM. Bray et Verhulst, aux environs de Virton; M. Dolisy, à Torgny ; MM. Jérôme et Grégorius, aux environs d'Arlon ; M. Fredericq, de Liége, et M. Bordet, de Francorchamps, dans les Hautes-Fagnes ; Mlle E. Bodart, de Dison, dans les terrains calaminaires ; M. H. Denis, aux environs de Waterloo. D'autres ont bien voulu accepter de déterminer pour moi des plantes : Mme Rousseau, des Champignons ; M. Elie Marchal, M. Bouly de Lesdain et M. Aigret, des Muscinées et des lichens. Je dois beaucoup de renseignements bibliographiques à M. Th. Durand, à M. Chot, à M. J. Vincent, à M. Rutot et à M. Cosyns. De belles photographies m'ont été communiquées par Mme Chargois, Mme Schouteden-Wery, Mlle B. Cosyn, MM. Chargois, Legrand, Severin et Willem. MM. van den Broeck, Martel et Rahir m'ont permis d'utiliser plusieurs clichés de leur beau livre récent. Enfin, M. Cosyns a exécuté pour moi des analyses chimiques d'un grand nombre de roches pour lesquelles ces données faisaient défaut. A tous je présente l'expression de ma plus cordiale reconnaissance.

CHAPITRE PREMIER.

LE PASSÉ GÉOLOGIQUE DU SOL DE LA BELGIQUE.

1. *Holocène : Modifications récentes (depuis le IXe siècle)*. — La partie la plus basse de notre pays n'est à l'état de terre ferme que depuis peu de temps. La zone qui borde l'Escaut et le littoral,

Fig. 1. — Reconstitution de l'estuaire de l'Yser au début du XIIe siècle, d'après M. Blanchard.

Les polders sont en blanc; les terres flandriennes et hesbayennes sont teintées. Les bords de l'estuaire sont pointillés.

et qui est à une altitude inférieure à 5 mètres, n'a été endiguée qu'à partir du IXᵉ siècle ; avant cette époque, elle était inondée dans toute son étendue par les marées de vive eau qui y déposaient des

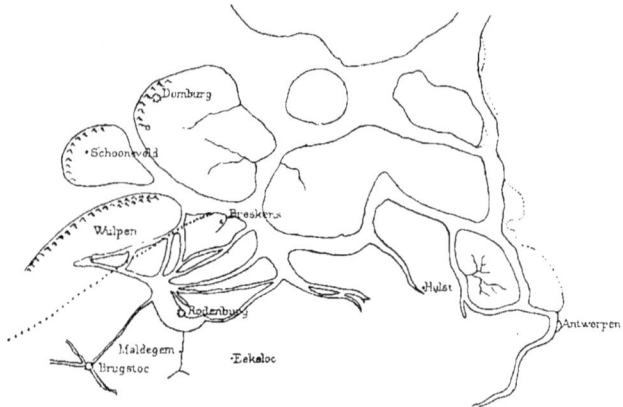

FIG. 2. — L'embouchure de l'Escaut au Xᵒ siècle, d'après DE HOON.

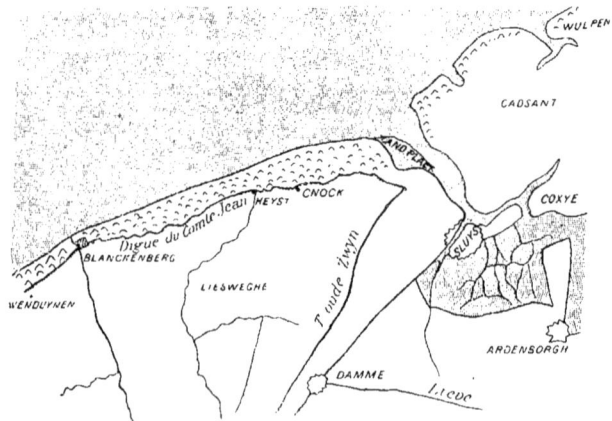

FIG. 3. — L'embouchure du Zwyn en 1644, d'après P. VERBIST.

sédiments argileux. La figure 1 peut donner une idée de l'aspect que devait avoir notre littoral avant les endiguements. Un autre point du littoral est représenté par la figure 2. On y voit que la ligne de rivage s'étendait beaucoup plus loin que la côte actuelle (indiquée en pointillé). Puis la barrière de dunes fut rompue et la mer noya tout le territoire jusqu'à Bruges (marqué Brugstoc). Plus tard, des endiguements permirent de récupérer une partie du terrain envahi; toutefois, Bruges restait en communication avec la mer par un large chenal maritime, le Zwyn. Celui-ci s'envasait progressivement, et bientôt Bruges cessa d'être un port de mer. La

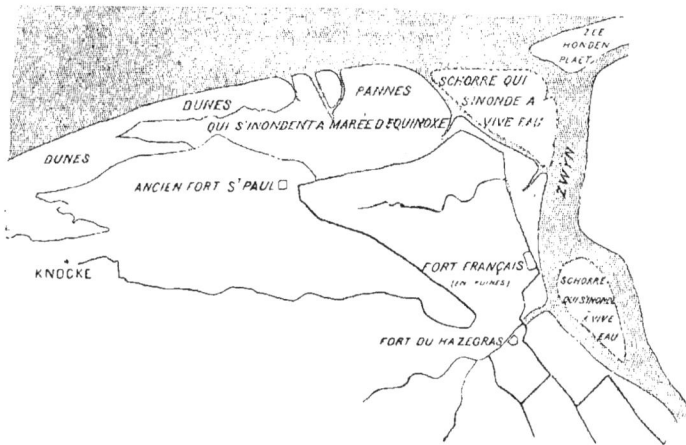

Fig. 4. — L'embouchure du Zwyn en 1839, d'après WOLTERS.

figure 3 montre l'état du Zwyn en 1644, alors qu'il atteignait encore l'Écluse (Sluis) et Aardenburg (Ardenborgh). En 1839 (fig. 4), le Zwyn avait subi de nouvelles réductions. Enfin, à l'heure actuelle, il ne reste plus de l'ancien bras de mer qu'une étendue de quelques hectares (fig. 5), en dehors de la digue internationale construite en 1872. Dans peu d'années, les dernières traces du Zwyn auront disparu, car une flèche de sable, insérée sur les dunes de Knocke, s'avance rapidement vers l'Est et finira par boucher entièrement l'étroit goulet par lequel les marées de vive eau se fraient encore un passage vers le schorre, dernière relique du Zwyn (voir aussi les photographies 56 à 61).

Des endiguements du même genre se poursuivent partout depuis un millier d'années et agrandissent sans cesse, vers le dehors, les

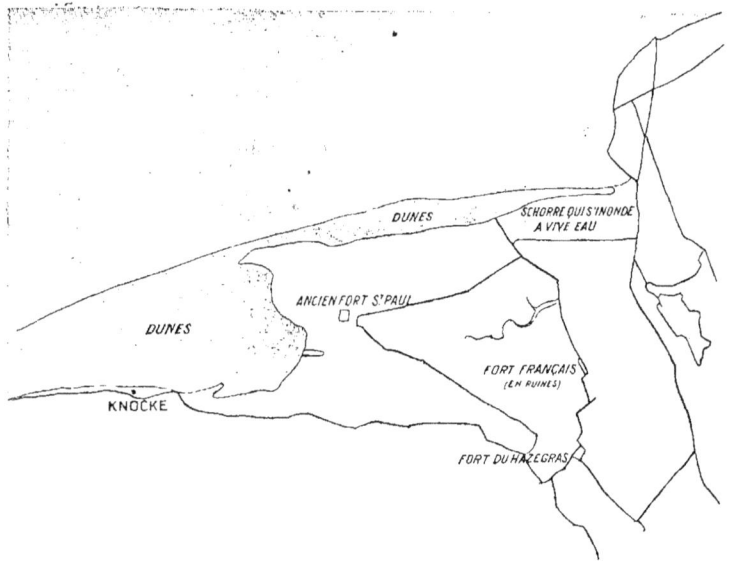

FIG. 5. — L'embouchure du Zwyn, en 1910.

polders reconquis sur la mer et sur l'Escaut. Il n'y a plus maintenant que la lisière tout à fait externe de ce territoire qui reste encore soumise aux incursions des marées; celles-ci y amènent de l'eau salée sur le littoral et dans l'Escaut inférieur, de l'eau douce dans la portion un peu plus haute de l'Escaut et le long de ses affluents (voir carte 9, hors texte).

Le bourrelet de dunes qui borde la plage est aussi de date moderne, tout au moins dans sa situation présente. D'après les documents historiques, les dunes n'occupent leur emplacement actuel que depuis le Xe ou le XIe siècle.

Des remaniements d'une autre nature se poursuivent sous nos yeux le long de tous les cours d'eau. Chaque crue étale une nouvelle couche limoneuse qui rehausse quelque peu la bande de terrains d'alluvions bordant la rivière (voir cartes 5, 6, 7, 8, hors texte). En Campine, une végétation de tourbières ou un abondant développement de Bactéries ferrugineuses vient modifier la nature des sédiments (voir carte 6).

Pour terminer l'énumération des principales transformations géologiques actuelles, il n'y a plus qu'à ajouter, aux phénomènes de transport qui viennent d'être cités, les changements incessants déterminés dans les terrains superficiels par les eaux météoriques : désagrégation des roches dures, décalcification des marnes, des sables, des limons, décomposition des silicates, etc.

2. *Holocène, avant le IXe siècle.* — Au moment de l'invasion romaine, c'est-à-dire vers le début de notre ère, le littoral belge avait une tout autre configuration qu'à présent : toute la Basse-Belgique était couverte d'une forêt entrecoupée de tourbières dont certains bois de la Flandre sont la continuation à travers les temps, ou dont ils peuvent du moins donner une idée approximative (Massart, *Aspects,* phot. 72). Cette terre marécageuse s'étendait au delà de la côte actuelle, jusqu'à plusieurs kilomètres au large. Le recul de la ligne de rivage permit à la mer de faire irruption sur ce pays très bas; la végétation fut tuée et transformée en tourbe. Celle-ci est actuellement enfouie sous les sédiments argileux, ou parfois sablonneux, datant de la période pendant laquelle la mer les inondait périodiquement (jusqu'au IXe siècle). En beaucoup de points, cette tourbe est exploitée (Massart, *Essai,* phot. 133 ; Wéry, *Littoral,* phot. 39). Les portions de la couche qui affleurent au fond de la mer du Nord sont battues par les vagues de tempête, et les lambeaux qui s'en détachent sont souvent rejetés sur la plage (voir phot. 225).

Il est en général facile de déterminer les plantes contenues dans la tourbe. Ce sont notamment : *Sphagnum div. sp., Polytrichum gracile, Hypnum cuspidatum, H. aduncum, Polystichum Thelyp-*

teris, *Pinus sylvestris*, *Scirpus lacustris*, *Myrica Gale*, *Salix repens*, *Betula alba*, *Alnus glutinosa*, *Quercus pedunculata*, *Calluna vulgaris*, *Vaccinium Oxycoccos*, *Erica Tetralix*. La flore était donc analogue à celle qui occupe à présent les marécages de la Flandre (voir phot. 287, 288) et de la Campine (voir phot. 74 à 79, 81, 82, 303 à 306), sauf pour *Pinus sylvestris* qui y disparut de notre contrée et y fut réintroduit plus tard.

3. *Pléistocène*. — La tourbe repose sur des sables analogues à ceux formant le sol de la Flandre et laissés par la mer flandrienne. Celle-ci, qui couvrait toute la partie basse du NW. du pays (fig. 6), avait transgressé sur les limons déposés précé-

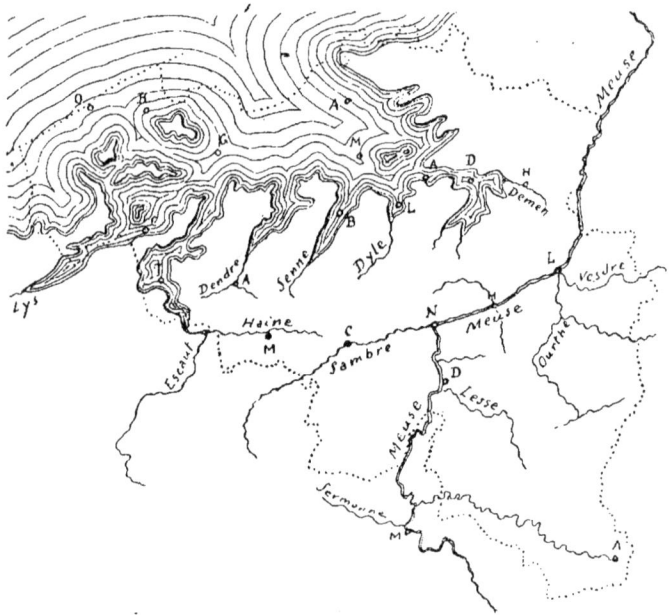

Fig. 6. — La mer flandrienne en Belgique d'après M. Rutot (*1897*).

demment (fig. 7 et 8). Dans les régions où la mer flandrienne séjourna
longuement, l'argile et le sable fin des limons furent enlevés totalement, et après le retrait de la mer, il ne resta que du sable grossier,
très peu fertile; tel est le sol de la partie septentrionale du district
flandrien (voir carte 1, hors texte). Le long de la bordure méridionale, le remaniement du fond fut moins complet, et la terre
resta encore assez limoneuse.

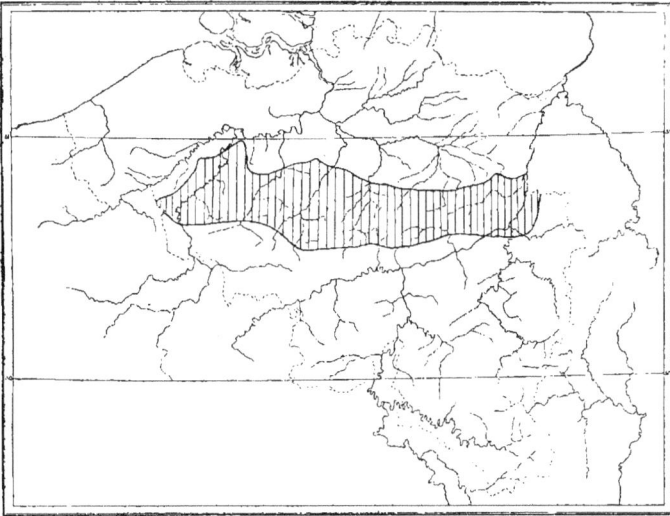

FIG 7. — Les dépôts brabantiens en Belgique, d'après la carte géologique
au 40,000ᵉ.

Des découvertes géologiques récentes ont montré que l'envahissement flandrien s'est étendu notablement plus loin vers l'Est que
ne l'indique la figure 6. Dans sa portion orientale, le fond était
constitué par les sables campinien (fig. 10) et moséen (fig. 11). La
régression de la mer flandrienne abandonna ici un sol purement
sableux, des plus stériles.

L'époque flandrienne correspond à la dernière des grandes glaciations dont l'Europe fut le théâtre pendant le Pléistocène (voir le
tableau de la p. 36). Lors de l'interglaciaire précédent, la Belgique

était entièrement continentale. Le climat était alors sec et froid, et l'Europe centrale était en grande partie garnie d'une végétation de steppes. C'est à cette époque que se déposa le limon éolien appelé le Brabantien (fig. 7) par les géologues belges.

Dans l'Europe du NW. et sans doute aussi chez nous, vivait une flore arctique, ainsi que l'ont montré notamment MM. WEBER (*1906*) et ANDERSSON (*1906*).

Le limon brabantien surmonte un autre limon, le hesbayen (fig. 8 et phot. 96) produit par une inondation qui couvrit toute la Belgique, sauf la Campine et l'Ardenne; elle était sans doute le

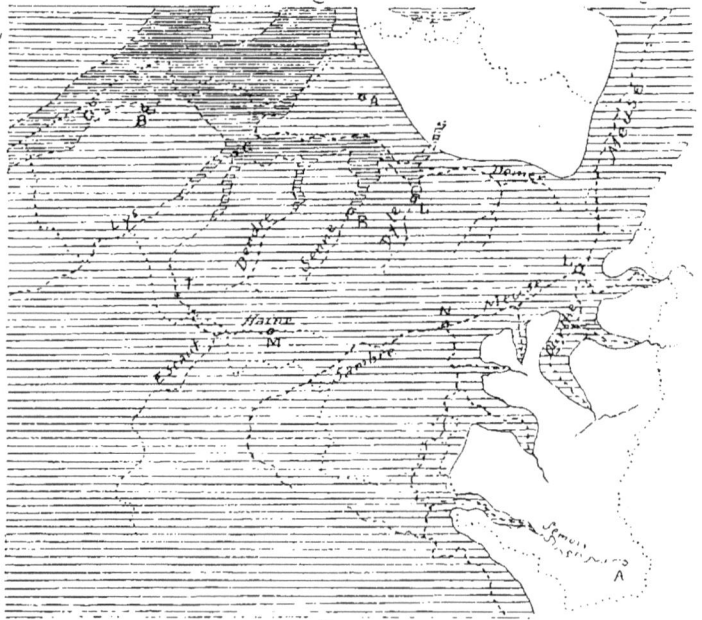

Fig. 8. — La Belgique pendant l'inondation hesbayenne, d'après M. RUTOT (*1897*).

résultat de la fusion des immenses champs de neige qui enveloppaient toute l'Europe centrale pendant la glaciation de Riss (voir le tableau de la p. 36).

Immédiatement avant le Hesbayen, une grande partie de la Basse-Belgique était occupée par une tourbière qui a livré de

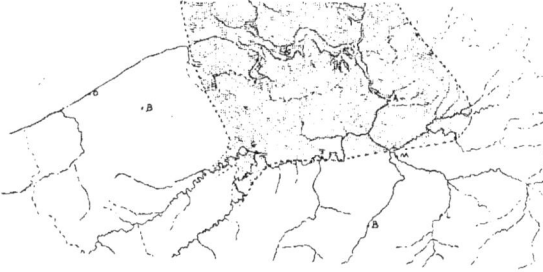

FIG. 9. — Le marécage campinien, d'après une carte manuscrite communiquée par M. RUTOT.

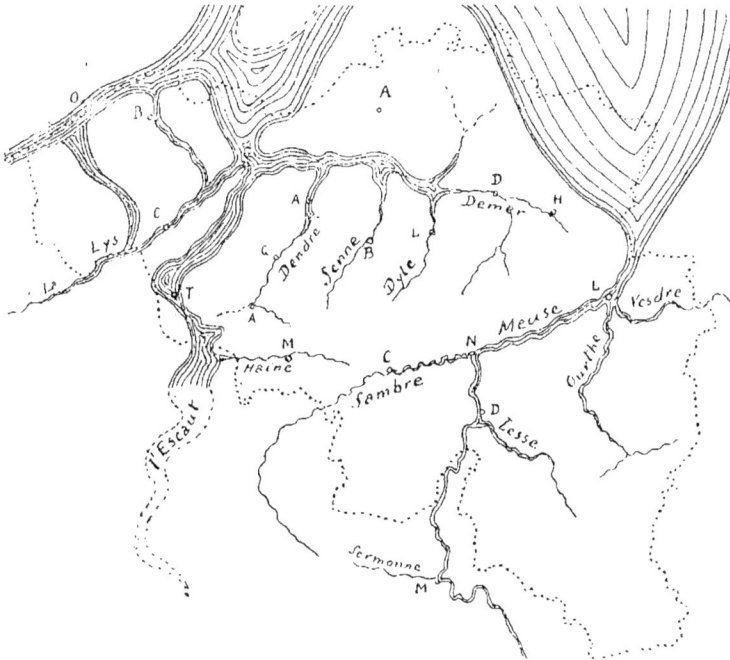

FIG. 10. — La Belgique à la fin de l'époque campinienne, d'après M. RUTOT (*1897*.)

nombreux ossements de Mammouth, de *Cervus megaceros*, etc. (fig. 9). La flore de cette époque n'a pas été étudiée, que je sache, mais sa faune indique un climat fort rigoureux.

Ce marécage était établi sur les sables et graviers abandonnés par les eaux campiniennes (fig. 10). C'est à cette époque que les lits des rivières de notre pays ont été creusés à la profondeur où nous les connaissons.

Sous les sables campiniens, il y a d'autres sables et cailloux datant du Moséen (fig. 11). Des découvertes paléontologiques récentes, étudiées par M. BOMMER (voir M. MOURLON, *1909* et M. RUTOT, *1909*) ont fait constater dans les couches du Pléistocène inférieur la présence de *Quercus pedunculata*, *Pinus sylvestris*, *Betula alba* et *Corylus Avellana*.

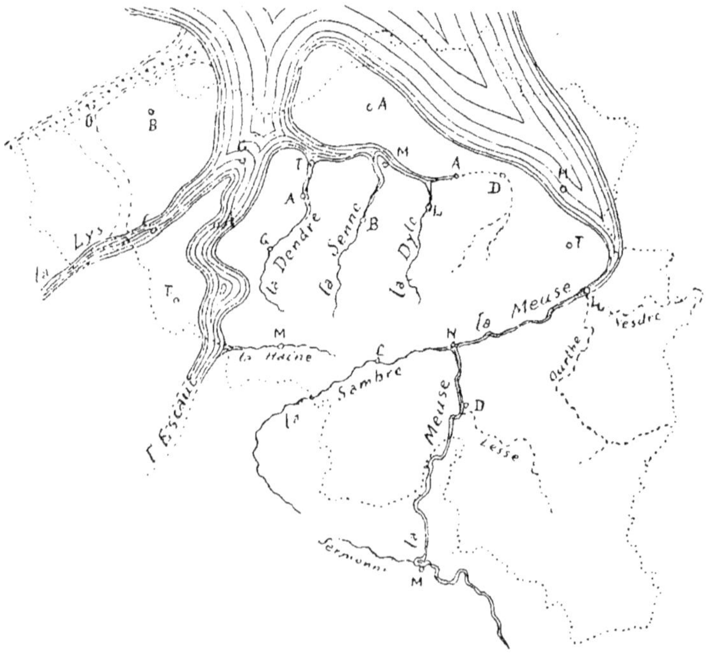

FIG. 11. — La Belgique pendant l'époque moséenne, d'après M. RUTOT (*1897*).

4. *Pliocène.* – Remontons encore plus haut dans le passé ; dépassons même le Pléistocène, en négligeant l'époque hobokenienne, peu importante pour nous. Dans ces dernières années, on s'est beaucoup occupé d'une série de couches, surtout argileuses, exploitées à Tegelen dans le Limbourg néerlandais, et dans le nord de la Campine anversoise. Les géologues sont loin de s'accorder sur l'âge de ces assises : Pliocène moyen, Pliocène supérieur ou Pléistocène inférieur ; indiquons seulement les travaux de M. Dubois (*1905*, 1 et 2), M. Lorié (*1907-1908*], M. et Mme Reid (*1907*, *1907-1908*), M. Rutot (*1908*). La position stratigraphique exacte de l'argile de Tegelen nous intéresse assez peu ; qu'il nous suffise de savoir qu'elle est certainement plus ancienne que les couches reconnues comme pléistocènes. Ce qui est plus important pour nous, c'est de constater que, à côté de beaucoup de plantes qui ont persisté dans notre pays, il en est d'autres qui se sont éteintes ou qui habitent maintenant d'autres contrées. Voici quelques-unes des plantes citées par M. Dubois et par M. et Mme Reid :

Mousses.

Déterminées par M. Dixon. (Voir Reid, *1907-1908*.)

* *Eurynchium speciosum.*	*Pseudoleskea patens.*
* *Amblystegium filicinum.*	* *Homalothecium sericeum.*
* *Philonotis fontana.*	*Hypnum capillifolium.*
* *Leskea polycarpa.*	* *Ditrichum tortile.*

Phanérogames.

Abies pectinata.	* *Ranunculus Flammula.*
* *Alisma Plantago.*	* *Nuphar luteum.*
* *Stratiotes aloides.*	*Euryale europaea.*
S. Websteri.	* *Ceratophyllum demersum.*
* *Potamogeton pectinatus.*	*Vitis vinifera.*
* *Najas minor.*	* *Acer campestre.*
* *Scirpus lacustris.*	*Staphylea pinnata.*
* *Carex riparia.*	* *Hypericum perforatum.*
* *Carpinus Betulus.*	* *Myriophyllum verticillatum.*
Juglans tephrodes.	*Trapa natans.*
Pterocarya caucasica.	* *Petroselinum segetum.*
P. fraxinifolia.	* *Cornus mas.*
* *Rumex maritimus.*	* *Solanum Dulcamara.*
* *Atriplex patula.*	* *Veronica Chamaedrys.*
Magnolia Kobus.	*Melissa officinalis.*
* *Ranunculus aquatilis.*	* *Thymus Serpyllum.*

(*) Existe encore en Belgique à l'état indigène.

On voit par cette liste que beaucoup de nos plantes indigènes vivaient déjà dans nos régions lors du dépôt de l'argile de Tegelen. Mais il y avait aussi pas mal d'autres espèces indiquant que le climat était plus doux que maintenant. Ajoutons pourtant qu'il faut se mettre en garde contre un mélange possible de flores : il est,

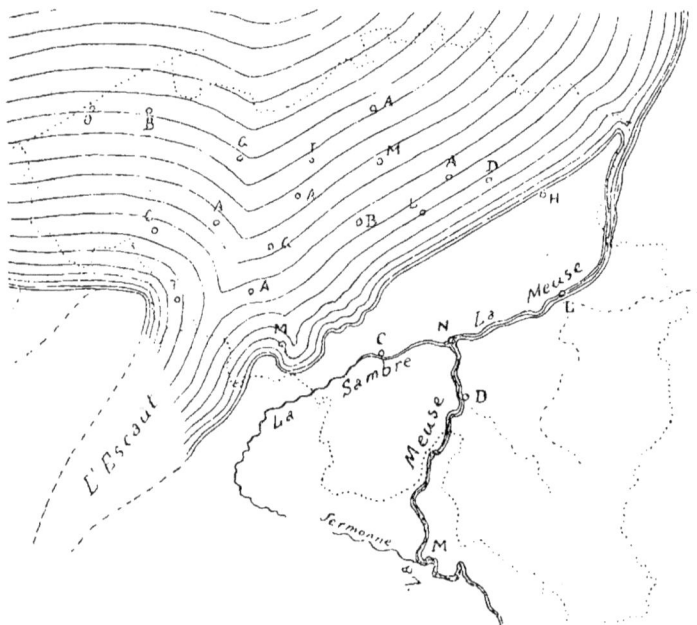

Fig. 12. — La Belgique lors de l'invasion maximum de la mer diestienne, d'après M. Rutot (1897).

en effet, peu probable que des espèces aussi diverses que celles qui ont été trouvées à Tegelen et dans notre Campine aient pu vivre ensemble. On admettrait plus volontiers que certaines plantes habitaient les bords de l'estuaire où l'argile s'est déposée, tandis que d'autres ont été apportées de fort loin, peut-être de l'Europe centrale, par un fleuve qui était sans doute l'ancêtre de la Meuse.

Vers l'époque où des sables et des argiles étaient déposés dans la Belgique septentrionale et dans le Limbourg néerlandais, des alluvions de même nature se formaient en beaucoup de points de la Moyenne et de la Haute-Belgique. Elles constituent en partie les îlots sableux et argileux du district calcaire (voir carte 7, hors texte).

Sous les dépôts que nous venons de décrire rapidement, s'étendent, dans la Campine, les sables poederliens, très ferrugineux en général. La mer poederlienne n'avait transgressé que sur la partie septentrionale du pays. Il n'en fut pas de même de la mer diestienne, qui s'est avancée beaucoup plus loin (fig. 12). Elle a déposé des sables glauconifères, devenant ferrugineux par altération.

5. *Miocène, Oligocène, Éocène.* — Les sables et les argiles datant de ces époques nous intéressent beaucoup moins, puisqu'ils sont presque partout recouverts par les dépôts plus récents, qu'il percent pourtant çà et là. Ces terrains sont principalement localisés au N. de la Meuse et de la Sambre. Seules les couches aquitaniennes s'étendent notablement plus loin vers le S. et dépassent le manteau presque continu de dépôts pléistocènes, qui couvre le pays au N. de la Meuse et de la Sambre. Mais l'Aquitanien a été dénudé à peu près partout, et il n'en reste que quelques lambeaux qui sont plus ou moins mêlés aux sables et argiles tegeleniennes cités plus haut (voir carte 7, hors texte). L'argile aquitanienne a fourni quelques fossiles végétaux, parmi lesquels M. Cornet (*1909*) cite *Sequoia Coultsiae, Lygodium Gandini, Cinnamomum lanceolatum, Gardenia Wetzleri*. Il n'est pas douteux que ces végétaux dénotent un climat beaucoup plus chaud et une flore qui n'a aucune affinité directe avec celle de la Belgique actuelle. Il en est de même pour la flore très variée et très abondante récoltée dans les marnes heersiennes (Éocène inférieur), décrite par de Saporta et Marion (*1873, 1877*). On peut affirmer que la flore de ces époques reculées, et à plus forte raison celles du Wealdien et du Carbonifère, n'ont plus guère de relations avec les flores plus récentes et que leur connaissance ne peut donc pas servir à élucider l'origine de la végétation qui couvre à présent notre pays.

6. *Crétacé.* — Les mers crétacées ont eu des développements très variables en Belgique. L'une des plus étendues a été une mer du Sénonien supérieur (ou du Maestrichtien), qui a même couvert la partie N. de la Haute-Ardenne (fig. 13).

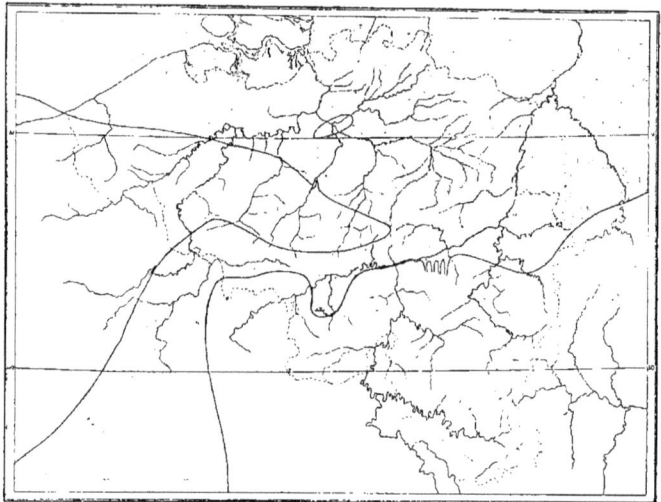

Fig. 13. —La Belgique à l'époque sénonienne, lors du dépôt de l'assise de Nouvelles. D'après une carte dressée par M. RUTOT, qui est exposée au Musée d'Histoire naturelle de Bruxelles.

7. *Jurassique et Triasique.* — Toute la Belgique était continentale, sauf la pointe S.-E. du Luxembourg (voir cartes 1 et 8, hors texte) qui fait partie du Bassin de Paris. Les mers triasiques et jurassiques régressaient successivement vers le S., de telle sorte que les terrains se suivent du N. au S., formant une succession de bandes, à direction W.-E. : les plus septentrionales sont triasiques, les plus méridionales sont du Jurassique supérieur (Bajocien).

Alors que les terrains crétacés sont presque partout recouverts, le Jurassique est resté continental depuis son dépôt ; il n'a donc subi que des remaniements superficiels; tout au plus a-t-il reçu des alluvions pléistocénes près de sa bordure septentrionale.

8. *Primaire*. — Contrairement aux couches secondaires et tertiaires qui sont restées meubles ou ne sont devenues cohérentes qu'en des points restreints, les roches primaires sont toutes dur-

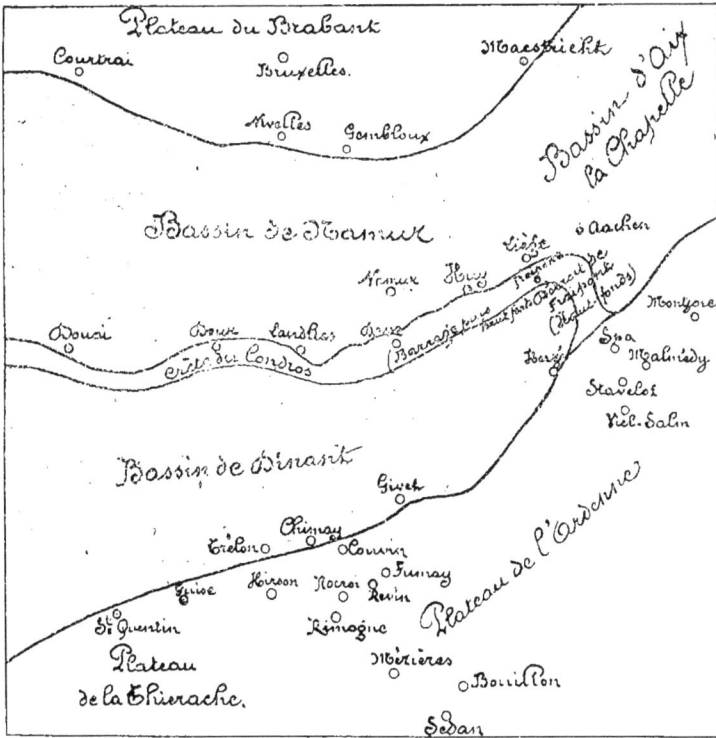

FIG. 14. — L'Ardenne pendant le Dinantien, d'après M. GOSSELET (*1888*).

cies, et les plus anciennes sont métamorphisées. De plus, le Primaire est fortement plissé et disloqué (voir le chapitre relatif au district calcaire), alors que le Secondaire et le Tertiaire sont faiblement inclinés ou presque horizontaux. L'étude géologique des terrains primaires est rendue fort difficile par les multiples plissements et failles qui les fragmentent : aussi les géologues ne sont-ils pas entièrement d'accord sur leur interprétation.

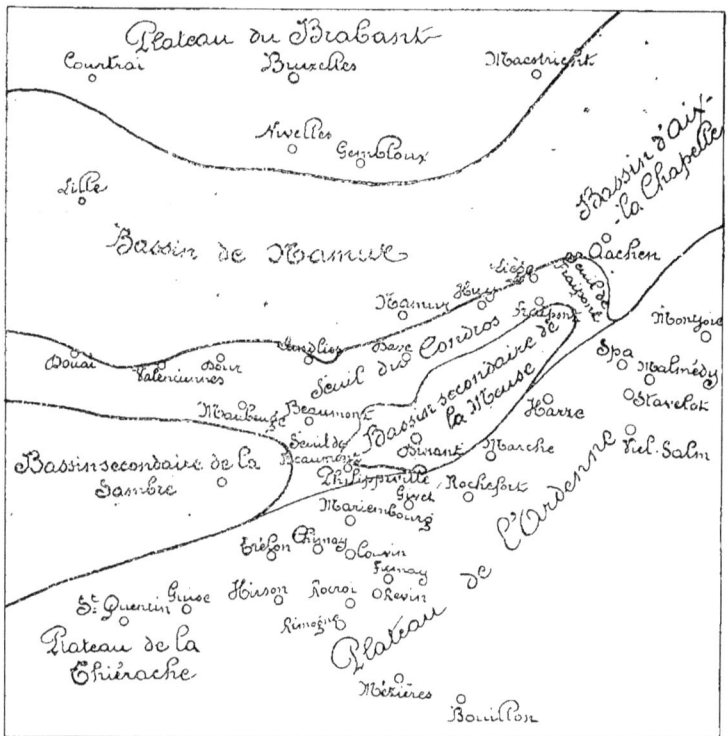

Fig. 15. — L'Ardenne pendant le Famennien, le Frasnien et le Givetien, d'après M. Gosselet (1888).

Les idées que M. Gosselet a développées dans son magistral ouvrage sur l'Ardenne (1888) ont été remaniées depuis lors, notamment par M. Lohest (1903-1904) et par M. Fourmarier (1907). La discussion porte surtout sur l'âge des plissements ; mais ces questions n'intéressent guère le botaniste, puisque celui-ci ne s'occupe que de l'état actuel du sol. A notre point de vue spécial, les cartes de M. GOSSELET, destinées à représenter les diverses mers primaires, ont conservé toute leur importance.

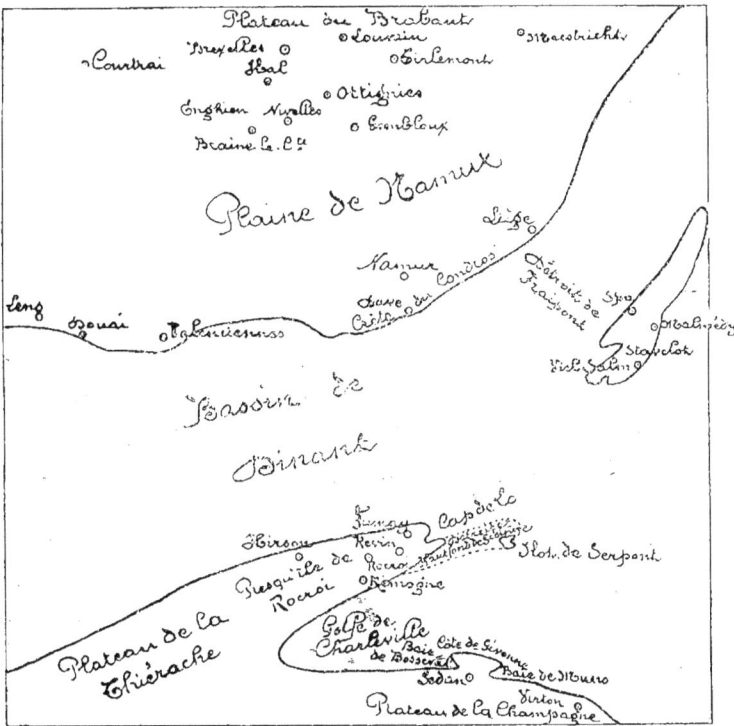

FIG. 16. — L'Ardenne au début du Gedinnien, d'après M. GOSSELET (*1888*).

Les couches les plus récentes sont westphaliennes (houillères); celles qui affleurent sont, le plus souvent, des schistes. Elles surmontent les puissantes assises dinantiennes qui sont calcaires et partiellement dolomitisées. La figure 14 montre leur extension.

Pendant le Dévonien supérieur (Famennien et Frasnien) et pendant le Dévonien moyen (Givétien), les mers ne subirent que des oscillations peu notables (fig. 15). Les couches sont fort variées : schistes, grès, calcaires, etc.

Plus bas, dans le Dévonien, il n'y a plus de bandes calcaires que dans le Couvinien ; toutes les autres couches sont composées de roches non calcaires. Elles constituent presque entièrement le sol du district ardennais (voir carte 1, hors texte). La figure 16 donne l'extension du Gedinnien, le plus ancien des terrains dévoniens.

Pendant le Silurien et le Cambrien, la Belgique était entièrement submergée. Les affleurements siluriens, qui sont surtout schisteux et gréseux, bordent au N. les calcaires dinantiens du bassin de Namur (fig. 14) et ils constituent aussi la portion médiane de la « crête du Condroz » (fig. 14), à peu près depuis Landelies jusqu'à Huy.

Le Cambrien a pour roches principales des phyllades et des quartzites ; il affleure en quelques points de l'Ardenne : presqu'île de Rocroi, îlot de Serpont, île de Stavelot (fig. 16), et aussi dans les vallées du Brabant méridional.

* *

Il ne sera peut-être pas inutile de donner, après ce trop rapide aperçu géologique, un tableau général résumant nos connaissances sur la constitution du sol de notre pays. Dans ce tableau (pp. 33 à 35) on a surtout insisté sur les dépôts récents, qui intéressent particulièrement la géographie botanique.

* *

Pour comprendre les bouleversements que les phénomènes géologiques apportent dans la géographie physique (y compris la géographie biologique) d'une contrée, il ne suffit pas de connaître le déplacement des lignes de côte et les terrains successivement déposés et dénudés, il faut aussi avoir une idée des changements que subit le climat. Le tableau de la page 36 résume les données climatiques pour les temps qui se sont écoulés depuis la fin du Pliocène, c'est-à-dire pour la période pendant laquelle des alternatives de glaciations et de réchauffements ont modifié profondément les conditions d'existence des végétaux.

Les principales couches sédimentaires de la Belgique.

Niveau des couches (et leur désignation sur la carte géologique de la Belgique au 40,000e).			Allures des couches.	Nature des principaux terrains.	Origine des principaux terrains.
TERTIAIRE.	Holocène ou MODERNE.	Dunes.	Non stratif.	Sable. . . .	Aérienne.
		Alluvions tourbeuses (alt).		Limon	Fluviale.
		Alluvions des vallées (alm).		Tourbe fibreuse .	Marécageuse.
		Alluvions ferrugineuses (alfe)		Limonite . . .	
		Argile des polders supérieure (alp. 2) . . .	Horizontales.	Argile	Fluvio-marine.
		Sable à Cardium (alq) . .		Sable. . . .	
		Argile des polders inférieure (alp. 1) . . .		Argile	
	Pleistocène ou QUATERNAIRE.	Tourbe (t)		Tourbe . .	Marécageuse.
		Flandrien (q4)	Non stratif.	Sable. . . .	Marine.
		Brabantien (q3n) . . .		Limon	Aérienne.
		Hesbayen (q3m)	Tapissant les ondulations du sol.	Limon	Inondation fluviale.
		Campinien (q2)		Sables et cailloux .	Fluviale.
		Moséen (q1)	Horizontales.		
	Pliocène.	Tégelenien (q1 en partie, Onx, Ons, et en partie Ona).	Horizontales.	Sables, argiles . .	Marine.
		Poederlien (Po)			
		Scaldisien (Sc)			
		Diestien (D)			

Niveau des couches (et leur désignation sur la carte géologique de la Belgique au 40,000°).			Allures des couches.	Nature des principaux terrains.	Origine des principaux terrains.
TERTIAIRE (*suite*).	**Miocène** .	Anversien		Sables, argiles . .	Marine.
		Bolderien (*Bd*)			
	Oligocène.	Aquitanien (*Om* et en partie *Ona*)			Marine, fluvio-marine et fluviale.
		Rupelien (*R*)		Sables, argiles . .	
		Tongrien (*Tg*)			
	Eocène. supér.	Asschien (*As*)	Horizontales.	Sables	Marine.
		Wemmelien (*W*) . . .			
		Ledien (*Le*)			
	moyen.	Laekenien (*Lk*)			
		Bruxellien (*B*)			
		Paniselien (*P*)			
	infér.	Ypresien (*Y*)		Sables, argiles . .	Marine et fluvio-marine
		Landenien (*L*)			
		Heersien (*Hs*)		Marnes, sables . .	Marine.
		Montien (*Mn*)		Tuffeau, calcaire . .	Marine et fluvio lacustre.
SECONDAIRE.	**Crétacé** .	Maestrichtien (*M*) . . .		Tuffeau, craie, silex.	Marine.
		Sénonien (*Cp*)		Craie, sables, argile, grès.	
		Turonien (*Tr*)	Légèrement inclinées.	Craie, marnes, silex.	
		Cénomanien (*Cn*) . . .		Marnes, sables, grès.	Fluviale ou lacustre.
		Wealdien (*W*)		Argile sables . .	
	Jurassique. supér.	Bajocien (*Bf*)		Calcaire, limonite	Marine.
		Toarcien (*To*)		Marnes, schistes .	
	infér.	Virtonien (*Vr*) (ou Charmouthien)		Sables, grès, macigno, schistes, marnes.	

Niveau des couches (et leur désignation sur la carte géologique de la Belgique au 40,000ᵉ).	Allures des couches.	Nature des principaux terrains	Origine des principaux terrains.
Jurassique. *infér.* (suite). Sinémurien (*Sn*). . . .	Légèrement inclinées.	Calcaires sableux, marnes . . . Marnes, sables, grès.	Marine.
Hettangien (*Ht*). . . .			
Rhétien (*Rh*).		Cailloux, sables, argiles . .	
Triasique. Keuperien (*K*)		Marnes, poudingue, grès . .	Saumâtre et lacustre.
Poecilien (*Pc*) (ou Vosgien).		Poudingue, grès, marnes	
Permo-carbonifère. Houiller (Westphalien) *moyen* / *inférieur*		Houille, grès, psammites, schistes .	Fluviale ou lacustre.
Dinantien. Viséen (*V*) . . .		Schistes, grès, poudingue, psammites.	
Waulsortien (*W*). .		Calcaire, dolomie .	
Tournaisien (*T*) . .			
Dévonien. *supér.* Famennien (*Fa*). . . .	Inclinées et plissées.	Schistes, psammites, grès, calcaire. .	Marine, parfois corallienne dans Frasnien, Tournaisien et Waulsortien.
Frasnien *Fr*		Calcaire, dolomie, schistes, marbres.	
moyen. Givetien (*Gv*)		Calcaire, poudingue, grès, psammites, schistes . .	
Couvinien (*Co*). . . .		Schistes poudingue, calcaire, grès. .	
infér. Burnotien (*Bt*)		Poudingue, grès, schistes . . .	
Coblencien (*Cb*). . . .		Grès, schistes, poudingue, psammites.	
Gedinnien (*G*) . . .		Schistes, grès, quartzites, poudingue.	
Silurien supérieur (Gothlandien) et inférieur (Ordovicien) (*Sr*).			
Cambrien Salmien (*Sm*)		Schistes, phyllades, grès, quartzites .	
Revinien (*Rv*)			
Devillien (*Dv*)			

LES CLIMATS PLÉISTOCÈNES.

Phénomènes qui se sont accomplis dans le S.-E. de l'Europe et en Belgique pendant et entre les époques glaciaires. Principalement d'après M. Penck (*1906*) et M. Rutot (*1906*).

DANS LE S.-E. DE L'EUROPE.		EN BELGIQUE.			
Époques.	Végétation.	Dépôts et végétation.	Faunes.	Industrie humaine.	Époques.
Temps actuels. (Holocène)	Forêts.	Forêts.	Animaux actuels.	Métal. Néolithique.	Temps actuels. (Holocène.)
		Grand développement des tourbières.			
Glaciation de Wurm.	Forêts. ? Toundra. Forêt ? Toundra.	Sables, limons et argiles.	Renne.	Paléolithique supérieur.	Flandrien.
3ᵉ interglaciaire.	Steppe.	Limon éolien.	Mammouth.		Brabantien.
	Forêts.	Limon, gravier, tourbe.			Hesbayen.
Glaciation de Riss.	Toundra.	Limon.		Paléolithique inférieur.	Campinien.
		Tourbières de la Basse Belgique.			
2ᵉ interglaciaire.	Steppe.	Sables, graviers.			
	Forêts.	Cailloutis.	*Elephas antiquus.*		Moséen.
Glaciation de Mindel.	Toundra.	Cailloutis, sables, glaise.	*Elephas trogontheri.*		Hobokenien.
1ᵉʳ interglaciaire.	Steppe ? Toundra ?	Cailloutis, sables, glaise.	*Elephas meridionalis.*	Éolithique.	PLIOCÈNE supérieur. (Amstelien et Tegelenien).
Glaciation de Guenz.	Toundra.	Sables, glaise.			

Enfin, pour terminer ce chapitre, donnons une carte de
M. Penck (1906), qui montre l'état de l'Europe pendant la plus
importante des glaciations pléistocènes, probablement la glaciation

Fig. 17. — L'Europe couverte de'glaciers. pendant la plus importante
des glaciations de l'époque pleistocène, d'après M. Penck (1906).

de Mindel. On y voit que la bordure de la grande calotte de glaces
qui couvrait tout le N. de l'Europe n'était qu'à une cinquantaine
de kilomètres de la Belgique.

CHAPITRE II.

LES CONDITIONS D'EXISTENCE.

Les facteurs principaux qui limitent les aires d'habitat des plantes sont, en dehors des procédés de dissémination, le climat et les qualités physiques et chimiques du sol. Très importante aussi, mais moins facile à définir avec précision, est l'action que les êtres vivants exercent les uns sur les autres : dépendance des plantes vis-à-vis des animaux et vis-à-vis des autres plantes. Dans la rapide esquisse que nous allons tenter ici, nous remarquerons fort souvent que les facteurs ne sont pas toujours nettement distincts, mais qu'ils s'influencent réciproquement de multiples façons.

Les renseignements relatifs au climat ont été réunis par LANCASTER dans les Monographies agricoles de la Belgique. Une étude de HOUZEAU, plus ancienne, mais très compréhensive, se trouve dans Patria Belgica (1873). Un aperçu récent est donné dans l'article, cité plus loin, de l'Annuaire météorologique de l'Observatoire royal de Belgique pour 1906.

Les monographies agricoles décrivent aussi en détail le sol des diverses régions agricoles. Mais ces exposés, faits naturellement à un point de vue agricole, ne nous renseignent guère sur la structure des terrains qui sont les plus intéressants pour les botanistes, c'est-à-dire ceux qui ne sont pas mis en culture et sur lesquels s'est conservée la flore indigène : rochers, fagnes, marécages, dunes, etc. Nous essaierons de combler ces lacunes dans les chapitres relatifs à chaque district.

Il ne sera peut-être pas inutile de donner d'abord un aperçu général de la position géographique et de l'aspect de notre pays. Nous empruntons tous les éléments de ce chapitre et aussi pas mal de phrases, que nous résumons quelque peu, à une intéressante étude sur la Belgique physique, qui est insérée, sans nom d'auteur, dans l'Annuaire météorologique de l'Observatoire royal de Belgique pour 1906, pp. 149 et ss.

Les extrêmes de latitude et de longitude sont : 51°30′20″ N et
49°29′52″ — et 2°32′45″5 E. de Gr. et 6°8′30″5 E. de Gr.

Envisagée au point de vue du relief du sol, la Belgique présente
la forme de deux plans inclinés adossés, d'étendue très inégale,
dont l'intersection ou le faîte constitue la crête des Ardennes. Elle
traverse l'Ardenne du S.-W. au N.-E., en passant approximativement par Gedinne, Paliseul, Saint-Hubert, Odeigne, La Gleize et
la Baraque Michel. Son altitude la plus élevée atteint 670 mètres à
la Baraque Michel (frontière prussienne) et ne descend guère au-
dessous de 400 mètres.

Le plan qui regarde le N. a une pente douce et régulière ; il
va se perdre dans la mer du Nord et dans les polders des Pays-Bas.
Le plan qui fait face au S. ne comprend qu'un septième environ
du sol de la Belgique ; il descend par une pente rapide vers la
frontière française.

En remontant le plan N. à partir du bord de la mer, on rencontre successivement la région des plaines et la région accidentée.
La première comprend les polders, les plaines basses, les plaines
élevées.

Les *polders* sont des terrains situés au-dessous du niveau des
hautes mers et protégés par les dunes ou par des digues artificielles.

Les *plaines basses* font partie de la grande plaine Cimbrique (ou
Baltique), unie et monotone, qui s'étend sur toute l'Europe continentale du N.-W., depuis Calais jusqu'en Russie, en suivant le
littoral. Dans les Flandres et la province d'Anvers, la plaine basse
ne dépasse que de quelques mètres le niveau des eaux ; elle se
relève à l'E. de la province d'Anvers et dans le Limbourg, où elle
atteint parfois l'altitude de 80 mètres et au delà. Elle constitue les
districts flandrien et campinien (voir carte 1, hors texte).

Les *plaines élevées* se développent, comme les précédentes, de
l'E. à l'W. Leur limite S.-E. suit à peu près une ligne tracée parallèlement à la Sambre et à la Meuse (à partir de Namur). Leur plus
grande altitude atteint environ 200 mètres à l'E. de la Hesbaye ;
elle décline à mesure que l'on s'avance vers l'W.; elle finit par
avoir dans les Flandres le niveau des plaines basses. Les plaines
élevées correspondent sensiblement au district hesbayen de la
carte 1, hors texte.

La *région accidentée* comprend toute la partie de la Belgique qui s'étend entre la rive droite de la Sambre et de la Meuse et les frontières S. et E. On peut estimer à 200 mètres l'altitude moyenne de la limite N.; elle s'élève alors par une pente régulière, mais rapide, jusqu'à la crête de l'Ardenne (400 à 670 mètres); puis par une pente plus rapide encore elle descend vers la France.

I. — LE CLIMAT.

A. — *Le climat de la Belgique comparé à celui des contrées voisines.*

Le climat humide et tempéré-froid qui règne dans la portion moyenne de l'Europe occidentale est suffisamment connu dans ses grandes lignes pour qu'il soit inutile d'y insister. Il me semble d'ailleurs superflu d'entrer dans les détails, puisque le volume consacré au climat tempéré dans la 2ᵉ édition de la *Klimatologie* de M. HANSE va bientôt paraître et qu'il apportera tous les éléments d'appréciation, coordonnés par un spécialiste [1]. Aussi, au lieu de rassembler péniblement des indications météorologiques et d'en déduire par comparaison les caractéristiques de notre climat, allons-nous essayer de définir celui-ci par des indications empruntées à la géobotanique elle-même.

La carte des tourbières, dressée par MM. FRÜH ET SCHRÖTER*(1904)*, place la Belgique dans une région très favorable au développement des plantes de tourbières (fig. 18). Or, la même carte montre, de la façon la plus manifeste, que ces espèces ne prospèrent que dans les pays où le climat est à la fois humide et tempéré-froid; aussitôt que l'une de ces conditions fait défaut, les tourbières s'appauvrissent et disparaissent. En Sibérie, il fait trop sec dès qu'on s'éloigne de l'océan Arctique et des vallées de rivières; autour de la Méditerranée, l'atmosphère est également trop sèche; dans les régions équatoriales, malgré la grande humidité, la température est trop élevée.

Il faut environ les mêmes conditions climatiques à nos Ericacées indigènes dont plusieurs accompagnent d'ailleurs souvent les tour-

---

[1] Il y a beaucoup de données climatologiques dans SCHᵢᴘᴇʀ *(1898)* et même déjà dans GRISEBACH *(1872)*.

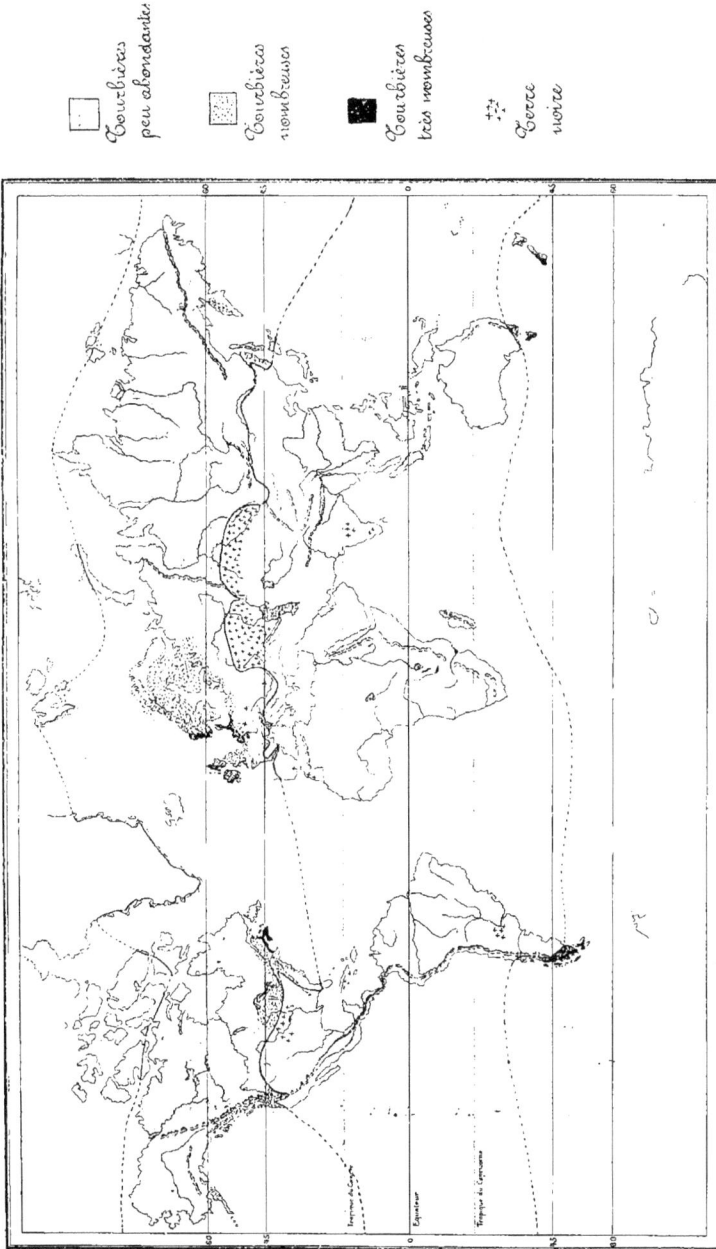

FIG. 18 — Carte des tourbières, d'après MM. FRÜH ET SCHRÖTER (*1904*).

bières (fig. 19). Trois de ces plantes, *Calluna vulgaris* et surtout les
deux *Erica*, ne s'éloignent pas beaucoup de l'Atlantique, sans doute

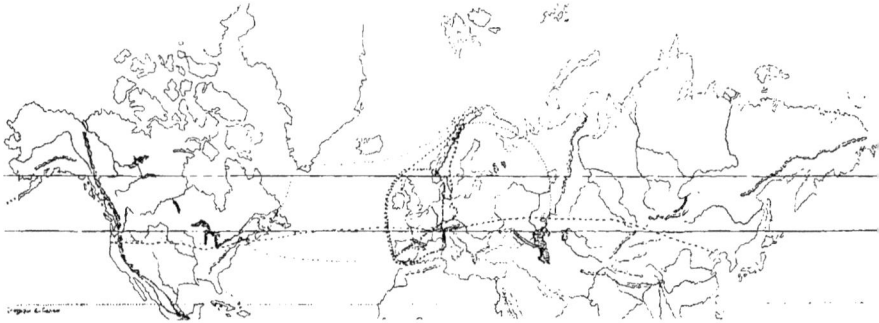

LIMITES DES AIRES D'HABITAT DES ERICACÉES INDIGÈNES EN BELGIQUE
···· *Andromeda poliifolia et les 4 espèces de Vaccinium*   ······ *Erica Tetralix.*
···· *Calluna vulgaris*   ·······   ,,   *cinerea*

FIG. 19.

FIG. 20. — Aire d'habitat de *Cytisus scoparius*.

parce qu'elles préfèrent une plus forte humidité atmosphérique et qu'elles craignent des hivers trop rigoureux ainsi que les étés trop chauds de l'Asie ou même de l'Europe centrale.

Voici encore une plante qui a les mêmes exigences : *Cytisus*

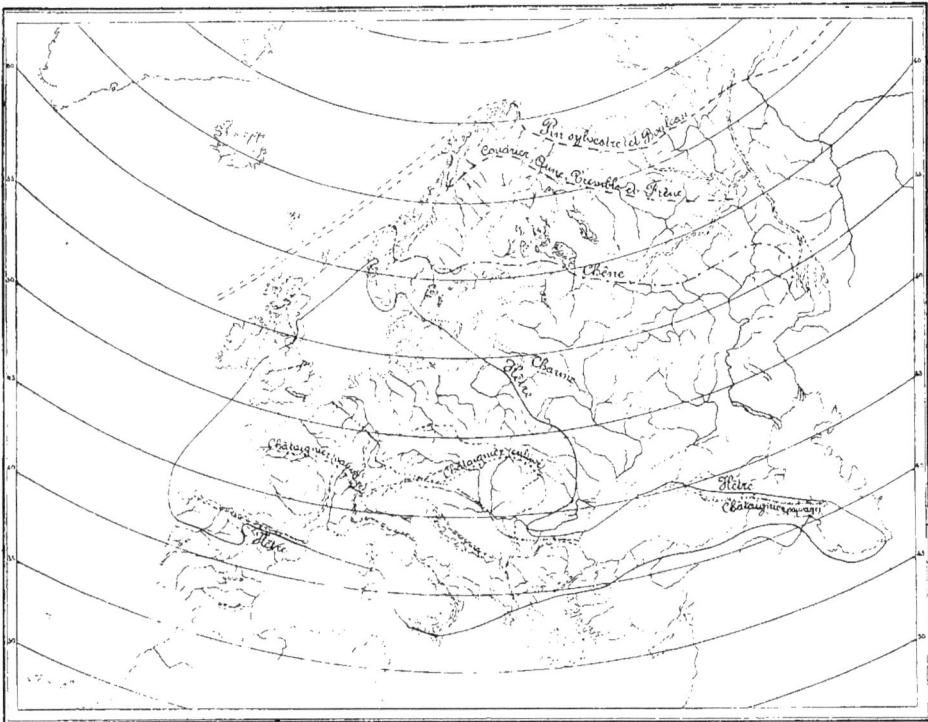

Fig. 21. — Aire d'habitat, ou bien limite septentrionale, des principaux arbres forestiers : Pin sylvestre, Bouleau (*Betula alba*), Coudrier (*Corylus Avellana*), Aune (*Alnus glutinosa*), Tremble (*Populus Tremula*), Frêne (*Fraxinus excelsior*). Chêne (*Quercus pedunculata*), Charme (*Carpinus Betulus*), Hêtre (*Fagus sylvatica*), Châtaignier (*Castanea vesca*). En partie d'après DE CANDOLLE (*1855*), et M. DRUDE (*1892*).

(*Sarothamnus*) *scoparius* (fig. 20). Son aire d'habitat coïncide sensiblement avec la région où nos Éricacées indigènes existent toutes ensemble.

Enfin, considérons aussi la distribution de nos arbres forestiers (fig. 21) et principalement l'aire du Hêtre. Elle nous montre, tout comme les cartes précédentes, que le climat de la Belgique se continue vers le S. jusque dans la partie septentrionale de la presqu'île ibérique, vers le N. jusqu'au sud ou même jusqu'au milieu de la Scandinavie, que vers l'W. il englobe les îles Britanniques, et que vers l'E. il s'étend jusqu'à la Pologne et à la mer Noire.

Ce que vient de nous enseigner l'étude des aires d'habitat est-il d'accord avec les données de la climatologie pure? M. KÖPPEN(*1900*) a publié une carte où la terre est subdivisée suivant les climats et où chaque région est caractérisée et dénommée par une particularité géobotanique. La partie de la carte qui comprend l'Europe est reproduite dans MASSART, *Essai*, carte 8. On y voit que la Belgique est dans le climat du Chêne et que celui-ci a sensiblement les limites que nous avons indiquées plus haut, sauf dans l'E., où il s'étend jusqu'au delà de l'Oural.

Climat du Chêne, dit M. KÖPPEN, marquant ainsi le caractère des arbres et des forêts qui revêtent ces pays : arbres à feuillage caduc et grandes forêts à haute futaie, assez claires. Dépassons maintenant les limites du climat du Chêne. Vers le S., nous entrons dans une contrée tout autre, portant des taillis et des broussailles à feuillage persistant, plutôt que des futaies : c'est la région méditerranéenne. Vers le N., à travers la Scandinavie et la Russie septentrionale, nous trouvons de hautes forêts qui diffèrent seulement des nôtres en ce que les Conifères dominent et non plus les feuillus ; il faut pousser jusqu'aux confins de l'océan Glacial pour voir les futaies se réduire et faire place aux toundras : nous sommes dans la région polaire. Mais vers l'E., on peut traverser, dans toute leur largeur, l'Europe et l'Asie sans que nulle part les bois de haute futaie fassent défaut : les espèces changent, mais l'association forestière garde sensiblement le même aspect. C'est là un fait qui est connu depuis longtemps; tous ceux qui se sont occupés de subdiviser la terre au point de vue botanique, ont délimité un vaste territoire englobant tous les pays à climat tempéré-froid de l'Ancien Continent et l'ont caractérisé par la présence de forêts. La plus grande partie de l'Amérique du Nord constitue aussi une région forestière qui fait pendant à celle de l'Eurasie. Citons parmi ceux qui ont le mieux mis en relief l'importance de la végétation

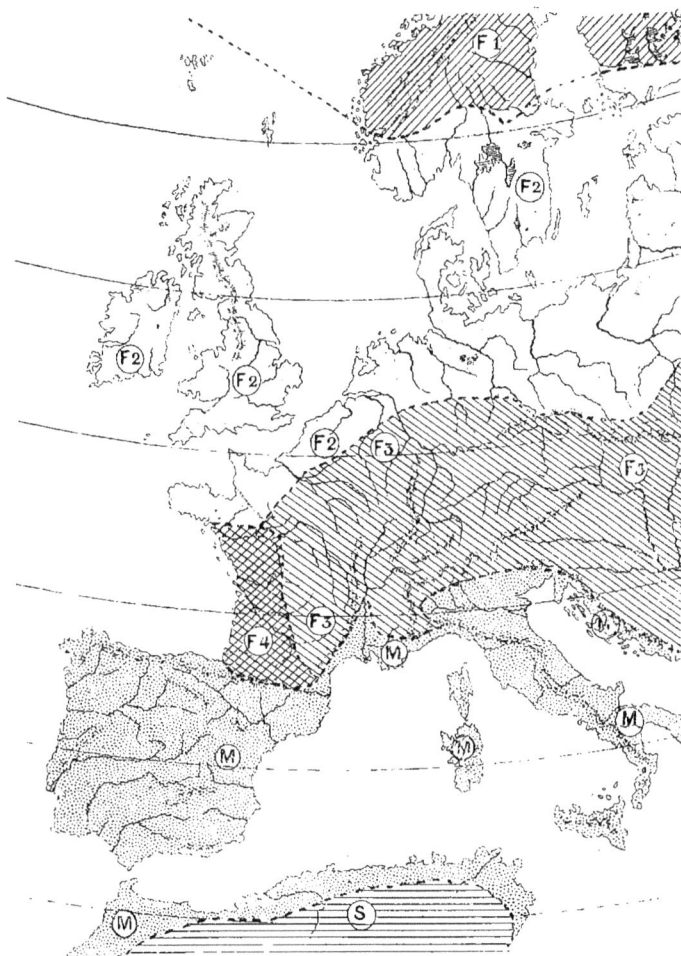

F   *Région forestière*
F1. *Domaine de l'Europe sept.*
F 2.   ,,   *des plaines de l'Europe N.W.*
F 3   ,,   *des basses montagnes de l'Europe centrale*
F 4   ,,   *aquitanien*
M   *Région méditerranéenne*
S   ,,   *saharienne*

Fig. 22. — Carte botanique de l'Europe occidentale, d'après M. Drude (*1892*). — Tous les détails sont supprimés pour les Iles Britanniques et pour les contrées montagneuses.

forestière dans les pays tempérés, Grisebach (*1872*) et Schimper (*1898*). La figure 22 représente, d'après M. Drude (*1892*), l'extrémité W. de la région forestière de l'Eurasie. On y voit que la Belgique empiète sur deux domaines : celui des Plaines de l'Europe N.W. et celui des Basses Montagnes de l'Europe centrale.

B. — *Le climat des diverses parties de la Belgique.*

On pourrait supposer qu'un pays aussi petit que la Belgique, et dont le point culminant n'est qu'à 670 mètres d'altitude, a sensiblement le même climat partout. Or les observations précises, dont quelques-unes sont résumées dans la figure 23A et B, montrent qu'il y a des différences assez notables suivant les endroits.

Le climat de la Belgique est fortement influencé par le voisinage de la mer (et du Gulf-stream) et aussi par notre position au S. de la trajectoire habituelle des cyclones. De cette dernière circonstance résulte une prédominance très marquée des vents de S.-W. et de W., dont l'origine marine renforce notablement l'action modératrice qu'exerce l'océan. Le climat maritime, où s'atténuent à la fois les rigueurs de l'hiver et les ardeurs de l'été, perd rapidement ses caractères lorsqu'on s'éloigne de la côte.

La figure 23A résume des observations thermométriques faites dans diverses parties de la Belgique ; elle est dressée d'après Lancaster (*1904*) (¹). La figure 23B donne la répartition saisonnière des pluies.

Voici encore, d'après Lancaster (*1907*), quelques données au sujet de l'humidité atmosphérique (valeurs moyennes a 13 h.). (Voir tableau p. 47.)

Enfin, M. Vincent (*1910*) donne une carte (fig. 24) des pluies en Belgique. Le littoral a plus de 800 millimètres de pluie ; la région des plaines a de 700 à 800 millimètres : le pays accidenté a de 800 à 1,000 millimètres ; le plateau le plus élevé a de 1,000 a 1,500 millimètres.

(¹) Un tableau plus détaillé avait déjà été publié par Lancaster en 1902.

Humidité moyenne à 13 heures.

	Mai.	Décembre.	Année.
Région maritime (Flandre occidentale et partie Nord de la Flandre orientale) .	69 0	86.5	76.0
Basse Belgique (Flandre orientale, Brabant, Hainaut, Anvers)	61.4	84.2	71.3
Campine	59.2	83.6	70.5
District calcaire : — Province de Namur . . .	62.7	87.1	73.2
District calcaire : — Province de Liége (sauf l'Ardenne)	59.7	83.0	70.6
District calcaire : — Vallée de la Meuse de Namur à Liége	58.5	84.7	69.9
District ardennais	69.2	89.0	77.0
» jurassique	62.2	87.9	73.2
District subalpin (Hestreux, dans l'Hertogenwald)	72.7	88.5	78.8

Au point de vue du climat, on peut distinguer en Belgique 4 zones : 1° la bande littorale, et 2° les plaines qui font partie du domaine des Plaines de l'Europe N.-W. (fig. 22); 3° le pays accidenté, et 4° les plateaux subalpins, qui sont du domaine des Basses Montagnes de l'Europe centrale (fig. 22).

1. *La bande littorale.* — Les courbes des maxima et des minima sont moins écartées (fig. 23A) qu'en aucune autre partie de la Belgique. En hiver, les maxima et les minima sont plus élevés qu'ailleurs; en été, les maxima sont plus bas, les minima plus hauts qu'ailleurs. Ce qui, traduit en d'autres mots, signifie que les variations journalières sont en toute saison plus faibles, que l'hiver est plus doux et l'été plus frais.

Le nombre des jours de gelée est remarquablement bas.

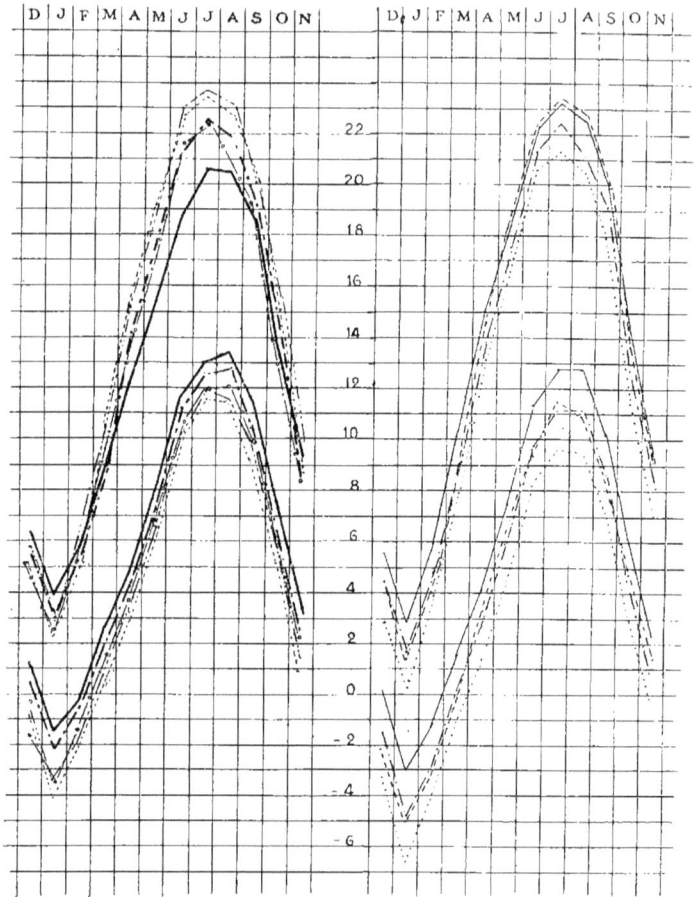

——— *Littoral (Alt. 5m.)*   ——— *Vallée de la Meuse (Alt. 85m.)*

—.—. *Sud de la Flandre (Alt. 15m)* —.—— *Condroz (Alt. 260m.)*

........— *Campine anvers. (Alt. 20m)* .... *Haute Ardenne (Alt. 500m.)*

.............*Campine limbourg (Alt. 50m.)* ...... *Jurassique (Alt. 235m.)*

.——. *Hesbaye (Alt 125m.)*

FIG. 23 A — Les températures maxima et minima de diverses parties de la Belgique. A gauche, le littoral et les plaines ; à droite, le pays accidenté.

D, J, F... — décembre, janvier, février...

Les pluies tombent surtout en automne (fig. 23B); l'humidité atmosphérique est plus grande que dans les plaines ou dans le pays accidenté.

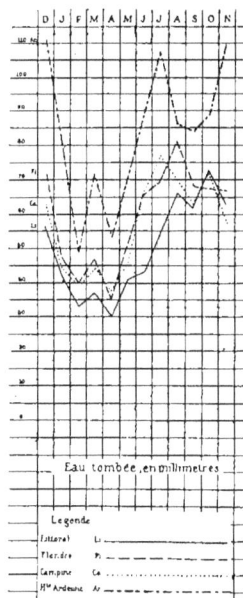

Fig. 23 B. — Répartition annuelle de la pluie en Belgique, d'après Lancaster (dans les *Monographies agricoles de la Belgique*).

D, J, F... = décembre, janvier, février...

L'influence de la fraîcheur de l'été ressort clairement de la comparaison des dates où se fait la moisson du Froment dans la partie occidentale de la Belgique (fig. 25); plus on se rapproche de la mer, plus la moisson est tardive.

Quant à la douceur de la température en hiver, elle permet à pas mal de plantes de coloniser la côte, alors qu'elles sont inca-

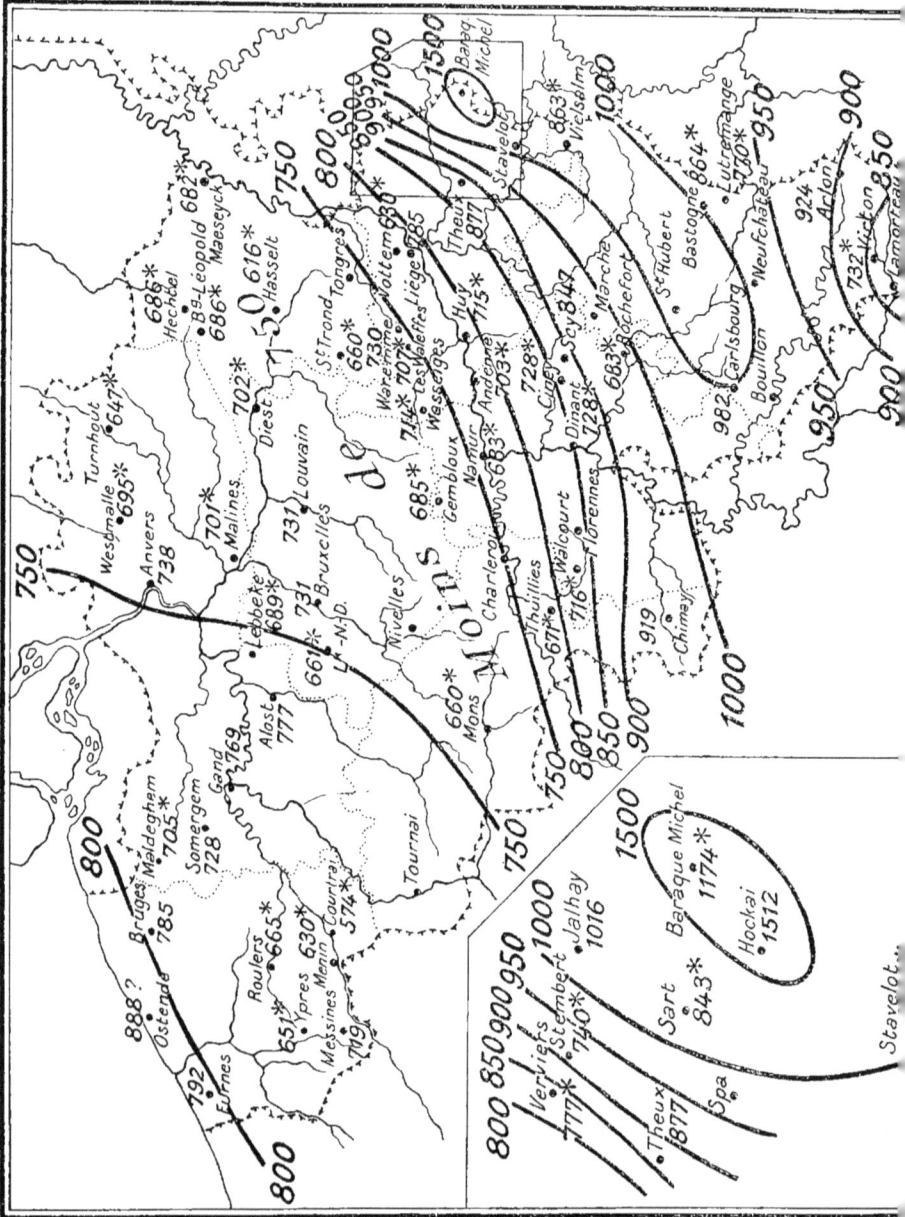

pables de se maintenir à l'intérieur du pays. Cette localisation littorale est surtout intéressante pour des espèces telles que *Phleum*

Echelle de 1 : 1.500.000

La moisson du froment en Flandre.

Localités où la moisson a lieu ordinairement :

♀ Avant le 5 Août	○- Du 5 au 15 Août
♀ Du 1er au 10 Août	♂ Du 10 au 20 Août
-○ Du 15 au 30 Août	

Fig. 25. — D'après M. Blanchard (*1906*).

arenarium (fig. 26, phot. 247) et *Asparagus officinalis* (phot. 246), qui habitent, dans la région méditerranéenne, tous les terrains sableux, qu'ils soient continentaux ou littoraux, mais qui en Belgique et dans les pays limitrophes se rencontrent exclusivement sur les dunes proches de la mer.

Phleum arenarium est une plante annuelle hivernale germant en automne, poussant en hiver et fleurissant au printemps ; sur les dunes continentales de la Belgique, l'hiver est trop rigoureux et la plante ne réussirait pas à se développer. Ce qui montre bien que c'est le climat qui lie *Phleum arenarium* à la côte, et non la salure éventuelle de l'air ou une qualité spéciale des sables littoraux, c'est qu'on retrouve la Graminacée sur les dunes internes d'Adinkerke

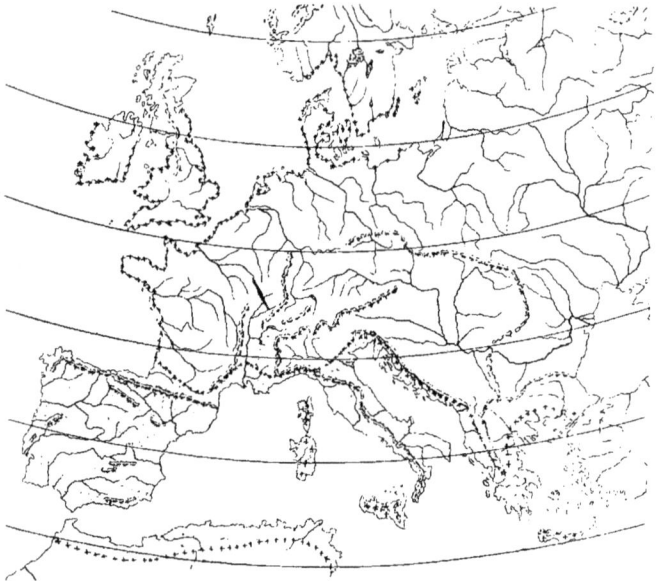

Fig. 26. — L'aire d'habitat de *Phleum arenarium*.

et sur les dunes des polders sablonneux de Westende (voir carte 9, hors texte), où l'embrun des vagues n'arrive certainement plus et qui sont formées d'un sable très différent de celui des dunes bordant les plages.

La carte 3 (hors texte) représente la distribution en Belgique d'un certain nombre de plantes pour lesquelles les particularités de la répartition géographique semblent devoir s'expliquer par la sensibilité de ces espèces au climat. Elles ont été choisies parmi

---

celles qui présentent une faible accommodabilité vis-à-vis du climat, — sinon elles existent partout et ne sont caractéristiques d'aucun point particulier, — mais qui ont une grande accommodabilité vis-à-vis des qualités du sol, ou qui peuvent du moins trouver dans toutes les parties du pays des supports convenables. Ainsi, dans l'exemple cité plus haut, *Phleum arenarium* est spécial à la côte, quoiqu'il y ait des sables à peu près partout en Belgique.

Parmi les plantes dont l'aire de dispersion est donnée par la carte 3, il en est quelques-unes qui sont particulièrement intéressantes pour le littoral. *Trichostomum flavovirens* habite les « lieux sablonneux, caillouteux, dans les bois de pins ou les broussailles de la région méditerranéenne (Boulay, *1884*); mais dans le N.-W. de la France, il est exclusif au littoral. Il en est exactement de même pour *Ramalina evernioides* (phot. 281). Quant à *Ulota phyllantha*, il ne dépasse pas vers le S. le département de la Loire-Inférieure. En Belgique, en Allemagne (Limpricht, *1895*) et dans le N. de la France, il reste tout près de la mer ; mais dans le département de l'Orne, il s'avance jusqu'à l'intérieur (Boulay, *1884*).

Si une particularité du climat peut déterminer la localisation d'une espèce en un point donné, elle peut aussi en exclure d'autres. Nous constatons effectivement que pas mal d'espèces communes manquent ou sont fort rares près de la mer, alors qu'elles semblent pourtant devoir rencontrer dans les dunes ou dans les polders un sol convenable. Citons parmi elles : *Galium Cruciata, Satureja Clinopodium, S. Acinos, Cirsium oleraceum, Valeriana officinalis* (phot. 370), *Ulmaria palustris, Symphytum officinale* (phot. 462), *Melandryum diurnum, Hottonia palustris* (phot. 277, 278). La dispersion des quatre premières espèces en Europe est figurée sur la carte 10 de Massart, *Essai* : on est amené à admettre que c'est le climat littoral qui les empêche de s'approcher de la côte. Pour les cinq dernières plantes, cette conclusion paraît encore plus évidente, puisqu'elles sont communes dans les polders bordant l'Escaut, loin de la mer.

Le climat littoral est aussi caractérisé par l'abondance et la violence des tempêtes. La figure 27 résume les renseignements relatifs à la présence et à la direction des tempêtes dans deux stations, l'une au S.-W (Dunkerque), l'autre au N.-E. (Flessingue) de

la côte belge et dans une station continentale (Paris). D'après LAN-
CASTER (*1900*), Bruxelles fournit sensiblement les mêmes nombres
que Paris. Des deux stations littorales, c'est surtout Dunkerque qui

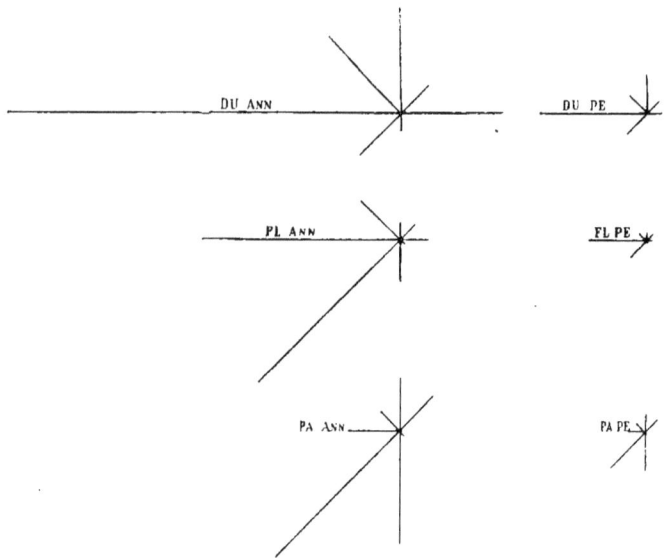

FIG. 27. — Fréquence des tempêtes à Dunkerque (DU), Flessingue (FL)
et Paris (PA).

La longueur de chacun des rayons de la roue des vents est proportionnelle
au nombre des tempêtes de cette direction, pendant les années 1890 à 1899.
(Tempêtes = vitesse supérieure à 50 kilomètres à l'heure, ou 14 minutes à la
seconde.) — Les figures de gauche donnent les tempêtes de toutes les
saisons; celles de droite, les tempêtes du printemps et de l'été.

nous intéresse, puisque la côte y a la même direction qu'en Belgique.
Non seulement les vents violents sont beaucoup plus fréquents sur
la côte, mais leur direction est autre; à Bruxelles et à Paris, ils
soufflent du quadrant S.-W.; sur le littoral, du quadrant N.-W.
Les vents du N.-W. et du N. sont naturellement beaucoup plus

froids que ceux du S. et de l'W. et leur action sur la végétation est autre (fig. 28). Les Pins soumis aux vents de S.-W. sont déformés et s'inclinent; sous l'effet des tempêtes de N.-W., ils sont tués ([1]).

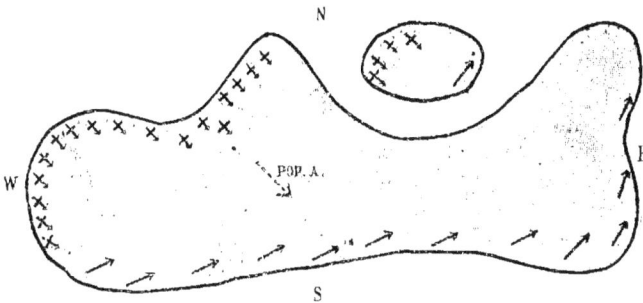

Fig. 28. — Schéma d'un petit bois de Pins sylvestres, au Coq (entre Ostende et Blankenberghe).

Les flèches indiquent la direction dans laquelle les arbres sont inclinés : les croix indiquent les arbres morts. — POP. A, quelques *Populus alba* dont les rameaux dépassent ceux des Pins et qui ont été inclinés vers le S.-E.

(Voir des photographies, dans Massart, *Essai*, phot. 87 à 90; Massart, *Aspects*, phot. 14 et 15.) L'action destructive du vent se voit aussi dans la photographie 10.

2. *Les plaines.* — Les oscillations journalières et saisonnières sont un peu plus amples que sur la côte (fig. 23 A, courbes de la Flandre, de la Campine et de la Hesbaye), tout en étant encore assez faibles. La constance du climat s'efface de plus en plus à mesure qu'on pénètre vers l'intérieur : aussi la Campine a des variations thermiques plus accentuées que la Flandre, et les jours de gelée y sont plus nombreux. Le maximum des pluies tombe en été (fig. 23 B). La Campine a un air fort sec (tableau de la p. 47).

Il y a de nombreuses plantes qui ne se rencontrent que dans la

---

([1]) Le mode d'action du vent sur les organes aériens des végétaux a été beaucoup discuté. Récemment Noll (*1907*) a appelé l'attention sur l'importance de l'ébranlement que déterminent les secousses.

vaste plaine qui s'étend au N.-W. de la Sambre et de la Meuse. Pour la plupart, ce sont certainement les qualités du climat qui les localisent dans ce pays peu élevé, où le voisinage de l'océan fait sentir nettement son influence. Pas mal d'entre elles sont plus communes à l'W. qu'à l'E. et manquent dans la région la plus éloignée de la mer ; telles sont, par exemple, *Hydrocharis Morsus-Ranae* et *Scilla non-scripta* (voir carte hors texte), et *Samolus Valerandi*.

De même, c'est seulement en Flandre qu'il y a de beaux boisements de Mélèzes (*Larix decidua*) (phot. 59, 113); partout ailleurs, ils sont maltraités par les gelées tardives du printemps.

D'autres sont répandues à travers toute la contrée considérée, mais ne montent guère dans le pays accidenté (phot. 86) : *Herniaria hirsuta*, *Spergula Morisonii*, *Carex arenaria*, *Ammophila arenaria*, *Cicuta virosa*, *Anthoceros laevis*, *Targionia hypophylla* (qui figurent sur la carte 3, hors texte); ajoutons-y *Illecebrum verticillatum* et *Hottonia palustris* (phot. 277, 278). Toutes ces espèces ont une dispersion atlantique, c'est-à-dire qu'elles habitent surtout l'W. de l'Europe, dans les pays influencés par le Gulf-Stream.

On peut en dire autant de quelques espèces dont les habitations sont moins nombreuses : *Elatine hexandra*, *Lathraea clandestina*, *Physcomitrella patens*, *Subularia aquatica*, *Lobelia Dortmanna* (phot. 301, 302, représentés sur la carte 3). Quant à *Geranium phaeum* (carte 3), qui est également spécial à la partie peu élevée du pays, il est plutôt répandu dans l'Europe centrale.

3. *Le pays accidenté.* — Près de la Meuse et de la Sambre, cette contrée est à l'altitude d'environ 200 mètres, mais elle s'élève jusqu'à 500 mètres. Le climat devient de plus en plus continental. Les différences thermiques s'accusent avec l'altitude, tant entre le jour et la nuit qu'entre l'été et l'hiver. D'une façon générale, les étés sont plus chauds et les hivers plus froids que dans la plaine septentrionale de la Belgique (fig. 23 A). Les pluies sont plus abondantes (fig. 24). L'humidité atmosphérique est plus grande, sauf en quelques points du pays calcaire (tableau de la p. 47).

A altitude égale, le pays ardennais (voir carte 1, hors texte) est plus froid en toute saison, mais surtout en été, que le pays calcaire.

Certains points, à sol calcaire, ont d'ailleurs des étés particulièrement chauds : ce sont notamment les bords de la Meuse et les
versants méridionaux de la Lorraine belge. Sur les rochers de la
Meuse est installée toute une petite colonie de plantes méridionales:
Artemisia camphorata, *Buxus sempervirens* (carte 3, phot. 359,
377), *Phleum Boehmeri* (phot. 357), *Dianthus Carthusianorum*
(phot. 358), etc. C'est là que se trouvent les seuls vignobles de la
Belgique; encore ne produisent-ils un vin passable que les années
qui ont une fin de septembre et un début d'octobre exceptionelle-
ment chauds.

La plaine la plus méridionale de notre pays nourrit également
une flore qui a besoin de chaleur : *Adonis aestivalis*, *Thymelaea
Passerina*, *Anemone Pulsatilla* (carte 3). La douceur du climat y
est réputée depuis longtemps. « Protégé contre les bourrasques du
nord par la ride de l'Ardenne, vert et fleuri quand les arbres de la
Belgique septentrionale n'offrent encore que des bourgeons, Virton
est le Montpellier belge » (Houzeau, *1873*, p. 6). « Ces dernières
paroles sont certes trop flatteuses », dit Lancaster dans la *Monographie agricole de la région jurassique*. Il n'en est pas moins vrai
que la température plus élevée du pays lorrain a permis l'accli-
matation d'une flore méridionale.

Ce qui est vrai pour les plantes l'est aussi pour les animaux. La
Faune de M. Lameere (*1895-1907*) signale un très grand nombre
d'espèces d'Insectes et de Mollusques qui ne vivent en Belgique que
dans la vallée de la Meuse et dans la Lorraine belge. Leur liste est
beaucoup trop longue pour qu'il y ait intérêt à la reproduire. Mais
voici quelques espèces qui sont spéciales à la pointe méridionale du
district jurassique : *Caloptenus italicus* (Orthoptère), *Cerocoma
Schaefferi* (Coléoptère), *Hesperia Carthami* et *Chrysophanus Vir-
gaureae* (Lépidoptères), *Azeca tridens* (Mollusque Pulmoné). Très
nombreuses sont aussi les espèces animales qui sont caractéristiques
du district calcaire et qui sont surtout abondantes dans la vallée
de la Meuse : *Chondrostoma nasus* et *Aspius bipunctatus* (Poissons),
Lacerta muralis (Reptile), *Helix fruticum* (Mollusque Pulmoné),
Acmaeops collaris, *Sisyphus Schaefferi* (Coléoptères), *Papilio
Podalirius* (Lépidoptère).

Mais le pays accidenté n'est pas seulement un asile pour les espèces de contrées chaudes. M. Durand, dans l'Introduction du *Prodrome*, cite environ cent soixante espèces de Ptéridophytes et de Phanérogames qui ne descendent jamais ou presque jamais dans la partie N.-W. du pays, c'est-à-dire plus du huitième du nombre total des Plantes Vasculaires indigènes. Certes, beaucoup d'entre elles sont liées à la haute Belgique, non par le climat, mais par les qualités du sol, par exemple les plantes de rochers ; mais on peut affirmer, je pense, qu'au moins la moitié sont cantonnées dans la haute Belgique par le climat à grandes oscillations thermométriques et à été assez court. Il en est ainsi, à coup sûr, pour l'Épicéa (*Picea excelsa*), qui ne vient convenablement que dans cette région, pour *Pirus (Sorbus) Aria* et pour *Sambucus racemosa* (carte 3).

L'humidité plus grande et l'abondance des pluies permettent à de nombreuses Muscinées et lichens de s'établir sur les troncs : nulle part les arbres ne portent d'aussi belles touffes d'épiphytes qu'en Ardenne et dans certains bois du Jurassique (phot. 464).

4. *Plateaux subalpins*. — En trois endroits de l'Ardenne, le terrain s'élève au-dessus de 550 mètres : dans la forêt de Saint-Hubert, au plateau des Tailles et au plateau des Hautes-Fagnes. Le climat devient encore plus rude et plus humide. De nouvelles plantes apparaissent : des espèces subalpines et arctiques, dont la présence chez nous doit être considérée, ainsi que l'a fait très justement observer M. Fredericq (*1904*), comme une relique des périodes glaciaires du Pléistocène. La distribution d'une dizaine de ces plantes est figurée dans la carte 3. Elles ne sont pas strictement limitées aux points subalpins de la Belgique, mais elles habitent de préférence le voisinage de la crête de l'Ardenne, et aucune d'entre elles ne quitte la portion du pays qui est restée émergée lors des inondations hesbayenne (fig. 8, p. 22) et flandrienne (fig. 6, p. 20).

Il serait fort intéressant de savoir si certaines espèces végétales manquent à nos plateaux subalpins, chassées par le climat. M. Fredericq (*1904*) cite plusieurs animaux qui ne montent jamais si haut : *Planaria gonocephala*, *Vipera berus*, *Rana esculenta*, *Anguilla vulgaris*, *Leuciscus rutilus*, etc.

.˙.

La localisation des plantes par les différences de climat permet de déterminer approximativement la direction des courants d'immigration qui ont succédé au dernier glaciaire. Les plantes spéciales aux plaines nous sont venues du S.-W.; celles de la partie haute du pays sont parties de l'Europe centrale.

5. *Climats locaux.* — A côté des différences climatiques qui intéressent des étendues considérables de pays, il y a aussi des particularités très curieuses qui n'affectent le climat qu'en des points plus restreints. Ainsi, la nature de la roche a une grande influence sur la température; on sait, par exemple, que des rochers schisteux sont plus froids que des rochers calcaires, en hiver, et surtout en été. L'exposition joue naturellement aussi un très grand rôle. Dans la contrée accidentée, qui est découpée par de profondes vallées, celles-ci ont un climat fort différent sur le versant qui regarde le N. et sur celui qui est chauffé par le soleil de midi : au début du printemps, le premier est encore couvert de neige, alors que la pente méridionale est déjà toute fleurie. Aussi y a-t-il beaucoup de plantes qui ne se rencontrent que sur les coteaux pleinement exposés au soleil : *Cotoneaster integerrimus, Seseli Libanotis, Globularia vulgaris, Helianthemum polifolium,* etc. Même dans la plaine hesbayenne, il y a des différences thermiques entre des points voisins. Les forestiers savent, par exemple, que certains vallons se montrent rebelles à tout boisement, parce que le vent n'y a pas accès et que le rayonnement intense n'y est donc pas compensé. Dans la forêt de Soignes, près de Bruxelles, il y a ainsi plusieurs ravins qui portent le nom de « Koudelle », c'est-à-dire vallon froid.

Mais laissons de côté ces climats locaux créés par des différences de température, pour dire un mot de ceux où la lumière et l'humidité sont en jeu. Ce n'est pas ici le lieu de décrire le contraste entre les végétations des sous-bois, des lisières et des clairières, contraste qui est déterminé par l'inégale répartition de la lumière et de l'humidité atmosphérique. Contentons-nous d'indiquer trois cas plus spéciaux : les plantes qui recherchent des endroits calmes, humides et sombres, celles qui vivent en épiphytes sur les troncs d'arbres, enfin, celles qui, sur un talus, sont localisées soit aux portions verticales, soit aux portions horizontales.

Dans les gorges profondes qui séparent les massifs rocheux règne une atmosphère tranquille et moite qu'affectionnent certaines espèces. La plus exigeante est *Hymenophyllum tunbridgense* (carte 3) : ses feuilles, composées d'une seule assise de cellules, se dessèchent rapidement dans l'air trop souvent renouvelé. Les bois qui remplissent les entailles dans les flancs abrupts des vallées de la Meuse et de ses affluents donnent asile à *Lunaria rediviva* (carte 3 et phot. 372) et à quelques autres espèces, également liées à un air tranquille, par exemple *Thamnium alopecurum* (carte 3 et phot. 363). *Scolopendrium officinale* (phot. 364) accompagne souvent *Lunaria* et *Thamnium;* dans la plaine hesbayenne, où des stations à air aussi immobile font défaut dans les bois, la Fougère habite la paroi interne des puits, où elle retrouve le calme, l'humidité et la faible lumière qui lui conviennent. Lorsque le sol, au lieu d'être rocheux, est formé de terre meuble, les endroits à atmosphère stagnante portent souvent *Impatiens noli-tangere* (phot. 322), dont la tige est presque entièrement privée d'éléments lignifiés et ne se soutient donc que grâce à la turgescence : on comprend dès lors qu'elle ne puisse pas résister à des coups de vents, qui risqueraient ou de la rompre, ou de la flétrir.

Le tronc d'un arbre isolé présente, pour les lichens et les Muscinées qui y vivent en épiphytes, des climats très différents suivant l'orientation de ses faces. Les vents très humides de l'W. et du S.-W., les vents desséchants de l'E., enfin les rayons solaires, créent une grande diversité de conditions. Même les crevasses de l'écorce ont un climat tout autre dans leur fond et près de la surface, sur la lèvre qui regarde l'E. et sur celle qui reçoit le plus de pluie. Ajoutons que les lichens supportent, en général, mieux la sécheresse que les Bryophytes, quoique les espèces corticicoles de Mousses et d'Hépatiques puissent subir impunément une dessiccation complète. La figure schématique 29 indique, mieux qu'une description, de quelle manière la végétation cryptogamique est distribuée sur un tronc.

L'exemple précédent et ceux qui suivent montrent que les Bryophytes sont des réactifs beaucoup plus sensibles aux particularités du climat que les Phanérogames. Sur un talus en escalier, formé de marches successives, tel qu'on en rencontre dans les terrains sableux, on voit que les espèces qui habitent les portions abruptes, à peu près verticales, sont autres que celles qui se trouvent sur le plat de chaque marche. Ainsi *Neckera complanata, Tetraphis pellucida* et *Aulacomnium androgynum* sont pour ainsi dire propres aux escarpements, tandis que *Hypnum molluscum* et *Syntrichia subulata* ne colonisent guère que les surfaces horizontales.

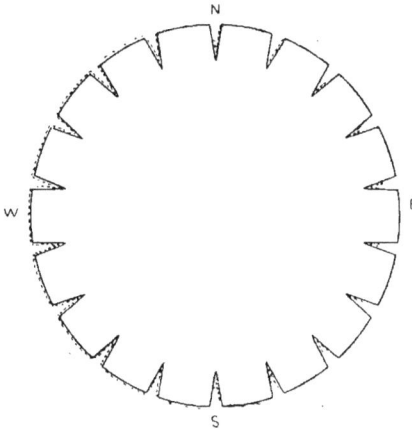

Fig. 29. — Coupe transversale schématique à travers un arbre isolé.
Le trait interrompu figure les lichens et les Muscinées sur l'écorce et dans les crevasses.

La photographie 333 représente une de ces marches sur un talus du bois de Oisquercq. Le plat porte *Hypnum cupressiforme*, la contremarche *Tetraphis pellucida*. La photographie 104 donne une idée de la disposition générale du talus. Celui-ci est couvert de Pins dans toute sa hauteur, mais en bas il touche à un peuplement de Hêtres. J'ai fait à diverses reprises des mensurations photométriques de la quantité de lumière reçue par les deux faces, horizontale et verticale, de chaque marche. Les mesures étaient faites à l'aide du *Wynne's « Infallible » Photographic Exposure Meter ;* le principe de l'appareil repose sur le noircissement d'un certain papier photographique jusqu'à la teinte qui sert d'étalon : l'intensité de la lumière est inversement proportionnelle au nombre de secondes qui ont été nécessaires. Cette méthode avait déjà été employée par M. RÜBEL (*1908*), qui donne tous les détails désirables.

Le 5 mai 1909, par un ciel sans nuages, il fallait exposer le papier de 12 à 13.4 secondes sur la face horizontale des marches et de 22 à 29.4 secondes sur la face verticale ; à ce moment, il fallait exposer le papier 6 secondes dans un endroit tout à fait découvert, en interposant toutefois la tête entre le soleil et l'appareil, de façon à éviter la lumière directe. Si, à l'exemple de M. RÜBEL (*1908*, p. 15), nous représentons la luminosité par 1,000 lorsqu'il ne faut qu'une seconde pour amener le noircissement voulu, nous dirons donc que dans un endroit découvert la luminosité était 167 = (1000 : 6); sur la face supérieure des marches elle était comprise entre 82 et 75, et sur la face verticale entre 45 et 34. Les mêmes observations ont été répétées une première fois, le 12 mai 1889, par un ciel uniformément mais finement voilé, et au moment où les Hêtres avaient déjà beaucoup plus de feuilles que la semaine précédente, et une dernière fois le 20 janvier 1910, en plein hiver, par ciel très sombre. Voici en un tableau les indications relatives à l'éclairement :

	Luminosité en un endroit découvert.	Luminosité avec la face horizontale des marches.	Luminosité sur la face verticale des marches.
5 mai 1909 . . .	167	83 à 75	45 à 34
12 mai 1909 . . .	167	83 à 77	45 à 31
20 janvier 1910 . .	—	11	6

Ces mesures montrent que la lumière reçue par les *Tetraphis* n'est que la moitié de celle qui atteint les *Hypnum cupressiforme*, et que ceux-ci habitent un endroit où plus de la moitié de la lumière diffuse est interceptée par les arbres.

Sur les rochers, il y a également des localisations suivant l'orientation. Ainsi, on trouve le plus souvent *Neckera crispa* (phot. 367) et *Encalypta streptocarpa* (phot. 363) sur les faces redressées. Certaines Algues (*Trentepohlia aurea* phot. 363) et pas mal de lichens (*Endocarpon miniatum*, phot. 391, *Verrucaria rupestris*, phot. 353) préfèrent également les rochers verticaux. C'est principalement, ou même uniquement, l'excès de lumière qui empêche ces végétaux de vivre aussi sur les faces supérieures, horizontales des rochers ;

car si, pour une cause fortuite, l'endroit est ombragé, ils habiteront toutes les faces, quelle que soit leur disposition.

Lorsque deux talus sont opposés à peu de distance l'un à l'autre, il y a une rapide diminution de l'éclairement à mesure qu'on descend. La flore se modifie parallèlement à la lumière : dans le haut, il y a, par exemple, *Polytrichum formosum*; plus bas, *Mnium hornum*; tout en bas, *Pellia epiphylla* (phot. 297).

C. — *Phénologie.*

1. *Tableau phénologique des environs de Bruxelles.* — Depuis plus de soixante années, on observe régulièrement à Bruxelles la date des principaux phénomènes naturels : arrivée et départ des Oiseaux, feuillaison, floraison, maturation et effeuillaison des végétaux. Un tableau général des dates moyennes est publié chaque année dans l'*Annuaire météorologique de l'Observatoire royal de Belgique*, jusqu'en 1908. Nous extrayons de ce tableau les renseignements les plus intéressants pour la géobotanique :

Février 21.	Floraison de	*Crocus vernus.*
— 23.	—	*Galanthus nivalis.*
— 24.	—	*Corylus Avellana.*
Mars 1.	—	*Bellis perennis.*
— 5.	—	*Cornus mas.*
— 8.	Feuillaison de	*Ribes Uva-crispa.*
— 14.	Floraison de	*Primula elatior.*
— 16.	—	*Vinca minor* et *Viola odorata.*
— 17.	Feuillaison de	*Ribes nigrum.*
— 18.	Floraison de	*Prunus Persica.*
— 20.	—	*Anemone nemorosa.*
— 21.	Feuillaison de	*Syringa vulgaris.*
— 23.	—	*Sambucus nigra.*
— 24.	—	*Symphoricarpus racemosa.*
— 24.	Floraison de	*Narcissus Pseudo-Narcissus.*
— 26.	Feuillaison de	*Rubus Idaeus* et *Ligustrum vulgare.*
— 29.	—	*Berberis vulgaris* et *Corylus Avellana.*
— 30.	—	*Mespilus (Crataegus) monogyna.*
Avril 1.	Floraison de	*Buxus sempervirens.*
— 3.	—	*Ribes Uva-crispa.*
— 4.	Feuillaison de	*Tilia platyphyllos.*

Avril 5. Floraison de *Ribes rubrum*.

— 5. Feuillaison de *Carpinus Betulus* et *Betula alba*.

— 6. —   *Evonymus europaeus*.

— 8. Floraison de *Taraxacum officinale*.

— 8. Feuillaison de *Cornus sanguinea*.

— 9. Feuillaison de *Aesculus Hippocastranum* et *Vaccinium Myrtillus*.

— 10. Feuillaison de *Pirus (Sorbus) Aucuparia*.

— 11. —   *Hippophaës rhamnoides*.

— 11. Floraison de *Prunus spinosa*.

— 14. —   *Ribes nigrum*.

— 16. Feuillaison de *Ulmus campestris* et *Alnus glutinosa*.

— 18. —   *Populus alba* et *Mespilus germanica*.

— 20. —   *Populus Tremula*.

— 21. —   *Acer campestre* et *A. Pseudo-Platanus*.

— 22. Floraison de *Convallaria majalis*.

— 27. Feuillaison *Robinia Pseudo-Acacia* et *Juglans regia*.

— 28. Floraison *Syringa vulgaris*.

— 28. Feuillaison de *Quercus pedunculata*, *Fagus sylvatica* et *Castanea vesca*.

— 30. Feuillaison de *Fraxinus excelsior*.

Mai 1. Floraison de *Syringa persica*.

— 4. —   *Aesculus Hippocastanum*.

— 5. Floraison de *Mespilus (Crataegus) monogyna* et *Berberis vulgaris*.

— 7. —   *Juglans regia*.

— 8. —   *Acer campestre*.

— 14. Floraison de *Chrysanthemum Leucanthemum* et *Iris Pseudo-Acorus*.

— 16. Floraison de *Evonymus europaeus*.

— 19. —   *Rubus Idaeus*.

— 23. —   *Robinia Pseudo-Acacia*.

— 25. —   *Bryonia dioica*.

— 28. —   *Sambucus nigra*.

Juin 4. —   *Cornus sanguinea*.

— 6. —   *Convolvulus arvensis* et *Digitalis purpurea*.

— 7. —   *Ligustrum vulgare*.

— 8. —   *Malva sylvestris*.

— 17. —   *Tilia platyphyllos* et *Calystegia sepium*.

— 19. —   *Hypericum perforatum*.

— 21. —   *Verbena officinalis*.

Juillet 11. Moisson de l'Orge.

— 17. Floraison de *Calluna vulgaris*.

Août	24.	Moisson du Seigle.
—	9.	Moisson du Froment d'hiver.
—	22.	Maturation de *Corylus Avellana*.
Octobre	6.	— *Fagus sylvatica*.
—	22.	Effeuillaison de *Aesculus Hippocastanum*.
—	25.	— *Tilia platyphyllos*.
—	26.	— *Ribes nigrum*.
—	27.	Maturation de *Quercus pedunculata*.
—	28.	Effeuillaison de *Ribes Uva-crispa* et *R. rubrum*.
—	29.	Effeuillaison de *Acer Pseudo-Platanus* et *Pirus* (*Sorbus*) *Aucuparia*.
—	30.	Effeuillaison de *Populus alba*.
—	31.	— *Ulmus campestris* et *Juglans regia*.
Novembre	1.	— *Betula alba*.
—	3.	Effeuillaison de *Mespilus* (*Crataegus*) *monogyna* et *Sambucus nigra*.
—	4	Effeuillaison de *Alnus glutinosa, Populus nigra* et *Syringa vulgaris*.
—	5.	Effeuillaison de *Populus Tremula, Fraxinus excelsior, Mespilus germanica* et *Rubus Idaeus*.
—	6.	Effeuillaison de *Carpinus Betulus* et *Berberis vulgaris*.
—	7.	— *Castanea vesca*.
—	8	— *Quercus pedunculata*.
—	9.	— *Fagus sylvatica*.
—	10.	— *Pirus communis* et *Vitis vinifera*.
—	14.	— *Cornus mas*.
—	16.	— *Hippophaës rhamnoides*.
—	20.	— *Ligustrum vulgare*.

Il ne faut évidemment demander à ce tableau que ce qu'il peut donner, c'est-à-dire une idée générale de la succession des phénomènes périodiques de la végétation aux environs de Bruxelles.

2. *Phénologie comparée des diverses parties.* — Il serait fort intéressant de posséder des notions sur la précocité ou la tardiveté des diverses parties du pays. De très nombreuses observations ont été faites anciennement, à l'instigation de QUETELET, et publiées par les soins de l'Observatoire royal de Belgique, de 1842 à 1872. Seulement les résultats publiés sont inutilisables : les données étaient recueillies par des personnes trop diverses, sans entente préalable et à des expositions quelconques.

5

Une série récente d'observations échappe à ces critiques. Elle est due à M. Léon Fredericq (*1908*). Je la résume dans le tableau suivant :

	Avril.	Mai.	Juin.	Juil.	Août.	Sept.	Oct.
Floraison de *Narcissus Pseudo-Narcissus* . .	L	B	--	—	—	—	--
Feuillaison de *Betula alba*.	L	B	—	—	—	—	—
Feuillaison de *Fagus sylvatica*	L	B	—	—	—	—	—
Feuillaison de *Pirus (Sorbus) Aucuparia* . . .	L	B	—	—	—	—	—
Feuillaison de *Mespilus (Crataegus) monogyna* .	L	B	—	—	—	▬	—
Floraison de *Pirus (Sorbus) Aucuparia* . . .	—	L	B	—	—	—	—
Floraison de *Convallaria majalis*	—	L	B	—	—	—	—
Floraison de *Vaccinium Myrtillus*	—	L B	—	—	—	—	—
Floraison de *Cardamine pratensis*	L	B	—	—	—	—	—
Feuillaison de *Quercus pedunculata* . . .	—	L	B	—	—	—	—
Maturation de *Vaccinium Myrtillus*	—	—	L	B	—	—	—
Floraison de *Gentiana Pneumonanthe* . . .	—	—	—	{ C { B	—	—	—
Effeuillaison de *Betula* et *Fagus*	—	—	—	—	—	—	B L

Observations phénologiques au plateau de la Baraque Michel (B), aux environs de Liége (L) et en Campine (C), en 1908, par M. Léon Fredericq (*1908*). Dans chaque colonne verticale, la lettre représentant le phénomène occupe une place correspondant à la date approximative dans le mois.

On y voit que sur le plateau subalpin de la Baraque Michel, la végétation a débuté environ un mois plus tard et a décliné une quinzaine de jours plus tôt que dans le voisinage de Liége, ce qui revient à dire que la période pendant laquelle la vie végétale est active est d'environ six semaines plus courte sur la hauteur.

Le diagramme 2 (hors texte), qui se rapporte à des observations phénologiques faites près de Bruxelles (voir ci-après), montre qu'en 1908 la végétation a été retardée, à Uccle, pendant les mois d'avril et de mai, d'environ une dizaine de jours. Toutefois, pour *Pirus Aucuparia* (nº 18 du diagramme), le retard n'a été que de deux jours, et la date de floraison a été sensiblement la même à Uccle (10 mai) qu'à Liége (11 mai). Si l'on pouvait juger par cet unique exemple, on devrait admettre que le climat de Liége est le même que celui de Bruxelles.

3. *Phénologie comparée en un même point, mais en diverses années.* — M. Vanderlinden (*1910*) vient de publier une série de recherches phénologiques, unique en son genre, qui apporte des données fort intéressantes sur les relations entre le climat et la date de floraison d'une quarantaine d'espèces de plantes. Ces végétaux avaient été plantés à l'Observatoire d'Uccle, par M. Jean Vincent, actuellement directeur scientifique du Service météorologique, qui a fait lui-même les observations phénologiques. Ils occupent une partie de l'enclos où se trouvent les instruments météorologiques. Les mêmes individus sont restés en expérience depuis 1906, sans être jamais déplantés, et les terrains avoisinants n'ont subi aucune modification. Les plantes sont donc restées exactement les mêmes à tous les points de vue, et leurs dates de floraison n'ont pu être influencées que par les facteurs météorologiques. La comparaison des tableaux détaillés et des diagrammes correspondant à quatorze années d'observation (de 1906 à 1909) montre combien le climat est variable en Belgique d'une année à l'autre.

J'emprunte au travail de M. Vanderlinden les diagrammes des années 1903 et 1908 On y voit fort bien que les facteurs météorologiques dont les variations retentissent sur les dates de floraison, sont en première ligne les oscillations du thermomètre et les variations de l'éclairement (mesuré par la quantité d'alcool que distille

le radiomètre de Bellani). Comme l'éclairement augmente en
général avec la température, les deux actions se confondent le plus
souvent. La pluie et l'humidité atmosphérique semblent rester
sans effet sur les dates de floraison (¹).

Les indications météorologiques portées sur des diagrammes
n'ont pas besoin d'explication. La rangée supérieure représente les
dates de floraison d'une trentaine d'espèces qui ont été annotées
avec précision chaque année. La ligne médiane de cette rangée
représente pour chaque espèce la moyenne de la date de floraison
pendant les années 1896 à 1909. Les indications placées en dessous
de l'horizontale indiquent les floraisons plus précoces que d'habitude. Quand les indications sont placées au-dessus, c'est que la
floraison a été retardée cette année. La pointe de la flèche figure
donc le moment de la floraison; chaque pointe est reliée par une
ligne oblique à la date moyenne de la floraison. La longueur de
ces lignes au-dessus ou au-dessous de l'horizontale permet de
juger au premier coup d'œil de la valeur du retard ou de l'avance.

D. — *Adaptations des plantes au climat.*

L'humidité, tant du sol que de l'air, la chaleur et la lumière,
voilà les facteurs climatiques dont l'importance est prépondérante
sur les plantes; en chaque endroit de la Terre, le monde végétal
a une physionomie spéciale qui porte nettement leur empreinte.

C'est DE HUMBOLT qui le premier, en 1805, dans son *Essai sur la
géographie des plantes*, groupe les plantes en formes végétales,
caractérisées par le port. Depuis lors tous ceux qui se sont occupés
de géographie botanique ont repris ces idées et se sont efforcés de
montrer les relations entre la physionomie des plantes et le climat
sous lequel elles vivent. Citons particulièrement GRISEBACH *(1872)*,
qui distingua 54 formes végétales, et M. RAUNKIAER *(1905, 1907,
1908)*, qui décrit une dizaine de groupes principaux. La classification de GRISEBACH est basée principalement sur l'aspect des plantes

---

(¹) Il n'en serait vraisemblablement pas de même dans les pays où l'humidité
et la pluie sont moins constantes que chez nous (voir par exemple SMITH, *1906*).

pendant la saison où la vie est plus active, tandis que M. Raunkiaer considère principalement la manière dont elles passent la mauvaise saison.

Il serait sans intérêt de décrire dans ce chapitre les adaptations et les accommodations si variées par lesquelles les végétaux se mettent en harmonie avec le climat; en effet, les adaptations les plus intéressantes sont celles qui permettent à la plante de réduire ou d'activer sa transpiration; mais la nécessité d'une régulation du courant transpiratoire dépend autant et plus de l'humidité du sol que de celle de l'air. Il est donc préférable de faire rentrer l'étude des adaptations et accommodations dans les chapitres consacrés aux associations et aux districts.

Il est un genre d'adaptations dont l'examen se fera utilement ici : ce sont celles qui déterminent le rythme saisonnier de la vie active et en particulier de l'assimilation et de la croissance. La figure schématique 30 montre tout de suite que les végétaux se conduisent de façons fort variées quant aux périodes d'activité de leurs organes d'assimilation. Je pense que la figure est suffisamment simple pour se passer d'explication. On trouvera d'ailleurs des indications supplémentaires dans Massart, *Essai*, page 256.

Une station qui ne porterait que des plantes toujours vertes conserverait le même aspect, aux fleurs près, en toute saison. Cette condition n'est réalisée, et d'une manière encore imparfaite, que dans les pâturages et les pelouses du pays calcaire, surtout quand *Buxus sempervirens. Helianthemum Chamaecistus* et *Hippocrepis comosa* sont abondants. Partout ailleurs il y a une opposition très marquée entre la physionomie du paysage aux diverses saisons. M. Harvey (*1908*) a récemment insisté sur l'intérêt que présente l'étude de la succession des espèces en un même point dans le courant d'une année.

II. — Le sol.

Le résumé géologique du chapitre I (p. 33 et suiv.) montre combien les terrains de la Belgique sont variés; si l'on songe qu'un même étage géologique renferme souvent des couches fort différentes; qu'un même terrain a une tout autre valeur pour les

EXEMPLES.

A. *Saxifraga tridactylites, Spergula Moriso-nii, Phleum arenarium, Riccia glauca, Arenaria serpyllifolia* (des pelouses calcaires).

B. *Saxifraga granulata* (des endroits secs), *Ranunculus bulbosus, Ceterach officinarum.*

C. *Saxifraga granulata* (des endroits humides), *Ranunculus Ficaria, Corydalis solida.*

D. *Glechoma hederaceum, Lycopodium clavatum, Ranunculus fluitans, Polytrichum formosum.*

E. *Daucus Carota, Carlina vulgaris, Dipsacus sylvestris, Digitalis purpurea.*

F. *Taraxacum officinale, Bellis perennis, Subularia aquatica, Gentiana ciliata.*

G. *Pyrola minor, Armeria maritima, Luzula sylvatica, Mnium hornum, Polypodium vulgare.*

H. *Hypericum perforatum, Lamium Galeobdolon, Galium verum.*

I. *Carex arenaria, Iris Pseudo-Acorus, Rumex Acetosa, Scirpus caespitosus.*

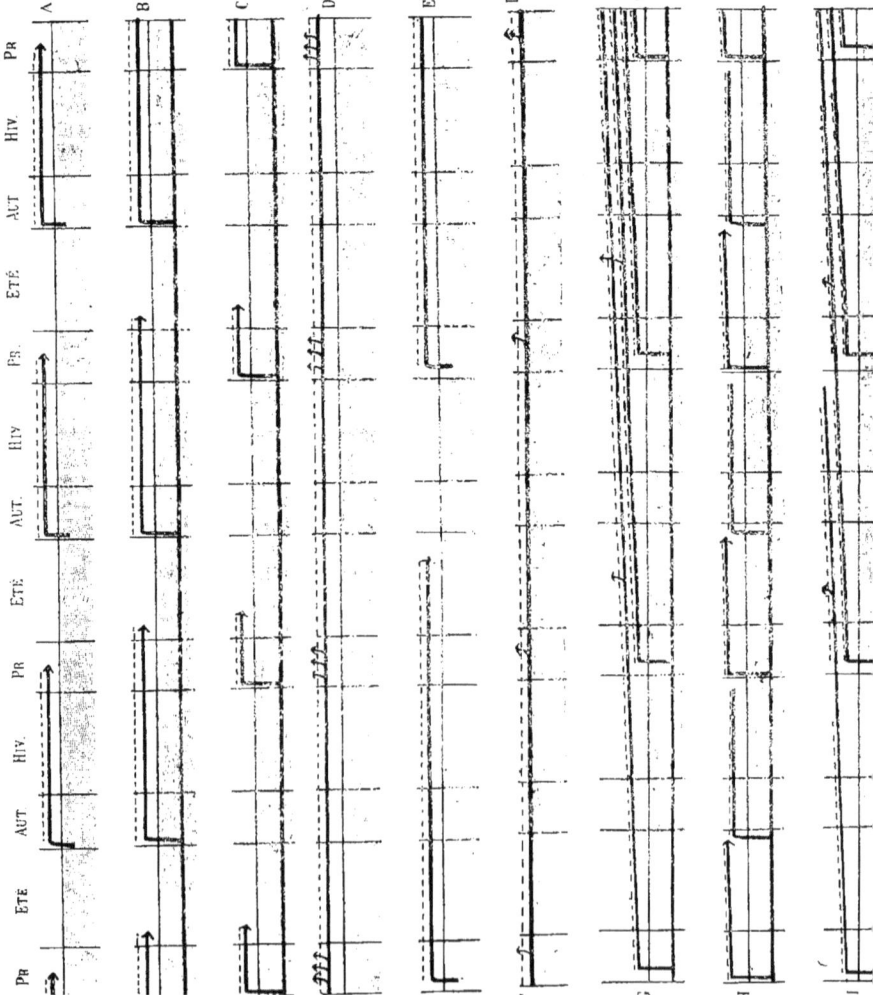

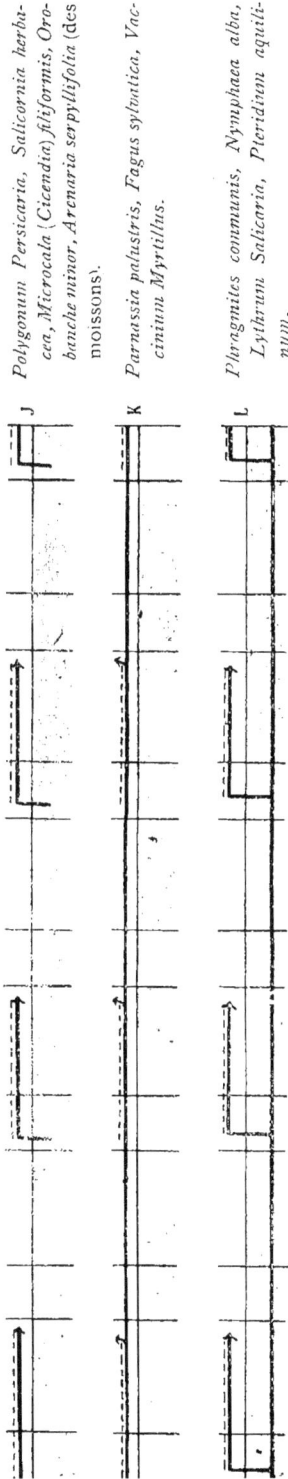

FIG. 30. — Schémas de la répartition saisonnière de l'assimilation.

J — Polygonum Persicaria, Salicornia herbacea, Microcala (Cicendia) filiformis, Orobanche minor, Arenaria serpyllifolia (des moissons).

K — Parnassia palustris, Fagus sylvatica, Vaccinium Myrtillus.

L — Phragmites communis, Nymphaea alba, Lythrum Salicaria, Pteridium aquilinum.

années sont divisées en saisons :
IVER = décembre, janvier, février, mars.
RINTEMPS = avril, mai.
TÉ = juin, juillet, août, septembre.
UTOMNE = octobre, novembre.

La partie teintée de chaque schéma représente le sol et les organes souterrains.

Le trait noir au-dessus du sol représente la tige aérienne; la flèche indique la floraison ou la fructification (le moment n'est indiqué d'une façon exacte que pour le premier des exemples cités); le trait interrompu représente les feuilles.

Le trait noir dans le sol représente le rhizome ou les stolons souterrains.

Pour les plantes qui meurent après avoir fructifié (A, E, J), l'interruption du schéma indique le temps qui s'écoule entre le moment de la maturation des graines et celui de leur germination.

végétaux, suivant qu'il est sec ou humide ; enfin qu'une addition même légère de certaines substances (chlorure de sodium, calamine, etc.) modifie totalement l'habitabilité d'un lieu, on se rendra compte de l'infinie diversité des stations qu'un petit pays, tel que la Belgique, peut offrir au monde des plantes.

Voici une carte (fig. 31) qui montre nettement l'importance

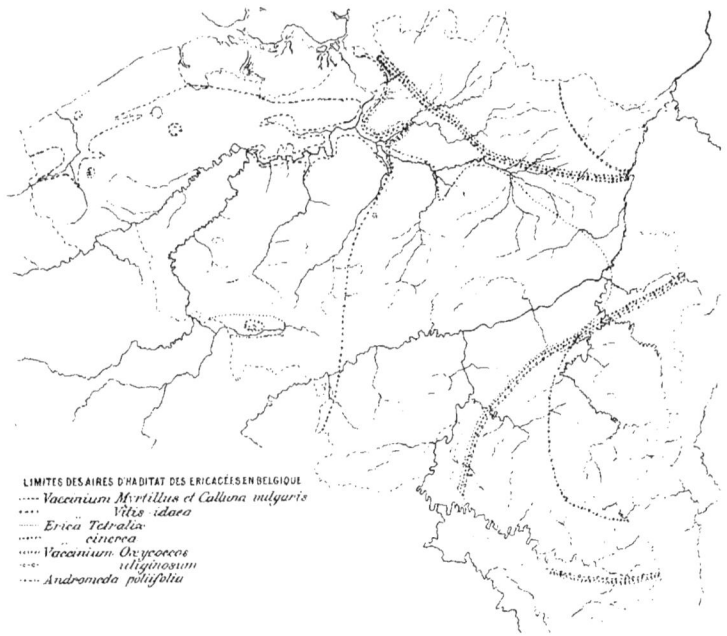

LIMITES DES AIRES D'HABITAT DES ERICACÉES EN BELGIQUE
···· *Vaccinium Myrtillus et Calluna vulgaris*
····   *Vitis idæa*
····· *Erica Tetralix*
·····   *cinerea*
····· *Vaccinium Oxycoccos*
·•·•·   *uliginosum*
····· *Andromeda poliifolia*

FIG. 31. — Aires d'habitat des Éricacées en Belgique.

du sol pour les plantes. Nous avons vu plus haut (fig. 19, p. 42) que l'aire d'habitat de nos Éricacées indigènes se prolonge fort loin dans toutes les directions, ce qui indique que la Belgique ne se trouve pas du tout à la limite du climat habitable pour ces

plantes. Si le climat était le seul facteur qui règle leur distribution, ou si les Ericacées pouvaient s'accommoder à des sols très
divers, nous les rencontrerions donc dans tout le pays. Eh bien !
pas du tout. Aucune n'habite les polders ni les dunes littorales, sauf
Calluna qui peut se contenter des dunes dans les polders sablonneux de Westende (voir MASSART, *Aspects*, phot. 83 et MASSART,
Essai, phot. 166). Et qu'on n'aille pas croire que ces plantes habitent
tous les endroits dans les limites qu'indique la figure 31 ; elles
évitent les champs, les prairies, les bois bien entretenus et fertiles,
bref, tous les points où le sol est quelque peu riche en sels assimilables. Au moins, pensera-t-on, couvrent-elles uniformément tous
les terrains stériles. Pas même ; car chaque espèce est encore liée à
une certaine humidité du sol ainsi que le montre le tableau de
la page 81, où quelques plantes sont classées d'après leurs besoins
en eau.

Examinons, en nous aidant de la carte 4, hors texte, les principaux sols de notre pays. Qu'on ne se méprenne pas sur la valeur
d'une carte telle que celle-là ou la carte 3. Elles ne reflètent évidemment que l'état actuel de la connaissance de la flore ; si l'inven-
taire de celle-ci peut être considéré comme à peu près complet en
ce qui concerne les Plantes Vasculaires, il n'en est pas de même
pour les Bryophytes, les lichens, les Algues, les Champignons, qui
sont peut-être de meilleurs indicateurs des qualités du sol que ne
le sont les grandes plantes. Afin d'éviter les lacunes trop marquées,
j'ai choisi de préférence des espèces à port bien typique, qui ne
risquent pas trop de passer inaperçues. Mais il y a d'autres diffi-
cultés qui, elles, sont insurmontables. Beaucoup d'espèces des plus
intéressantes ne peuvent pas être cartographiées : ce sont celles qui
rencontrent en un très grand nombre de points les conditions,
pourtant très spéciales, qu'elles exigent. Telles sont, par exemple,
la plupart des mauvaises herbes des moissons ; il leur faut les
aliments sous une certaine forme, mais comme il y a des cultures
à peu près partout, il est impossible de dresser une carte de leur
distribution. — Répétons ici ce qui a été dit à propos de la carte 3 :
on n'a pu représenter la distribution, par rapport au sol, que des
plantes auxquelles le climat convient dans toute la Belgique, ou
dans la majeure partie du pays.

A. - *Sols contenant du chlorure de sodium*

Ce sont tout d'abord le sable de la plage et celui des dunes voisines de la plage. Le premier porte *Cakile maritima* (phot. 226), *Arenaria peploides* (phot. 229); le second, *Euphorbia Paralias* (carte 4, phot. 227), *Eryngium maritimum* (carte 4, phot. 229).

Les alluvions argileuses inondées à marée haute ont aussi leurs occupants particuliers : les slikkes, immergées à toutes les marées, portent *Zostera nana* (carte 4) et de nombreuses Diatomées; les schorres, qui ne reçoivent l'eau de mer qu'aux marées de vive eau, ont comme plantes spéciales *Salicornia herbacea* (phot. 261, 262, 264), *Atropis maritima* (carte 4, phot. 262), *Atriplex portulacoides* (carte 4, phot. 19, 22, 263), etc. Certaines de ces plantes disparaissent dès que le schorre est endigué; d'autres (*Atriplex, Atropis, Aster Tripolium*, phot. 263, 274) persistent aussi longtemps que le sol reste saumâtre.

Les murs de quai, les pilotis d'estacades, les brise-lames portent dans leur partie inférieure, baignée à chaque marée, une abondante culture d'Algues, par exemple *Fucus vesiculosus* (carte 4, phot. 223). Plus haut, les mêmes murs sont garnis d'*Agropyrum pungens* (phot. 223) et de *Beta maritima* (carte 4, phot. 271). Sur les digues gazonnées qui bordent les schorres vit *Cochlearia danica* (carte 4).

Dans les eaux saumâtres des schorres et des polders se rencontre une association végétale composée essentiellement de *Ruppia maritima* et d'un grand nombre d'espèces de Diatomées, de Flagellates, par exemple *Oxyrrhis marina*, et de Schizophycées, par exemple *Microcoleus chthonoplastes* (phot. 23) et *Spirulina major*.

B. — *Sols contenant une forte proportion de calcaire.*

Y a-t-il des plantes qui sont liées à certains terrains parce qu'ils renferment beaucoup de carbonate de calcium, ou bien ces espèces recherchent-elles les sols calcaires à cause de quelque particularité

physique ou mécanique, mais non chimique? Le problème reste
toujours ouvert. Mais il n'est pas nécessaire que nous cherchions
ici à le résoudre; qu'il nous suffise de montrer que certaines plantes
ne se rencontrent jamais que sur sol riche en chaux (plantes calcicoles). Citons *Hippocrepis comosa, Bromus arduennensis, Orobanche
Hederae, Teucrium Chamaedrys* (phot. 377), *Geranium sanguineum*
(phot. 377, 379), *Gentiana ciliata* (phot. 383), *Iberis amara* (phot. 457),
Lonicera Xylosteum (phot. 450), *Solorina saccata*. La carte 4 fait
voir que plusieurs de ces espèces existent à la fois dans le district
calcaire, le district jurassique et le district crétacé. D'autres espèces
colonisent à la fois les terrains calcaires de l'intérieur et les sables
des dunes littorales, chargés de débris de coquillages : *Helianthe-
nium Chamaecistus* (carte 4, phot. 379), *Orobanche caryophyllacea*
(carte 4), *Herminium Monorchis* (carte 4, phot. 232). La carte 12 de
Massart, *Essai.* figure aussi la répartition de quelques plantes de
cette catégorie. Plusieurs plantes du calcaire se retrouvent dans
l'Ardenne, pays sans calcaire, mais uniquement dans la vallée de la
Semois : elles ont été prises par la rivière dans le district jurassique
et emmenées dans les pays schisteux; par exemple *Arabis arenosa*
(carte 4, phot. 390). — *Adonis autumnalis* (carte 4, phot. 395),
A. flammea (carte 4) ne se rencontrent d'une manière constante
que dans le pays crayeux.

Il y a aussi des plantes calcicoles qui ont en même temps besoin
d'un support rocheux : *Lactuca perennis* (carte 4), *Sisymbrium
austriacum* (carte 4), beaucoup de Mousses, par exemple, *Grimmia
orbicularis* (carte 4), et de lichens, par exemple les *Verrucaria*
(phot. 353), *Endocarpon miniatum* (carte 4, phot. 391).

Il y a même des plantes aquatiques qui sont propres au
pays calcaire, notamment *Lemanea fluviatilis* et *L. torulosa*
(carte 4).

D'après Laurent (*1890* et *1900*), la nature calcaire du sol
peut influencer le parasitisme de *Viscum album* (phot. 395) à
travers la plante nourricière. Il donne une carte (*1900*) représentant la dispersion du Gui en Belgique, sur laquelle on voit que
le parasite est surtout abondant dans les pays très calcaires; il
manque même complètement dans ceux où le sol est pauvre en
chaux.

C. — *Sols riches en aliments minéraux* (¹).

Les sols cultivés, riches en phosphates, nitrates, potasse, etc., portent pas mal de plantes particulières. Citons *Urtica urens* (phot. 254), *Chenopodium album* (phot. 254), *Amarantus Blitum*, *Senecio vulgaris*.

Les eaux contenant beaucoup de sels assimilables ont également une flore propre : *Scirpus maritimus* (phot. 274), *Enteromorpha intestinalis* (phot. 274) habitent indistinctement toutes les eaux riches, mais avec une préférence marquée pour les eaux saumâtres ; les Lemnacées, surtout *Lemna gibba* et *Wolffia arhiza*, *Stratiotes aloides* (phot. 279), certains *Spirogyra* (par exemple *S. orthospira*, et *S. crassa*) ne se trouvent que dans les eaux douces. La plante aquatique la plus exigeante de toutes est probablement *Scirpus triqueter* (phot. 269). Elle n'existe qu'aux bords des eaux douces soumises aux marées, dans lesquelles, par conséquent, le liquide baignant les racines se renouvelle deux fois par jour. Sa distribution correspond exactement aux limites du district des alluvions fluviales (voir carte 9, hors texte). La carte 13 de Massart, *Essai*, donne la distribution de quelques plantes d'eau riche.

D. — *Sols calaminaires.*

Des terrains renfermant des composés de zinc existent dans la portion orientale du district calcaire. Ils nourrissent quatre espèces qui leur sont spéciales, tout au moins en Belgique : *Viola lutea*, *Thlaspi alpestre* var. *calaminare*, *Alsine verna*, *Armeria elongata*. Elles sont figurées dans les photographies 393 et 394, et leur distribution est donnée par la carte 4.

(¹) Il serait sans intérêt d'exposer ici les expériences et les idées de M. Whitney et de son école au sujet de la fertilité et de la stérilité des terres. Je les ai résumées et discutées dans une conférence qui a paru dans les *Annales de Gembloux*, 18ᵉ année, 1908. (D'autres conférences avaient été faites par MM. A. Grégoire, J. Graftiau et Ém. Marchal. Elles ont été réunies en une brochure : *La Productivité du sol*. Bruxelles, Lamertin, 1908.)

E. — Sols riches en aliments organiques.

Il est à peine nécessaire de rappeler que beaucoup d'organismes inférieurs ont absolument besoin d'aliments organiques tout formés. Ainsi les Champignons exploitent les feuilles mortes et l'humus, surtout dans les bois (phot. 419); d'innombrables Bactéries et Flagellates colonisent les fosses à purin. Certaines Bactéries ont des besoins plus particuliers; parmi celles qui intéressent la géographie botanique, citons les Bactéries sulfureuses, et surtout les Bactéries ferrugineuses, créant la limonite des marais dans certaines alluvions de la Campine (voir carte 8, hors texte, et phot. 80).

F. — Sols pauvres en sels nutritifs, surtout en sels de calcium.

Beaucoup de plantes sont tellement bien adaptées à se contenter d'un sol pauvre qu'elles sont incapables de vivre dans un terrain quelque peu fertile. Parmi elles, il en est un bon nombre, pour lesquelles c'est surtout la chaux qui devient nuisible dès que sa proportion dans la terre dépasse une certaine limite, fort faible. Ce sont les plantes calcifuges. Citons parmi elles, *Antennaria dioica* (phot. 440), *Calluna vulgaris* (phot. 62, 82, 99, 161, 173, 186, 303, 308, 310, 312, 400, 422, 440), *Cytisus scoparius* (phot. 47, 116, 171, 173, 314, 386), *Pteridium aquilinum* (phot. 104, 113, 114, 162, 211), *Polytrichum piliferum* (phot. 308, 386, 415, 434), *Rhacomitrium canescens*, *Plagiothecium elegans* (carte 4, phot. 332), *Cladina sylvatica*, *Cladonia coccifera* (phot. 415, 432), auxquelles tout terrain suffit, qu'il soit argileux ou sablonneux, rocheux ou meuble, pourvu qu'il ne contienne guère de calcaire. La distribution de quelques-unes de ces espèces est donnée par la carte 12 de Massart, *Essai;* on y voit qu'elles manquent aux dunes littorales, mais sont présentes sur les dunes des polders sablonneux, pauvres en chaux.

D'autres ont une exigence de plus. Il faut, par exemple, que le sol soit sablonneux : *Scleranthus perennis*. Ou bien ils n'habitent que les rochers : *Grimmia montana* (carte 4), *Orthotrichum rupestre* (carte 4), *Endocarpon aqualicum* (carte 4), *Umbilicaria pustulata* (carte 4); dans la même catégorie, *Schistostega osmundacea* (carte 4) ne se rencontre que dans les grottes et les fentes très peu éclairées, entre les schistes et les phyllades.

Il y a aussi des plantes aquatiques qui ne viennent que dans les pays peu calcaires. Ainsi *Rhacomitrium aciculare* (carte 4, phot. 433) et *Scapania undulata* (carte 4, phot. 413), dans les ruisseaux à courant assez rapide. Les eaux stagnantes, souvent tourbeuses, ont aussi leurs habitants spéciaux : *Scirpus caespitosus* (phot. 430), *Narthecium ossifragum* (carte 4, phot. 288), *Vaccinium Oxycoccos* (carte 4, phot. 429), *Andromeda poliifolia* (carte 4, phot. 306), les *Sphagnum* (phot. 303, 427, 428, 429), *Campylopus turfaceus*, *Dicranella cerviculata*, *Zygnema ericetorum*. La plupart des Desmidiacées sont propres à ces eaux, par exemple, les *Micrasterias* (carte 4); il en est de même pour diverses Schizophycées, par exemple *Stigonema panniforme*.

Dans ces dernières années, des doutes s'étaient élevés quant à la toxicité du calcium pour les *Sphagnum*, qui comptent parmi les plantes les plus manifestement « calcifuges ». M. PAUL (*1908*) a repris l'étude de ce problème par la voie expérimentale. Voici les résultats de ses recherches.

Les *Sphagnum* souffrent réellement de la présence de carbonate de calcium ; ils sont très inégalement affectés. Mais ce n'est pas en tant que sel de calcium que le calcaire leur est nuisible, car le sulfate de calcium est sans action. De même des solutions de chlorure de sodium, chlorure de potassium, chlorure de calcium, sulfate de potassium, etc., se sont montrées inoffensives aux concentrations modérées. Cette dernière expérience montre que des solutions salines quelconques ne sont pas nuisibles, comme le disait M. GRAEBNER (*1901*. p. 143). La nocivité du carbonate de calcium tient, d'après M. PAUL, à ce que les *Sphagnum* sécrètent des acides qui leur sont indispensables et dont la neutralisation leur est néfaste. Ce qui montre le bien-fondé de cette explication, c'est que les alcalis exercent la même action. Pourtant, il est permis de se demander si c'est bien l'alcalinité éventuelle du sol qui empêche les *Sphagnum* de vivre dans les endroits humides des polders, des alluvions fluviales ou d'autres endroits riches en sels assimilables.

G. — Sols ayant certaines propriétés physiques ou mécaniques.

Il nous reste à signaler les nombreuses plantes qui recherchent un support ayant une certaine structure physique ou mécanique, quelle que soit leur composition chimique. Ainsi *Corynephorus canescens* (phot. 85) habite tous les sables suffisamment meubles; tous les rochers quelconques peuvent servir de support à *Sedum reflexum* (phot. 361, 381), *Asplenium septentrionale* (phot. 382), *Grimmia pulvinata*.

Il est à peine nécessaire de rappeler l'importance du degré d'humidité du sol. Certaines plantes exigent un sol très imprégné d'eau : *Valeriana dioica*, *Alnus glutinosa* (phot. 74, 177, 316), *Drosera rotundifolia* (phot. 287), *Aspidium Thelypteris* (carte 4), *Alicularia scalaris* (phot. 434); d'autres préfèrent une terre modérément humide (*Fagus sylvatica*, phot. 102, 111, 112, 170, 171, 208, 210, 317. 818); d'autres ne vivent que dans les endroits secs : *Carex praecox*, *Cetraria aculeata* (phot. 239).

Le tableau suivant met en évidence la localisation des plantes selon leurs besoins en eau. J'ai choisi des espèces habitant un pays où le sol est partout exactement le même, sauf en ce qui concerne l'humidité. On y trouvera renseignées beaucoup de plantes dont il vient d'être question à propos des qualités chimiques du sol.

Localisation de quelques plantes de la Campine, d'après leurs besoins en eau.

+ indique que la plante existe; + +, qu'elle est abondante.

	Mare.	Bords inondés.	Plages tourbeuses.	Bruyères maré-cageuses.	Bruyères humides.	Bruyères sèches.	Dunes.
Champignons (lichens).							
Cladonia furcata	—	—	—	--	+ +	—	—
C. coccifera	—	—	—	—	; —	+	—
C. pyxidata	—	—	—	—	—	+ +	+

	Mare.	Bords inondés.	Plages tourbeuses.	Bruyères maré- cageuses.	Bruyères humides.	Bruyères sèches.	Dunes.
Cetraria aculeata	—	—	—	—	—	—	+ +
Algues.							
Zygnema ericetorum	+.	+	+ +	+ +	+	—	—
Bryophytes.							
Alicularia scalaris . . .	—	—	—	+ +	+	—	—
Sphagnum div. sp.	+	+ +	+ +	+ +	+	—	—
Polytrichum piliferum . . .	—	—	—	—	—	+	+ +
Ptéridophytes.							
Osmunda regalis	—	—	+	+	—	—	—
Lycopodium inundatum . . .	—	—	—	+	—	—	—
Phanérogames.							
GYMNOSPERMES.							
Pinus sylvestris (subspontané) .	—	—	—	—	+	+	—
Juniperus communis	—	—	—	—	—	—	+
ANGIOSPERMES							
Monocotylédonées.							
Scirpus fluitans.	+	+	+	—	—	—	—
S. lacustris	+ +	—	—	—	—	—	—
S. caespitosus	—	—	+	+	—	—	—
Narthecium ossifragum . . .	—	—	+	+ +	—	—	—
Dicotylédonées.							
Myrica Gale	—	—	+ +			—	
Nymphaea alba	+	—	—	—			
Drosera rotundifolia	—	—	—	+ +	+	—	
D. intermedia	—	—	+ +	+	—		—
Potentilla palustris	—	+	+	—			—
Genista anglica	—	—	+	+ +	+	—	—
G. pilosa	—	—	—	—	+	+ +	+

	Mare.	Bords inondés.	Plages tourbeuses	Bruyères marécageuses.	Bruyères humides.	Bruyères sèches.	Dunes.
Andromeda poliifolia	—	—	+	—	—	—	—
Vaccinium Oxycoccos	—	—	+	—	—	—	—
V. Vitis-Idaea	—	—	—	+	—	—	—
V. Myrtillus	—	—	—	—	—	+	+
Calluna vulgaris	—	—	+	+	+	+ +	+ +
Erica Tetralix	—	—	+	+ +	+ +	+	+
E. cinerea	—	—	—	—	—	+ +	+
Gentiana Pneumonanthe . . .	—	—	+	+	—	—	—
Menyanthes trifoliata	+	+ +	+	—	—	—	—
Pedicularis sylvatica	—	—	—	+ +	—	—	—
Utricularia vulgaris	+	—	—	—	—	—	—
Littorella uniflora	+ +	—	—	—	—	—	—

Chose curieuse, il y a aussi des espèces, plus nombreuses qu'on ne pense, qui semblent indifférentes au degré de mouillure du milieu. *Calluna vulgaris* (phot. 62, 82, 92, 161, 173, 186, 307, 308, 310, 312, 400, 422, 440) et *Betula alba* (phot. 78, 85, 99, 100, 104, 105, 153, 161, 181, 189, 386, 400, 402) vivent dans les terrains les plus marécageux et aussi dans les plus arides; *Carex arenaria* (phot. 86) et *Salix repens* (phot. 9, 228, 233, 288, 309) se trouvent dans les dunes depuis les fonds où ils sont en compagnie de plantes marécageuses jusqu'aux monticules dont le sable s'envole en poussière. Il y a même des plantes de rochers qui, en d'autres pays, colonisent les endroits humides : tels *Anacamptis pyramidalis*, *Herminium monorchis* (phot. 232), *Linum catharticum*, *Helianthemum Chamaecistus* (phot. 379), qui prospèrent à la fois sur des coteaux rocheux brûlés du soleil et dans les pannes humides des dunes, — et *Sesleria coerulea* qui se rencontre à la fois sur les rochers calcaires (phot. 356) et sur les tufs en voie de formation et toujours couverts d'eau dans le district jurassique (phot. 459). Quelque chose

6

d'analogue se passe pour *Juniperus communis* : en Campine, on ne le trouve que sur les dunes (phot. 314); de même dans le district calcaire, il affectionne les rochers et les pelouses arides (phot. 379); au contraire, en Ardenne et sur les plateaux subalpins il envahit les marécages tourbeux aussi bien que les fagnes sèches (phot. 186, 187).

Enfin, le degré de mouvement de l'eau influe beaucoup sur la nature des plantes qui y vivent. Nous avons déjà vu plus haut qu'il y a des différences entre la flore d'une eau stagnante et celle d'une eau à courant rapide. Ajoutons quelques autres exemples. Dans l'eau tranquille vivent *Nymphaea alba, Limnanthemum nymphaeoides, Stratiotes aloides* (phot. 279), les Lemnacées, *Hypnum polygamum;* dans l'eau courante, *Bangia atropurpurea, Eurynchium rusciforme, Ranunculus fluitans* (phot. 150) ; enfin, certaines plantes s'accommodent aussi bien à une eau calme qu'à une eau rapide : *Phragmites communis* (phot. 29, 32, 270), *Eleocharis palustris* (phot. 30, 267), *Scirpus lacustris* et *Fontinalis antipyretica* (phot. 433).

III. — L'INTERDÉPENDANCE DES ORGANISMES.

Si l'on s'en tenait à la lettre de ce qui vient d'être dit au sujet du climat et du terrain, on s'imaginerait que les plantes, sauf celles qui ont une faculté d'accommodation particulièrement grande, sont tout à fait inaptes à vivre dans des endroits autres que ceux où se trouvent réalisées les conditions d'existence auxquelles chaque espèce est adaptée. Or, il en est tout autrement. Les plantes les plus diverses quant à leurs stations naturelles peuvent être facilement cultivées côte à côte dans un jardin botanique. Et l'on constate alors que *Phleum arenarium* se passe fort bien du climat maritime, que *Buxus sempervirens* et *Anemone Pulsatilla* n'ont nullement besoin d'être rôtis en été par les rayons que réverbèrent les rochers calcaires, que *Vaccinium uliginosum* ne craint pas les hivers doux et les longs étés de la Basse-Belgique, que *Cakile maritima* et *Atropis maritima* vivent dans un terrain tout à fait privé de sel, que *Cytisus scoparius* et *Hippocrepis comosa* peuvent voisiner impunément, quoique l'un soit calcifuge et l'autre calcicole, que *Scirpus maritimus* et *S. caespitosus* se cultivent dans un même bassin, alors que dans la nature ils ne se rencontrent jamais ensemble et manifestent des besoins diamétralement opposés, que *Viola lutea* prospère dans un sol sans le moindre composé de zinc... Bref, dans la culture s'effacent et disparaissent toutes les exigences si exclusives qui localisent chaque espèce dans une station unique ou dans un petit groupe de stations A quoi est donc due cette apparente indifférence des plantes cultivées vis-à-vis des conditions extérieures? Simplement à ce que dans le jardin botanique on supprime la lutte pour l'existence entre les espèces : le jardinier ne cesse de nettoyer soigneusement ses plates-bandes, de manière à supprimer le conflit entre la plante qu'il veut cultiver et les mauvaises herbes qui disputent à celle-ci la place. Cela nous indique que si, dans la nature, chaque plante est étroitement liée à des conditions précises, ce n'est pas parce qu'elle est incapable, d'une façon absolue, de s'accommoder à d'autres stations, mais parce qu'elle y rencontre des occupants qui ont déjà pris possession du sol, ou bien, si elle arrive la première, parce qu'elle en sera délogée par des concurrents mieux outillés qu'elle pour ce genre de vie. Il n'est que juste de dire qu'à côté de ce conflit perpétuel entre espèces ayant les mêmes besoins et les mêmes moyens de satisfaire les besoins, il y a aussi fort souvent une aide réciproque que se prêtent les espèces. M. Treub (*1908*) a récemment montré quelques exemples d'entr'aide dans les forêts javanaises.

Ce sont donc, en dernière analyse, les relations, soit hostiles, soit amicales, des êtres vivants qui jouent le rôle essentiel dans leur distribution géographique.

Si les conditions de climat et de sol étaient seules agissantes, certaines espèces envahiraient presque tout le sol d'un pays tel que la Belgique. Mais l'interdépendance de tous les organismes sensibilise ceux-ci vis-à-vis des facteurs extérieurs ; elle rend fatale toute infériorité, quelle qu'en soit la cause, et fait succomber inévitablement l'être moins bien adapté à un milieu déterminé. Il serait donc de la plus haute importance de connaître la façon dont les espèces s'influencent entre elles. Malheureusement, nous en sommes encore réduits presque toujours à des hypothèses. Si l'expérimentation confirme les idées de M. WHITNEY (voir p. 76, en note) suivant lesquelles les plantes sécréteraient par leurs racines des substances qui sont toxiques pour d'autres espèces, nous aurons le moyen d'étudier avec précision l'un des procédés de la lutte entre les végétaux. Mais nous sommes encore loin de cette vérification expérimentale, et c'est tout au plus si nous réussissons dans quelques cas particulièrement favorables à montrer que réellement les espèces agissent les unes sur les autres.

Sur les pelouses sèches où l'herbe est courte et serrée, et où paissent des bestiaux, on voit fréquemment des cercles dont le pourtour est jalonné par des chapeaux de *Marasmius Oreades* (phot. 251). Ces ronds de sorcière peuvent atteindre un diamètre d'une dizaine de mètres. Chacun a débuté par un point unique, central. Il est probable que le Champignon laisse dans le sol une substance qui est toxique pour lui-même et qui l'empêche donc de se développer deux années de suite à la même place ; d'où la croissance en cercles qui s'élargissent de plus en plus. A l'automne, lorsque les chapeaux pourrissent en grand nombre à la circonférence, celle-ci reçoit une abondante fumure en sels minéraux, qui permet à l'herbe d'y pousser avec plus de vigueur qu'ailleurs (phot. 286); la périphérie du cercle est ainsi marquée en toute saison par la hauteur plus grande et la teinte foncée de l'herbe. L'interdépendance des organismes est très nette dans cet exemple. *Marasmius Oreades* ne se développe que sur les pelouses où l'herbe est broutée par les grands Mammifères : il lui faut sans doute comme nourriture organique, non l'herbe ou les détritus végétaux, mais les déchets alimentaires des herbivores où la matière a déjà subi une transformation. Le Champignon ne vit pas deux années de suite à la même place : l'endroit où il a vécu ne peut pas le porter une seconde fois, et il doit donc voyager, suivant les rayons d'un cercle, à la recherche de terrains encore vierges. Les substances minérales et organiques, absorbées et élaborées par les filaments mycéliens, s'accumulent dans les chapeaux, et, lorsque ceux-ci se décomposent après la dissémination des spores, les sels sont rendus au sol et favorisent la croissance des Phanérogames qui deviendront à leur tour la proie des herbivores.

Marasmius Oreades n'est pas le seul Champignon qui exige une nourriture organique particulière. Ainsi il y a beaucoup de Basidiomycètes qui habitent les bruyères dans tous les endroits pas trop humides ; tels sont *Clavaria fragilis* (phot. 327) et *Boletus lividus* (phot. 419). Mais d'autres ne se rencontrent que près des bois de *Pinus sylvestris*, par exemple *Lactarius rufus* (phot. 326), *Thelephorus terrestris* (phot. 326) et *Tricholoma equestre*; aussi dès que quelques Pins s'élèvent au milieu de la bruyère, est-on à peu près sûr d'y trouver l'une ou l'autre de ces espèces.

L'exemple le plus intéressant de relations unissant toutes les plantes d'une station est celui de la forêt. Nous en parlerons plus loin.

Il existe aussi des rapports fort étroits entre les animaux et les plantes. Je ne cite que pour mémoire la pollination des fleurs par les Insectes et la dissémination par les Oiseaux, quoique ces interventions des animaux puissent, sans aucun doute, influencer la distribution géographique de nos plantes indigènes, par exemple, de *Viscum album* (phot. 395), ainsi que le montre M. Plateau (*1908*). Je laisse aussi de côté les ravages occasionnés dans les cultures par les invasions de parasites, par exemple la destruction des Betteraves sucrières par *Heterodera Schachtii*, et des Pins sylvestres par la Nonne (*Lymantria Monacha*) ou par l'Hylésine du Pin (*Myelophilus piniperda*); des dommages aussi profonds et aussi étendus ne sont jamais causés par les animaux parasites à des plantes sauvages. Je ne veux parler ici que des relations entre les plantes et un Mammifère herbivore fort répandu en Belgique, le Lapin (*Lepus cuniculus*). Presque toutes les petites plantes sont victimes de sa voracité et elles finissent par être complètement déformées, comme le sont d'habitude les *Calluna vulgaris* sur les dunes de la Campine (phot. 310), où les Lapins sont nombreux; souvent on constate qu'entre les Bruyères rongées il y a des individus restés indemnes (phot. 308), protégés sans doute par un mauvais goût ou par quelque autre particularité désagréable à l'herbivore. Lorsque les Rongeurs sont très abondants, il ne persiste que les espèces les mieux abritées contre eux ; ainsi sur les dunes des polders sablonneux a Westende et sur les dunes internes d'Adinkerke, il ne reste finalement que *Carex arenaria*, qui semble être l'une des plantes que les Lapins broutent avec le plus de répugnance.

IX. — LA SUBDIVISION GÉOBOTANIQUE DU PAYS.

Nous pouvons essayer maintenant de délimiter les portions de la Belgique qui offrent aux organismes les mêmes conditions d'existence comme climat et comme terrain. Le tableau ci-joint et la carte 1, hors texte, ont été dressés en s'appuyant à la fois sur les données climatiques et telluriques contenues dans ce chapitre, et sur les travaux de divers savants : CRÉPIN (*1866, 1873, 1878*), LAMEERE (*1895*), la *Carte agricole de la Belgique* (d'après DUMONT, M. MALAISE et M. VERSTRAETEN, *1884*), les *Monographies agricoles de la Belgique* et la *Carte géologique de la Belgique au 40,000ᵉ* :

Région océanique.	DOMAINE PÉLAGIQUE		Se continue au large.
	DOMAINE INTERCOTIDAL		
Région forestière.	DOMAINE DES PLAINES DE L'EUROPE N. W.	*District des dunes littorales* .	Se continuent vers la France et vers la Neerlande.
		— *des alluvions marines* .	
		— — — *fluviales* .	
		— — *polders argileux* .	
		— — — *sablonneux*.	Extrémité S. de la plaine baltique.
		— *flandrien*	
		— *campinien*	
		— *hesbayen*.	
	DOMAINE DES BASSES MONTAGNES DE L'EUROPE CENTRALE.	*District crétacé*	
		— *calcaire*	Continuation de districts correspondants en Allemagne et en France
		— *ardennais*	
		— *subalpin*	
		— *jurassique*	Extrémité Nord de districts correspondants en France, dans le Grand-Duché de Luxembourg et en Allemagne.

Les divers territoires géobotaniques seront définis et décrits dans un autre chapitre ; mais je pense qu'il sera utile, afin d'éviter les redites, d'exposer d'abord succinctement les caractères des associations végétales qui occupent les principales stations, puisque des groupements plus ou moins analogues de plantes se retrouvent dans des districts différents.

CHAPITRE III.

LES PRINCIPAUX TYPES D'ASSOCIATIONS VÉGÉTALES.

L'état de culture du sol de la Belgique.

Notre pays est trop peuplé pour avoir conservé beaucoup d'endroits incultes : une terre doit être extraordinairement maigre, ou rocheuse, ou marécageuse, pour que l'Homme ne réussisse pas à lui faire produire quelque chose. Et même s'il doit vraiment renoncer à la mettre en culture, par quelque procédé que ce soit, il y fera pâturer ses bestiaux (phot. 12 et 20), il y grattera de la litière (phot. 195), il y récoltera du combustible (phot. 90). La carte 2 montre que les endroits sans culture, les plus intéressants pour le botaniste, n'existent presque plus chez nous.

Voici quelques nombres qui mettent bien en relief la densité de la population en Belgique. Ils sont extraits de l'*Annuaire statistique de la Belgique*, 39ᵉ année, 1908.

Comparons le nombre d'habitants par kilomètre carré dans divers pays de l'Europe centrale et occidentale.

	Habitants par kilomètre carré.		Habitants par kilomètre carré.
Belgique (1907)	248	France (1901)	73
Belgique (1900)	227	Danemark (1906) . . .	66
Hollande (1819)	157	Hongrie (1900)	59
Grande-Bretagne (1901) .	132	Portugal (1900)	59
Italie (1901)	113	Espagne (1900)	37
Allemagne (1905) . . .	112	Suède (1900)	11
Autriche (1900)	87	Norvège (1900)	7
Suisse (1900)	83		

Dans le tableau suivant, je réunis des indications analogues pour les cantons exclusivement ruraux de la Belgique. J'ai pris tous ceux qui satisfont aux trois conditions que voici : 1° être purement agricoles ; 2° n'avoir aucune agglomération de plus de 5,000 ou 6,000 habitants ; 3° être tout entiers compris dans un même district géobotanique. Les exceptions à ces conditions sont signalées en note.

CANTONS CONTENANT BEAUCOUP DE LANDES INCULTES (ET DE BOIS).

Campine :	Habitants par kilomètre carré.		Habitant par kilomètre carré.
Peer	48	Beeringen	101
Bree	59	*Ardenne et plateaux subalpins :*	
Arendonck	67		
Brecht	76	Érezée	34
Hoogstraeten	79	Houffalize	39
Achel	96	Laroche	39
		Vielsalm	55

CANTONS CONTENANT BEAUCOUP DE BOIS.

Calcaire :		*Ardenne et plateaux subalpins :*	
a) Entre-Sambre-et-Meuse.		Sibret	33
Philippeville	50	Gedinne	37
Florennes	58	Saint-Hubert	37
Beaumont	61	Neufchâteau	45
Walcourt	96	Bouillon	46
		Stavelot	47
b) Condroz et Famenne.		Paliseul	48
Rochefort	47	Fauvillers	50
Beauraing	52	Bastogne	52
Ciney	68		
Marche	75	*Jurassique :*	
Nandrin	88	Étalle [1]	48
Louveigné	118	Virton [2]	83

[1] Une petite partie est ardennaise.
[2] Une petite partie est industrielle.

CANTONS CONTENANT BEAUCOUP DE P TURAGES.

Crétacé (Pays de Herve) :

Aubel	. . . . .	118
Herve	. . .	228
Dalhem	. . . . .	253

Hesbayen :

| Looz. | . . . . . | 133 |

CANTONS CONTENANT SURTOUT DES CHAMPS LABOURÉS.

	Habitants par kilomètre carré.			Habitants par kilomètre carré.
Polderien :			Sottegem	315
Assenede (¹)	277		Herzele	381
Flandrien :			*Hesbayen* (partie centrale) :	
Nevele	182		Perwez.	128
Somerghem . . .	206		Genappe	136
Oostroosebeke . . .	278		*Hesbayen* (partie orientale) :	
Hesbayen (partie occidentale) :			Éghezée	113
Celles	115		Léau	137
Enghien	139		Jodoigne	138
Frasnes lez-Buissenal .	140		Avenne	146
Chièvres	153		Waremme.	176
Leuze	192		Héron	186
Flobecq	193		Landen.	187
Wolverthem	228		*Calcaire* (Entre-Sambre-et-Meuse) :	
Hoorebeke-Sainte-Marie	232		Fosses	177
Antoing	256		*Jurassique* :	
Avelghem. . . .	266		Messancy (²)	124

Pourtant la Belgique n'est pas un pays à civilisation très ancienne. La mise en culture définitive de la majeure partie du territoire n'a été effectuée qu'après le départ des Normands, il y a un millier d'années.

Lorsque César amena ses légions en Belgique, celle-ci était

(¹) Une petite partie est flandrienne.
(²) Une petite partie est industrielle.

presque entièrement occupée par des forêts et des terres peu ou
pas cultivées, où vivaient des populations clairsemées, celtiques
au S.-W., plus ou moins germanisées au N.-E. Mais déjà au
IV⁰ siècle de grands espaces avaient été défrichés, et une agriculture prospère était installée. M. PIRENNE (*1909*) à qui nous empruntons ces détails, dit (p. 6) : « Dans les plaines de l'Escaut.., on fabri-
quait déjà, grâce à la finesse particulière de la laine fournie par les
moutons de cette contrée humide, des saies (*sage*) et des manteaux
(*birri*) qui s'exportaient jusqu'au delà des Alpes ».

, Mais bientôt des bandes armées de Germains traversent notre
frontière N.-E. Pendant plusieurs siècles, notre pays resta privé de
la pleine sécurité, si nécessaire à l'exploitation agricole. La contrée
au Nord des collines de l'Ardenne et du Hainaut, parcourue par les
armées, ravagée par les barbares, se transforme en désert et voit
disparaître sa population (p. 11). En même temps que les Francs
et les Alemans envahissaient notre pays par le N et l'E., d'autres
barbares, Frisons et Saxons, débarquaient sur la côte. En 358,
Julien l'Apostat permit aux Francs Saliens de s'établir en Campine : « la population s'étant retirée de ce territoire ravagé par une
guerre incessante, c'est dans des plaines à demi désertes que les
nouveaux venus fondèrent leurs premiers établissements » (p. 13).
Puis ils s'avancèrent vers l'W., à travers les pâturages des Ména-
piens (Flandre). « Les rares paysans belgo-romains qu'ils rencon-
trèrent attardés dans cette région ouverte et depuis longtemps
destinée à l'invasion furent massacrés ou réduits à l'esclavage »
(p. 13).

Les Saliens colonisèrent toute la moitié septentrionale de la
Belgique. Mais leurs établissements ne dépassèrent pas sensiblement la frontière linguistique actuelle, séparant les idiomes
flamand (germanique) et wallon (roman). « A cette époque, toute
la partie méridionale des Pays-Bas était couverte d'une épaisse
forêt dont le rideau de feuillage s'étendait, sans interruption, des
rives de l'Escaut aux plateaux schisteux de l'Ardenne. On l'appe-
lait la Charbonnière. C'est ce « rempart de bois » qui retint les
Francs dans les plaines de la Campine, du Brabant et de la Flandre.
Sur ces terres plates et découvertes, la colonisation était aisée, le
sol s'offrait aux nouveaux occupants sans exiger de longs et

pénibles travaux d'essartage et de défrichement. Les envahisseurs ne firent donc aucun effort pour percer la forêt : leurs établissements en masse s'arrêtèrent à sa lisière. La loi salique, le plus ancien document qui nous ait conservé le nom de la Charbonnière, la considère, chose significative, comme marquant la frontière du peuple franc ([1]) » (Pirenne, p. 15). C'est donc à une particularité de la géographie botanique que la Belgique doit d'avoir deux langues nationales.

Pendant plusieurs siècles, l'agriculture put se développer en paix. Mais au IXe siècle, nouvelles calamités. En 820. les Normands commencèrent à débarquer sur la côte flamande. « A partir de 834, toute la région maritime sillonnée par les bras de la Meuse, du Rhin et de l'Escaut tombe au pouvoir des Normands, et les chroniqueurs constatent que sa population, jadis si nombreuse, a presque complètement disparu » (Pirenne, p. 41). « Solidement établis dans le nord, les Normands dirigent à leur gré, par les admirables voies fluviales dont ils détiennent les embouchures, des expéditions vers l'intérieur du pays. Ils procèdent avec méthode, se gardant de revenir trop souvent dans les contrées déjà visitées par eux, espaçant savamment leurs coups et mettant dans leurs dévastations tout le soin d'entreprises commerciales bien conduites » (p. 41). Ces expéditions de rapines durèrent un demi siècle, et lorsque les Normands se retirèrent de chez nous, après 891, « le pays complètement épuisé ne promettait plus aux derniers Vikings une proie assez abondante. En quittant nos contrées, les Normands ne les laissèrent pas seulement couvertes de ruines et à demi désertes... » (p. 43).

Petit à petit, les populations longtemps terrorisées osèrent

([1]) La frontière linguistique se reconnaît facilement aux noms des petites localités (les grandes ont été francisées) sur les cartes 1 à 5 et 7. Dans le Brabant, il reste encore de grands lambeaux du bord septentrional de la forêt Charbonnière : bois de Hal, forêt de Soignes, bois de Héverlé, forêt de Meerdael (carte 2); ils jalonnent la ligne de séparation des langues. Pour plus de détails sur la frontière linguistique et sur la Charbonnière, consulter Kurth (*1895* et *1898*) et Duvivier (*1865*).

quitter les châteaux forts et se livrer de nouveau à l'exploitation agricole. Depuis lors, la Belgique ne connut plus de dévastation systématique comme celles qui l'avaient désolée a plusieurs reprises pendant les siècles précédents. Mais il serait pourtant erroné de croire que les pauvres paysans vivaient jamais en état de sécurité parfaite : d'une part, l'esprit turbulent de nos populations leur mettait sans cesse les armes à la main pour guerroyer entre elles; d'autre part, la Belgique a toujours été le « champ de bataille de l'Europe », où les souverains venaient vider leurs querelles.

La classification des associations végétales.

Il n'est pas facile de grouper les associations en une classification rationnelle et scientifique. Aussi les auteurs ont ils adopté les systèmes les plus divers. M. Drude (*1896*) décrit successivement les forêts, les bruyères avec petits arbustes, les prairies et pelouses, les tourbières, les eaux et lieux très humides, les sables et rochers, les lieux salés, enfin les cultures.

M. Warming (*1902*) classe les associations de la manière suivante :

> 1. *Hydrophytes* : eaux et endroits très humides.
>
> 2. *Xérophytes* : endroits secs.
>
> 3. *Halophytes* : sols imprégnés de chlorure de sodium.
>
> 4. *Mésophytes* : endroits sans caractères tranchés.

M. Graebner (*1909*) part d'un tout autre point de vue :

> *A*. Sols riches en aliments : plantes à croissance rapide.
>> 1. Sols secs : associations à aspect de steppe.
>> 2. Sols modérément humides.
>>> *a*) Associations privées d'arbres.
>>> *b*) Forêts.
>> 3. Sols humides.
>> 4. Eaux.
> *B*. Sols pauvres : plantes à croissance lente.
> *C*. Sols salés.

Sans méconnaître le moins du monde les mérites de ces classifications, je crois pourtant qu'en Belgique, où la nature porte si profondément l'empreinte de l'action humaine et où les cultures, agricoles et forestières, tiennent une place aussi prépondérante, il vaut mieux grouper les stations d'après le degré d'intervention de l'Homme.

Dans l'étude rapide que nous allons faire, nous n'examinerons que les types des stations qui existent dans plusieurs districts, naturellement avec des facies distincts. Voici la classification adoptée.

1. Endroits incultes :
    Stations avec végétation éparse (associations ouvertes);
    Stations avec végétation serrée (associations fermées);
    Eaux et bords des eaux.

2. Cultures et leurs abords immédiats :
    Forêts;
    Prairies;
    Champs labourés;
    Bords des chemins, haies, cours des fermes.

Les livres de M. Drude, M. Warming et M. Graebner, cités plus haut, décrivent en détail toutes les associations de l'Europe du N.-W. Notre exposé pourra donc être fort succinct.

I. — Endroits incultes

L'intervention de l'Homme est ici fort restreinte, sans être pourtant négligeable, car il est bien certain que si la Belgique était inhabitée, elle serait couverte de bois, ainsi qu'elle le fut anciennement. L'Homme ne se contente pas de couper les jeunes arbres à mesure qu'ils se développent, il modifie encore l'aspect général de la végétation par des drainages, par la mise à sec des étangs, par l'introduction de gibier (Faisans, Grouses, Lapins, etc.), ou encore en faisant paître les bestiaux sur les terres non cultivées, etc. Ajoutons que le domaine inculte diminue chaque année et que déjà plusieurs espèces peu répandues sont en voie de disparition ; ainsi

Scirpus Holoschoenus est presque détruit dans les dunes de Knocke : il en reste peut-être une vingtaine. *Tillaea muscosa* est devenu introuvable depuis que les étangs servent à la pisciculture et sont périodiquement vidés ; pour la même raison, *Isoetes echinospora* est fort compromis à Genck.

Suivant la nature du sol, l'aspect de la végétation est fort variable. Quand le terrain est très peu propice, les grandes plantes sont éparses et laissent entre elles des vides qui sont plus ou moins occupés par des lichens ou des Mousses ; mais ces dernières plantes ne jouent pas un rôle appréciable dans la physionomie du paysage, et même dans les endroits où elles sont fort abondantes, la terre reste en apparence nue. Les associations ainsi constituées sont dites ouvertes. Les terrains moins mauvais portent des associations fermées, où les Phanérogames sont serrées et ne laissent que peu de place pour les Bryophytes et les lichens. Enfin, on peut aussi considérer comme lieux incultes les eaux et leurs bords.

A. – Stations avec végétation éparse (associations ouvertes).

Dans cette catégorie rentrent deux sortes de terrains, très différents par leurs propriétés physiques : les rochers et les dunes mobiles.

Rochers. — De gros massifs de pierre nue ne se rencontrent que dans le district calcaire et à un moindre degré dans le district ardennais (voir carte 4, hors texte) ; on peut rapprocher des rochers les vieux murs et les ruines, qui ont une végétation analogue.

La flore consiste en très nombreux lichens (phot. 353 à 356, 415, 432) et Bryophytes (phot. 355 à 357, 361, 363, 365 à 367, 414 à 416, 431, en Ptéridophytes (phot. 356, 364) et en Phanérogames. Sur les rochers humides et pas trop éclairés viennent aussi des Algues, notamment *Trentepohlia aurea* (phot. 363).

Les plantes à longues racines habitent uniquement les fissures du rocher ([1]) ; ce sont, comme dit SCHIMPER (*1898*, p. 193), des

---

([1]) On trouvera beaucoup de renseignements éthologiques dans OETTLI (*1904*).

chasmophytes. L'impossibilité de vivre sur la surface même des pierres fait que les Phanérogames de rochers sont beaucoup plus nombreuses sur les roches calcaires, toujours crevassées, que sur les schistes et les psammites dont la surface seule se délite, et surtout sur les quartzites, qui n'offrent aucun point d'appui aux racines.

La flore de la surface (plantes lithophytes de Schimper) est beaucoup plus variée. Certaines plantes vivent indifféremment sur tous les rochers quelconques : *Hypnum cupressiforme*, *Homalothecium sericeum*, *Parmelia saxatilis* (phot. 432), tandis que les plus nombreuses colonisent uniquement soit les pierres calcaires, soit celles qui sont pauvres en chaux. La carte 4 montre cet exclusivisme. Les espèces du calcaire sont plus nombreuses et plus abondantes en individus que celles des schistes, des phyllades, des psammites, des poudingues, des grès et des autres pierres non calcaires, ce qui tient sans doute à plusieurs causes parmi lesquelles on peut citer celle-ci. La facilité avec laquelle le calcaire se laisse corroder par l'eau chargée d'anhydride carbonique fait que les rhizoïdes des Bryophytes et les filaments mycéliens des lichens s'y accrochent sans peine ; M. Bachmann (*1892, 1904*) a comparé à ce point de vue les lichens des diverses roches. Quant aux schistes et aux phyllades, où la pénétration des organes de fixation est aisée, ils se désagrègent très rapidement en petits fragments qui se détachent : leur surface, sans aucune constance, convient très peu à l'établissement de lichens ou de Mousses.

On peut nettement suivre sur les rochers calcaires la succession des flores. Lorsque la surface vient d'être mise à nu, les premiers végétaux qui s'y installent sont les lichens perforants, tels que les *Verrucaria* (phot. 352) et *Lecidea immersa*.

Dès que ceux-ci ont rendu la pierre suffisamment rugueuse, *Pannularia* (phot. 352), les *Parmelia* et d'autres lichens foliacés s'y établissent à leur tour ; dans les restes de ceux-ci viennent ensuite les espèces plus grandes, telles que *Endocarpon miniatum* (phot. 391). Le terrain est maintenant préparé et des Bryophytes peuvent y vivre : *Homalothecium sericeum* (phot. 361), divers *Grimmia*, *Neckera crispa* (phot. 367), etc. Les poussières de tout genre s'accumulent dans les touffes de Mousses, ce qui permet souvent à des plantes plus exigeantes de s'y développer aussi, par exemple *Geranium Robertianum* (phot. 365), *Festuca duriuscula glauca* (phot. 356) et d'autres petites Graminacées, *Asplenium Tricho-manes* (phot. 364), *Ceterach officinarum*, etc.

La flore des rochers est nettement xérophytique, surtout celle qui est à la surface même de la pierre et qui ne reçoit donc de l'eau que pendant les pluies. Aussi tous les lichens et Bryophytes ont-ils la faculté de se laisser dessécher impunément pour reprendre vie à la prochaine averse (phot. 355). Il y a même une Fougère qui est réviviscente (*Ceterach*) : en été ses feuilles se des-sèchent, se recroquevillent entièrement ; on ne voit plus alors que la face inférieure chargée de poils écailleux, bruns et brillants.

Les plantes des crevasses sont moins directement sous la dépen-dance des pluies, puisque de l'eau peut se conserver à la disposi-tion des racines logées tout au fond des entailles. Néanmoins, les adaptations xérophytiques sont manifestes. Beaucoup d'espèces ont des feuilles charnues (*Sedum Sempervivum*), ou couvertes d'une cuticule épaisse (*Helianthemum Chamaecistus, Melica ciliata*), ou raides (*Sesleria coerulea*), ou cireuses (*Festuca duriuscula glauca* phot. 356), ou velues (*Helianthemum poliifolium, Artemisia Absin-thium*), ou verticales (*Lactuca perennis*). La flore des fentes ne contient aucune plante annuelle ou bisannuelle ; par contre, il y a pas mal d'espèces dont les feuilles persistent en hiver, de manière a profiter des pluies (fig. 3o D, F et G, pp. 70, 71) : *Lotus cornicu-latus, Hippocrepis comosa* (phot. 357), *Helianthemum Chamaecistus, Draba aizoides* (phot. 357, 358), *Helleborus foetidus* (phot. 361).

Aux plantes que la longueur de leurs racines adapte tout parti-culièrement à vivre sur les rochers viennent se joindre beaucoup d'espèces qui se trouvent d'habitude sur des endroits moins défa-vorables ; ce sont surtout des arbustes : *Mespilus* (*Crataegus*) *mono-gyna* et *M. oxyacantha, Prunus spinosa, Ligustrum vulgare, Carpinus Betulus, Corylus Avellana*, etc. Il y a d'ailleurs aussi des arbustes qui semblent affectionner les rochers : *Cotoneaster integer-rimus, Buxus sempervirens* (phot. 359, 377), etc.

Aux rochers, il faut ajouter les éboulis ensoleillés, où les condi-tions d'existence sont analogues à celles des crevasses et qui ont sensiblement la même flore (phot. 375, 376).

Les vieux murs sont colonisés par un certain nombre d'espèces qui habitent originairement les rochers. Ce sont d'abord des lichens : *Xanthoria parietina, Parmelia saxatilis, Verrucaria muralis*, des *Lecanora*, — et des Mousses : *Grimmia apocarpa, G. pulvinata, Barbula intermedia, B. muralis*, etc. Quant aux plantes supérieures qui ont pu passer des rochers aux murs, ce sont celles qui sont peu sensibles à la sécheresse et dont les racines n'ont donc pas besoin de s'engager très profondément. Le nombre de ces espèces n'est pas considérable, et ce sont à peu près les mêmes qui se répètent sur toutes les vieilles constructions. Ainsi sur les anciens remparts et sur les murs de quai de Dixmude et d'Ypres on peut récolter : *Poa compressa, Parietaria ramiflora* et *P. erecta, Cheiranthus Cheiri, Corydalis lutea, Linaria Cymbalaria* (phot. 368), *Antirrhinum majus*. Toutes ces plantes, sauf la première, sont considérées comme étrangères à notre flore indigène.

Dunes mobiles. — Des monticules de sable, à configuration changeante, sont communs au bord de la mer (phot. 5 à 10), dans le Flandrien et le Campinien (phot. 53, 65, 84, 85, 86, 309, 310), enfin dans le district jurassique (phot. 206). L'instabilité du sol est un obstacle peut-être plus sérieux à l'établissement de la végétation que ne l'est la dureté de la pierre. Le nombre des espèces des dunes meubles est en tout cas de beaucoup inférieur à celui des plantes de rochers : pas de lichens, pas de Muscinées, à peine quelques Champignons (phot. 230); les Phanérogames sont, les unes annuelles - estivales (fig. 30, J, p. 71 ; *Cakile maritima*, phot. 226), les autres à feuillage uniquement estival (fig. 30, K; *Salix repens*, phot. 9, 228, 233, 309) ou persistant pendant une partie de l'hiver (fig. 30, I; *Ammophila arenaria*, phot. 227); sur les dunes continentales de la Campine et du district jurassique, il y a en outre des espèces toujours vertes (fig. 30, D; *Calluna vulgaris*, phot. 307, 308, 309, 400, 440) et des espèces annuelles hivernales (fig. 30, A; *Spergula Morisonii*). Les plantes vertes en hiver sont rares sur les dunes mobiles du littoral (*Euphorbia Paralias*), sans doute à cause de la fréquence des tempêtes pendant la mauvaise saison.

Les adaptations à la fixation sont plus intéressantes ici que dans

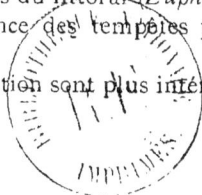

7

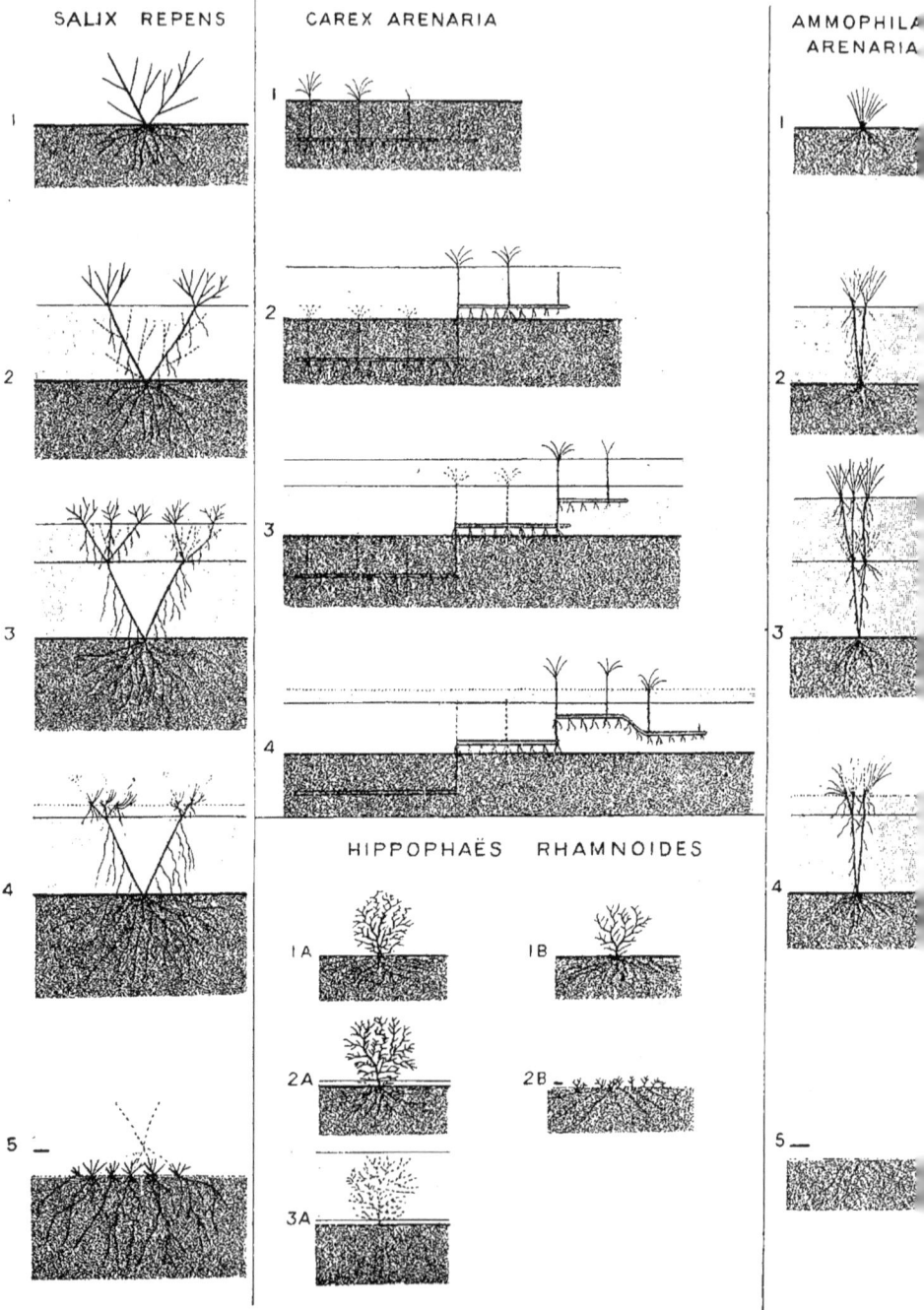

SALIX REPENS   CAREX ARENARIA   AMMOPHILA ARENARIA

HIPPOPHAËS RHAMNOIDES

FIG. 32. — Adaptations contre l'enfouissement et le déchaussement.

La teinte foncée indique le sol primitif; la teinte claire, le sable nouvellement apporté.
Les organes qui meurent sont dessinés en pointillé.

aucune autre station : il faut que les plantes puissent supporter l'ensevelissement sous une couche souvent épaisse de sable, — et, d'autre part, elles doivent résister au déchaussement.

La figure 32 représente les diverses façons dont se conduisent les plantes des dunes mobiles pour se maintenir au niveau du sable, malgré ses incessants bouleversements. *Salix repens* a la faculté de monter et de descendre indéfiniment, même en dessous du point où la plante est née. Par des procédés tout autres, *Carex arenaria* atteint le même résultat. *Ammophila arenaria* peut monter ; il peut aussi descendre jusqu'au niveau où il est sorti de la graine, mais pas plus bas. *Hippophaës rhamnoïdes* peut descendre mais non monter. Les photographies 9, 228 et 309 montrent la réaction de *Salix repens* à l'ensevelissement. Les mouvements d'*Ammophila* sont figurés dans la photographie 227; ceux de *Hippophaës*, dans la photographie 236; ceux de *Carex arenaria*, dans les photographies 86 et 236.

Il y a aussi des végétaux qui, tout en habitant les dunes mobiles, sont très mal adaptées à supporter les déplacements du sable. Ainsi *Calluna vulgaris* a une croissance trop lente pour pouvoir monter à mesure que la dune s'élève, et il risque donc d'être enseveli, ce qui lui est fatal; d'autre part, il n'est pas capable de descendre, de telle façon que sur les dunes dont le sable est emporté, les *Calluna* sont bientôt déchaussés et présentent une apparence fort minable (phot. 310). *Juniperus communis* (phot. 311) est tout aussi mal adapté.

Que la végétation des dunes soit xérophile, c'est là un point qui n'a pas besoin d'être développé; ces adaptations seront étudiées avec les végétaux qui habitent les dunes fixées et les pannes.

B. — Stations avec végétation serrée (associations fermées).

Il n'y a évidemment aucune ligne de démarcation tranchée entre les stations que nous venons d'examiner et celles où la végétation est plus abondante et où les plantes vasculaires couvrent le sol d'un tapis continu. Sur un rocher calcaire peu incliné, les produits d'altération s'amassent dans les poches et les remplissent de plus en plus jusqu'à ce que finalement il n'y ait plus que quelques pointes qui dépassent (phot. 147, 148); ce n'est plus un rocher, mais une pelouse semée de blocs de pierre, où s'installe un dense gazonnement de Phanérogames. Il en va de même pour la dune : qu'une pente reste en repos pendant quelques années, voilà sa surface qui se raffermit; les plantes les plus variées y germent et y prennent pied, et petit à petit le sable disparaît sous la végétation. De la dune fixée qui continue ainsi la dune mobile, on passe graduellement aux pannes (phot. 11, 235 à 242) sur le littoral, et aux bruyères (phot. 53, 91, 206) en Flandre, en Campine et dans le Jurassique, où la végétation est encore plus serrée. Aux bruyères établies sur un sol sablonneux, correspondent les fagnes de l'Ardenne et des plateaux subalpins, où le sol est argileux et schisteux (phot. 186, 187). Pannes, bruyères et fagnes ont en commun un caractère essentiel, la pauvreté du sol en matières nutritives, pauvreté qui entraîne fatalement un aspect chétif de la flore : les plantes, insuffisamment nourries, ne donnent chaque année que des pousses fort courtes.

La flore des pannes, des bruyères et des fagnes est en grande partie xérophytique. Dans les creux, le terrain devient humide, et puis, bien vite, marécageux. Le caractère de la végétation change; les plantes de la panne, de la bruyère ou de la fagne sèche cèdent la place à d'autres, supportant mieux l'eau stagnante. La végétation que nourrissent ces lieux trop humides varie d'un point à un autre : dans les dunes littorales (phot. 231 à 234) sa composition est très différente de celle de la Campine (phot. 78, 79, 81, 82, 303 à 306), ou de celles qui se développent sur les terrains schisteux de la Haute-Belgique (phot. 185, 189, 405, 406, 418, 427 à 430); toutefois la pénurie d'aliments minéraux donne à toutes ces associations de bas-fonds une physionomie analogue. Lorsque le sol est très peu calcaire, les *Sphagnum* et autres végétaux calcifuges s'installent dans les marécages, et ceux-ci se transforment en tourbières.

Jetons maintenant un coup d'œil sur ces associations.

1. *Pelouses avec sous-sol rocheux, calcaire.* — Les rochers calcaires exposés aux intempéries se désagrègent et se dissolvent; leurs impuretés restent en place et constituent le sol dans lequel les plantes pourront enfoncer leurs racines. La couche de terre

meuble est toujours peu épaisse et ne renferme donc qu'une faible provision d'eau; de plus, celle-ci filtre rapidement vers le bas par les crevasses de la roche sous-jacente (phot. 135, 139). La sécheresse est encore augmentée par la pente généralement forte du terrain, qui facilite le ruissellement (phot. 148). Ajoutons, pour caractériser ces stations, que le plus souvent certains bancs calcaires sont moins attaquables que les autres par les agents atmosphériques; ils laissent donc des témoins qui font saillie sur la surface du coteau gazonné (phot. 147).

Les rochers psammitiques (phot. 389, 390) ou schisteux (phot. 387) se décomposent tout autrement que les pierres calcaires : ils ne sont pas solubles, mais il se désagrègent et s'effritent sous l'action des intempéries. Les produits d'altération, souvent argileux, forment sur la roche dure un revêtement peu perméable. Les schistes ne portent donc pas de pelouses comparables à celles des massifs calcaires; mais on y passe directement aux fagnes sèches (phot. 186, 187) qui seront décrites plus loin.

C'est sur les pelouses calcaires, plus ou moins parsemées de blocs de pierre, que se rencontre la flore la plus riche en espèces de toute la Belgique. Ce sont surtout les Phanérogames qui sont nombreuses; les lichens, les Muscinées et les Champignons sont moins remarquables par leur diversité. La richesse de la flore phanérogamique cesse de paraître surprenante lorsqu'on considère la variété infinie des conditions d'existence qui coexistent sur ces pelouses calcaires. Ici le sol est profond et nourrit *Rosa pimpinellifolia*, *Viburnum Lantana*, *Helleborus foetidus*; tout à côté il est réduit à une mince pellicule recouvrant à peine la roche, et il porte *Hippocrepis comosa*, *Sesleria coerulea*; un peu plus loin, c'est la pierre même qui perce, et la flore devient celle des rochers; les couches calcaires sont-elles à plat, l'humidité pourra persister quelque peu dans la profondeur de la terre meuble; sont-elles, au contraire, redressées, leurs joints de stratification permettront à l'eau de s'écouler au loin, hors d'atteinte des racines; partout où de larges crevasses ou des poches d'altération se remplissent de détritus terreux, des arbustes vont se développer; ceux-ci, tant par l'ombre qu'ils projettent que par le calme qui règne sous eux, amènent une forte réduction de la transpiration chez les plantes qui vivent dans leur voisinage immédiat. Beaucoup d'espèces sont spéciales à chacun des points dont nous venons d'esquisser les conditions, tandis que d'autres se trouvent à peu près indifféremment partout, grâce à une plus grande accommodabilité. La faculté de se mettre en harmonie avec les exigences du milieu se remarque le mieux quand on compare les plantes d'ombre avec les plantes de soleil. A l'ombre les feuilles sont plus larges et étalées ; au soleil, elles sont redressées, souvent presque verticales (*Geranium sanguineum*, phot. 377 et 378, *Polygonatum multiflorum*, phot. 377, *Buxus sempervirens*).

Des différences très profondes et de nature très variée se montrent dans la structure intime de ces feuilles. Mlle M. Ernould, qui s'occupe actuellement de la comparaison des feuilles vivant dans des conditions diverses, a bien voulu me communiquer les dessins suivants, qui sont suffisamment explicites par eux-mêmes pour n'avoir pas besoin de commentaires : *Melica ciliata* (fig. 33), *Asclepias Vincetoxicum* (fig. 34), *Geranium sanguineum* (fig. 35), *Helleborus foetidus* (fig. 36), *Teucrium Chamaedrys* (fig. 37), *Polygonatum officinale* (fig. 38), *Silene nutans* (fig. 39), *Helianthemum Chamaecistus* (fig. 40), *Rosa pimpinellifolia* (fig. 41).

Dans toutes les figures, Ca signifie que la plante provient du district calcaire; SS, qu'elle vivait au soleil dans un endroit sec; OS, qu'elle vivait à l'ombre dans un endroit sec. Les figures 39, 40, 41 donnent aussi pour la comparaison des individus des dunes littorales (marqués Du): pour ces individus, SS et OS ont la même signification que pour ceux du calcaire, SH indique qu'il vivait au soleil dans un endroit humide. Les figures 34 et 35 donnent en même temps que la coupe des diverses feuilles leurs épidermes

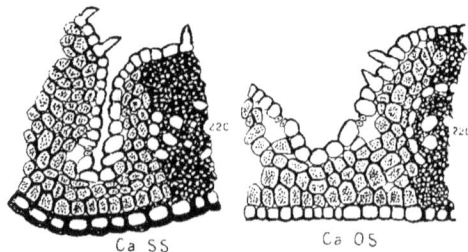

FIG. 33. — *Melica ciliata.*

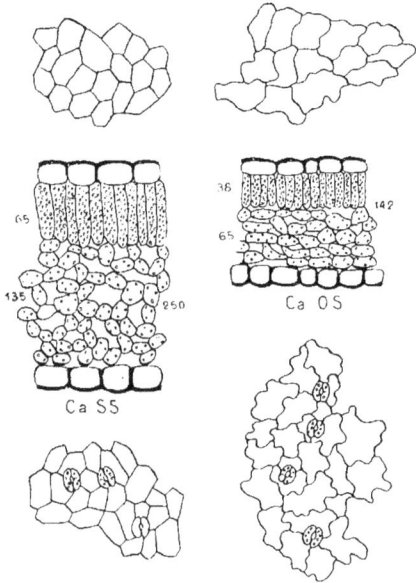

FIG. 34. — *Asclepias Vincetoxicum.*

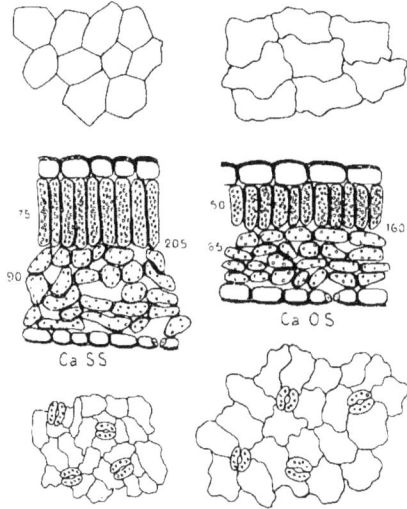

FIG. 35. — *Geranium sanguineum.*

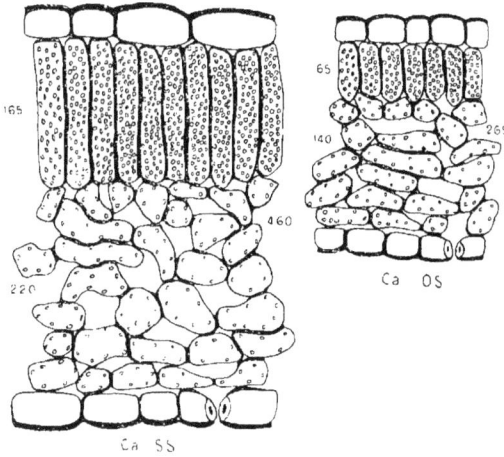

FIG. 36. — *Helleborus foetidus.*

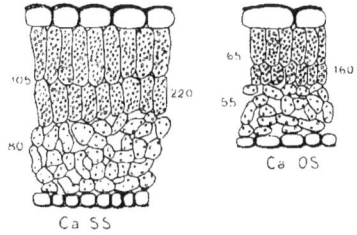

FIG. 37. — *Teucrium Chamaedrys.*

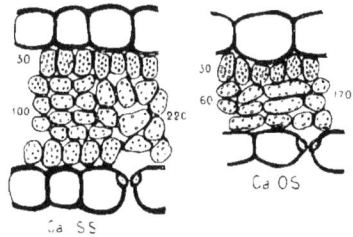

FIG. 38. — *Polygonatum officinale.*

supérieur et inférieur. Le nombre placé à droite du chemin indique l'épaisseur totale de la feuille en microns ; les deux nombres de gauche donnent l'épaisseur du tissu palissadique et du tissu lacuneux.

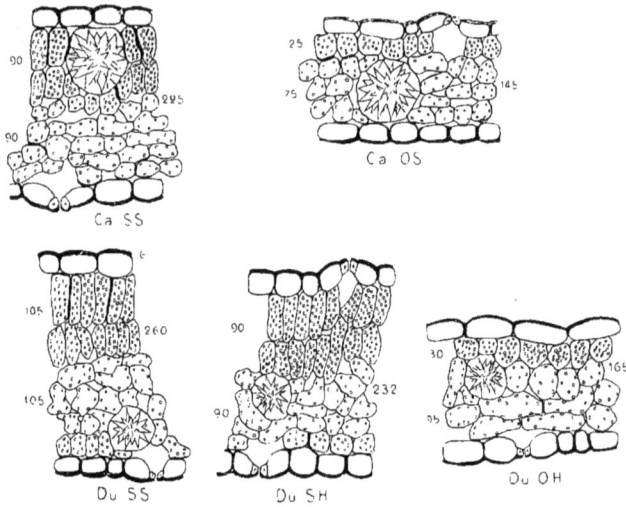

FIG. 39. — *Silene nutans.*

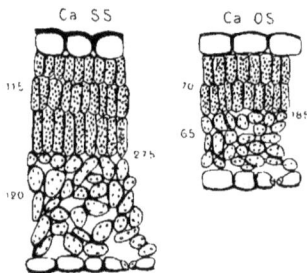

FIG. 40. — *Helianthemum Chamaecistus.*   FIG. 41. — *Rosa pimpinellifolia.*

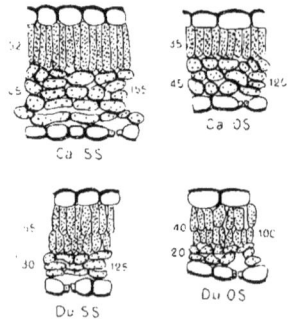

Les différences entre les individus ombragés et les individus ensoleillés se manifestent encore par d'autres particularités que la position et la structure des feuilles. Ainsi certaines espèces fleurissent aussi bien à l'ombre qu'au soleil (*Primula officinalis, Helleborus foetidus, Geranium sanguineum*), tandis que d'autres, plus particulièrement adaptées au soleil, sont stériles dans les buissons (*Rosa pimpinellifolia, Helianthemum Chamaecistus*), et que d'autres encore ne fleurissent qu'à l'ombre (*Viola hirta*); ces dernières ne sont d'ailleurs que des hôtes exceptionnels de la pelouse.

Les produits de désagrégation du calcaire renferment une quantité suffisante de substances nutritives et constituent donc un sol riche, où les végétaux croissent avec vigueur. Les fortes pousses qui se forment chaque année ne sont pas, comme celles des plantes marécageuses, constituées en majeure partie de tissus parenchymateux gorgés de sève et dont la rigidité est due en bonne partie à la turgescence ; sur ces coteaux, où les plantes manquent d'eau en été, les tiges des plantes herbacées contiennent d'épais cordons de fibres lignifiées, ce qui assure leur solidité même pendant les périodes de sécheresse (*Seseli Libanotis, Aster Linosyris, Campanula persicifolia*). Même il y a ici, en bien plus grand nombre qu'ailleurs, des plantes suffrutescentes dont les tiges quelque peu lignifiées persistent en hiver (*Thymus Serpyllum, Teucrium Chamaedrys, Helianthemum Chamaecistus*).

Au point de vue de la répartition saisonnière de l'assimilation, toutes les catégories de la figure 30 (p. 70, 71) sont représentées. Parmi les plantes annuelles, celles qui croissent en hiver (fig. 30, A) semblent particulièrement nombreuses : *Saxifraga tridactylites. Draba verna, Myosotis hispida, Cerastium brachypetalum, C. pumilum*, etc. Même *Arenaria serpyllifolia*, qui ailleurs est estival fig. 30, J), devient ici hivernal. Une accommodation analogue se remarque pour *Saxifraga granulata :* alors que dans les prairies humides de la Campine et du Brabant il se développe au printemps et en été (fig. 30, C), sur les coteaux secs du pays calcaire, il profite de l'humidité de l'hiver (phot. 381), tout comme le fait *Ranunculus bulbosus* (fig. 30, B). Il y a aussi sur les pelouses quelques plantes annuelles estivales (fig. 30, J), par exemple *Orlaya grandiflora* (phot. 382) et des plantes vivaces à développement uniquement estival (fig. 3o, L), telles que *Allium sphaerocephalum* (phot. 382); toutefois, celles qui conservent leurs feuilles toute l'année (fig. 3o, G) (*Koeleria cristata*, *Carex glauca*, *Plantago media*) sont tellement nombreuses que l'aspect général de l'association est le même en hiver qu'en été.

Les adaptations xérophytiques de ces plantes sont sensiblement les mêmes que celles des végétaux de rochers (voir p. 96).

2. *Dunes fixées.* — Comparée à la végétation des dunes mobiles, celle des monticules à surface raffermie est remarquablement dense et variée.

La fixation du sable est due surtout à la présence de Mousses : *Tortula ruralis ruraliformis* (phot. 248, 249) sur les dunes littorales : la même espèce aidée de *Rhacomitrium canescens* et de *Polytrichum piliferum* sur les dunes des polders sablonneux ; sur les dunes de la Campine, c'est surtout la dernière qui joue un rôle important (phot. 3o8). De nombreux lichens prennent part également à la stabilisation de la couche superficielle : divers *Cladonia* (phot. 239, 285, 307), *Cetraria aculeata* (phot. 239), *Urceolaria scruposa* (phot. 239) et autres espèces terrestres, auxquelles s'ajoutent, chose singulière, plusieurs espèces arboricoles : *Usnea hirta*, *Ramalina farinacea* (voir fig. 82 dans Massart, *Essai*), *Parmelia physodes* (phot. 239), etc. Beaucoup de Champignons se montrent à la fin de l'été et en automne (phot. 248, 249, 25o, 251, 286).

La plupart des Phanérogames qui colonisent les dunes mobiles se rencontrent également ici ; il en est pourtant quelques-unes, des plus caractéristiques, qui font défaut, par exemple *Cakile maritima* et *Eryngium maritimum*; même *Ammophila arenaria* joue ici un rôle assez modeste, et il est en bonne partie remplacé par *Festuca rubra arenaria* (phot. 244). Une foule de plantes nouvelles, presque inconnues aux dunes mobiles, envahissent les dunes fixées : *Ononis repens maritima* (phot. 245), *Molinia coerulea* (phot. 3o9, 312), *Erica Tetralix* (phot. 3o9), *Scleranthus perennis*, *Teesdalia nudicaulis*, *Hieracium Pilosella* (phot. 285), etc.

Tous les modes de la répartition saisonnière de l'assimilation sont représentés. Les espèces annuelles hivernales (fig. 3o, A) sont particulièrement nombreuses (phot. 247).

Au point de vue de la fixation du sable, il y a d'abord les procédés déjà étudiés à propos des dunes mobiles (fig. 32, p. 98) : toutes les Graminacées se conduisent comme *Ammophila* ; *Solanum Dulcamara* monte et descend à la manière de *Salix repens*. En outre, il y a de nombreuses plantes qui retiennent le sable en appliquant élastiquement sur lui les feuilles de leur rosette radicale : grâce à la turgescence plus forte de la face supérieure, les feuilles se recourbent vers le bas jusqu'à ce qu'elles soient en contact avec le sol ; ce mouvement est le mieux marqué chez *Erodium cicutarium* (voir Massart, *Essai*, phot. 71, et *Aspects*, phot. 13), *Ranunculus bulbosus* et *Geranium pusillum* ; mais toutes les plantes à rosette le présentent à des degrés divers.

Les adaptations xérophytiques sont extraordinairement variées. Les Mousses et les lichens sont tous réviviscents, par exemple *Tortula ruralis ruraliformis* (phot. 248, 249). La figure 65 (voir plus loin) montre la structure des feuilles de Graminacées.

Ici, tout comme sur les pelouses arides qui surmontent les plateaux rocheux calcaires, les mêmes espèces se rencontrent à la fois au plein soleil et à l'abri des arbustes (*Salix repens* et *Hippophaës rhamnoïdes*) : au point de vue de la transpiration, les conditions sont tout autres à l'ombre et au soleil, et les plantes présentent des accommodations manifestes dans la structure de leur appareil foliaire. Nous y reviendrons plus loin.

3. *Landes sèches : pannes, bruyères, fagnes.* — Descendons des dunes ; nous voici au milieu d'innombrables buissons, bas et étalés, qui couvrent d'un tapis uniforme de grandes étendues de sable légèrement mamelonné. Entre les dunes littorales, ces espaces plats s'appellent des pannes ; les buissons sont *Salix repens* (phot. 9, 233) et, moins nombreux, *Hippophaës rhamnoïdes* (phot. 11, 232). Dans les bruyères de la Flandre, de la Campine, du Jurassique et du Hesbayen, l'arbuste dominant est la Bruyère commune (*Calluna vulgaris*, phot. 62, 89, 99, 206) ; cette espèce couvre aussi de grands espaces où le sol n'est pas sableux, mais argileux : en Ardenne et sur les plateaux subalpins, les pays couverts de Bruyères se nomment des fagnes. On rencontre la même association, mais sur une plus petite échelle, dans les parties du district

calcaire où le sol est constitué par les résidus de désagrégation des schistes.

Ainsi qu'il a été dit à la page 100, un caractère commun relie ces associations à arbustes minuscules : c'est que partout le sol est très peu fertile et que sur toutes ces landes (c'est un terme général qui les englobe toutes) la végétation est donc rabougrie et à croissance lente.

Les pannes et les bruyères ont une flore analogue à celle des dunes fixées, mais sensiblement plus riche en espèces de tous les groupes. Les photographies suivantes représentent ces associations : pannes des dunes littorales : photographies 9, 11, 235 à 242; polders sablonneux et dunes internes : photographies 46, 285; Flandrien : photographies 53, 62, 289; Campinien : photographies 64, 68, 89, 307; Hesbayen : photographies 99, 105, 327; Ardenne : photographie 173; district subalpin : photographies 181, 184, 186, 187; Jurassique : photographies 206, 439, 440, 442.

Les restes des végétaux de la bruyère, exposés au soleil et à la sécheresse, ne se décomposent pas de la même manière que ceux qui s'accumulent dans les bois, toujours sombres et humides. Aussi ne se forme-t-il pas dans les landes de l'humus neutre, doux, ou terreau forestier, mais un humus acide, brut, le terreau de bruyère.

La présence de cette couche organique, riche en acides humiques, a une influence considérable sur le sous-sol. L'eau chargée d'acides qui filtre à travers le sable altère chimiquement les matières étrangères, telles que les oxydes de fer et la glauconie, et entraîne vers le bas les produits de décomposition. A une quarantaine de centimètres de profondeur se produit une agglutination des particules siliceuses, donnant lieu à un grès à ciment organique ou ferrugineux (phot. 66); on l'appelle, en Belgique, le tuf humique (en flamand *schurft* ou *zandoer*); il est l'analogue de l'*Ortstein* des auteurs allemands et de l'*alios* des landes de la Gascogne. La présence de ce banc dur, impénétrable aux racines, est extrêmement défavorable à la végétation (phot. 67). On le rencontre en Campine et dans les sables du Jurassique.

Le mode de formation du tuf humique est encore discuté. On trouvera des avis assez discordants dans GRAEBNER (*1901*, p. 123), HENRY (*1908*) et dans le RAPPORT de 1905 (p. 15).

Les landes sèches, quoique couvrant de grandes étendues en Campine, en Ardenne, sur les plateaux subalpins et dans le Jurassique, ne présentent pas grand intérêt au point de vue de la constitution des associations.

4. *Landes humides : pannes, bruyères, fagnes.* — Dès que le sol se charge d'humidité, soit à cause de la proximité d'une couche imperméable, soit parce que le terrain est lui-même argileux, on voit le caractère de la flore changer et de nouvelles espèces se joindre à celles que nourrissent les landes sèches ; en même temps, quelques plantes de ces dernières associations deviennent moins abondantes et disparaissent.

Tout comme pour les landes sèches, l'aspect général est le même dans toutes les landes humides : pannes, bruyères, fagnes, quoique les deux premières associations se développent sur du sable et la dernière sur l'argile provenant de la décomposition des phyllades. Au point de vue floristique, le contraste déjà observé pour les landes sèches, persiste entre les pannes littorales, où domine *Salix repens*, et les landes de l'intérieur, où les arbustes sont surtout des Éricacées : *Calluna vulgaris* et *Erica Tetralix*.

La profonde différence entre les pannes, d'une part, et les bruyères et fagnes, d'autre part, n'existe pas seulement pour les espèces dominantes : très petit est, en effet, le nombre des espèces quelconques qui sont communes aux landes humides du littoral et à celles de l'intérieur : *Hydrocotyle vulgaris*, *Lysimachia vulgaris*, *Schoenus nigricans* (phot. 231), *Succisa pratensis*, *Cirsium palustre* sont à peu près les seules Phanérogames. Par contre, la flore est presque identique dans les bruyères sablonneuses et dans les fagnes argileuses.

La clef de ce contraste est probablement fournie par la présence de plantes calcicoles dans les pannes : *Herminium Monorchis* (phot. 232), *Cirsium acaule* (phot. 234), *Helianthemum Chamaecistus*, *Cladonia rangiformis*, etc. (phot. 239). La carte 4, hors texte, montre aussi qu'il y a dans les dunes littorales de nombreuses plantes avides de calcaire. Or il est à remarquer que pas une de ces espèces ne se rencontre dans les bruyères et les fagnes. La divergence entre la flore des landes littorales et celle des landes continentales semble donc tenir au calcaire qu'amènent dans les dunes les débris de coquillages.

Les espèces essentiellement calcicoles que nous venons de citer habitent, dans le pays calcaire, les coteaux secs et même les rochers. Elles doivent donc posséder des adaptations xérophiles marquées. Et pourtant, sur le littoral, elles vivent dans des endroits relativement humides des pannes, en mélange avec des espèces qui affectionnent partout les endroits riches en eau, telles que *Epipactis palustris*, *Sagina nodosa*, *Schoenus nigricans* (phot. 231), etc. C'est là un mélange singulier et qui paraît indiquer que le sol des pannes n'offre réellement une eau abondante qu'aux plantes de lieux humides, tandis qu'il est physiologiquement sec pour les espèces calcicoles.

Examinons de plus près les plantes de lieux humides, habitant les pannes. Elles sont presque toutes spécifiquement distinctes de celles des bruyères et des fagnes : *Parnassia palustris* (phot. 281), *Rhinanthus major* (phot. 231, 232), *Epipactis palustris*, *Sagina nodosa*, *Orchis Morio*, *Trifolium repens*, *Lythrum Salicaria*, *Lysimachia Nummularia*, *Aguja reptans*, *Chrysanthemum Leucanthemum* sont rares ou inconnues dans les fagnes et les bruyères, mais on les trouve en abondance dans les prairies humides des districts calcaire, hesbayen et jurassique. Les quelques Phanérogames qui sont répandues à la fois dans les pannes, dans les bruyères et dans les fagnes ont été énumérées plus haut. Quant aux espèces communes à la bruyère humide et à la fagne humide, mais manquant aux endroits correspondants des pannes, elles sont légion : citons seulement les Éricacées des genres *Calluna*, *Erica* (phot. 82, 287), *Vaccinium* (phot. 429), *Andromeda* (phot. 306), les *Drosera* (phot. 287), *Narthecium ossifragum* (phot. 288), les *Eriophorum* (phot. 77, 405), *Polytrichum commune* (phot. 418), les *Sphagnum* (phot. 303, 427 à 429), *Aulacomnium palustre* (phot. 304), *Alicularia scalaris* (phot. 434), *Zygnema ericetorum*.

Depuis longtemps les botanistes ont attiré l'attention sur les caractères manifestement xérophiles des Éricacées et de la plupart des autres plantes des bruyères et des fagnes humides. Ici, aussi, il y a donc quelque chose qui rend physiologiquement secs ces sols qui physiquement sont gorgés d'eau. On a beaucoup discuté sur les raisons de la difficulté qu'éprouvent ces plantes à absorber l'eau, pourtant surabondante. Les dernières recherches expérimentales à ce sujet ont été effectuées par M. Dachnowski (*1908* et *1909*). Elles tendent à montrer que les sols tels que ceux des bruyères et des fagnes contiennent des substances toxiques qui s'opposent à l'absorption de l'eau par les racines. Ces substances peuvent être détruites par l'aération ; elles se laissent adsorber par diverses matières, parmi lesquelles figure en première ligne le carbonate de calcium. Or, l'analyse chimique du sol des bruyères et des fagnes révèle précisément une remarquable pauvreté en composés de calcium.

Certaines espèces habitent dans le district des dunes littorales des terrains variés, les uns humides, les autres secs ; de plus, ils se rencontrent à l'ombre et en plein soleil. Les modifications que subissent leurs feuilles pour s'accommoder à des conditions aussi diverses se voient sur les figures suivantes, dessinées par Mlle M. Ernould : *Festuca rubra arenaria* (fig. 42), *Carex arenaria* (fig. 43), *Holcus lanatus* (fig. 44), *Epipactis latifolia* (fig. 45), *Rubus*

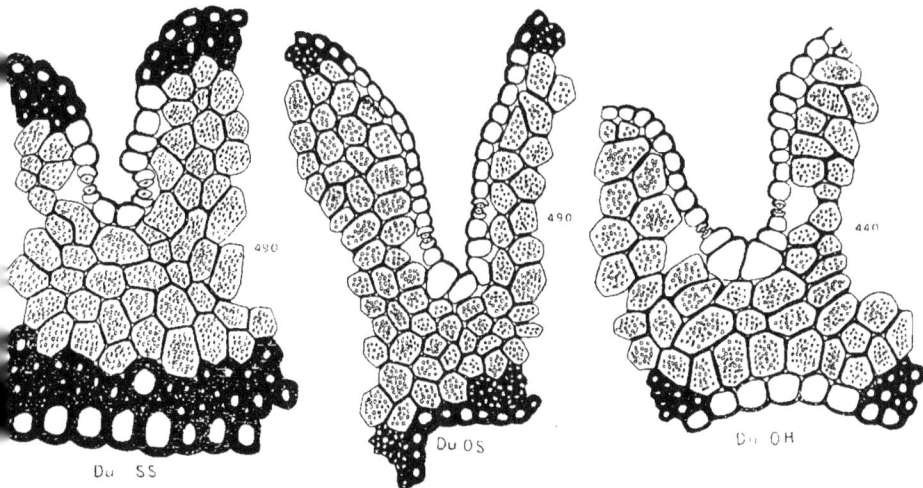

FIG. 42. — *Festuca rubra arenaria.*

caesius (fig. 46), *Sambucus nigra* (fig. 46bis), *Salix repens* (fig. 47). Les figures 39 à 41 (p. 104) représentent aussi en partie des plantes de dunes.

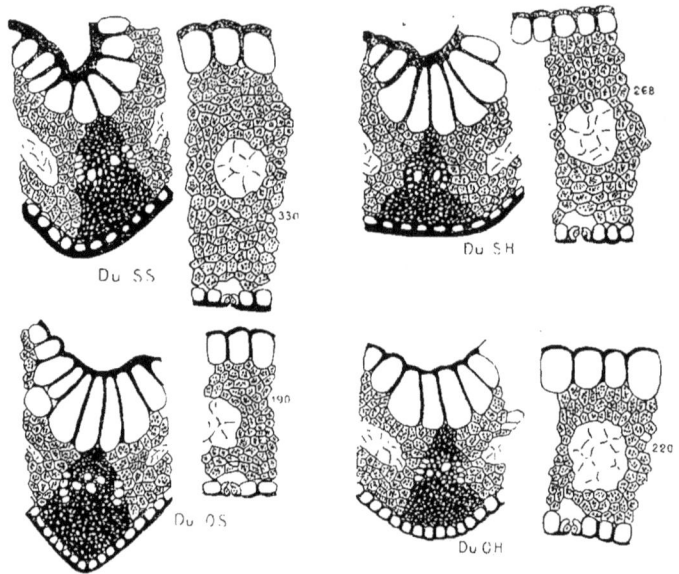

FIG. 43. — *Carex arenaria.*

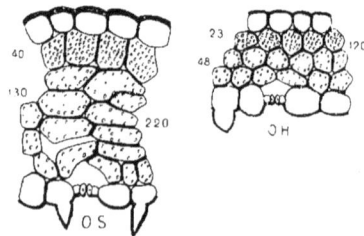

FIG. 44. — *Holcus lanatus.*

Dans toutes les figures Du signifie que la plante provient du district des dunes littorales, SS qu'elle vivait au soleil et à la sécheresse, SH au soleil et à l'humidité, OS à l'humidité et à la sécheresse, OH à l'ombre et à l'humidité. Les nombres à droite et à gauche ont la même signification qu'à la page 104.

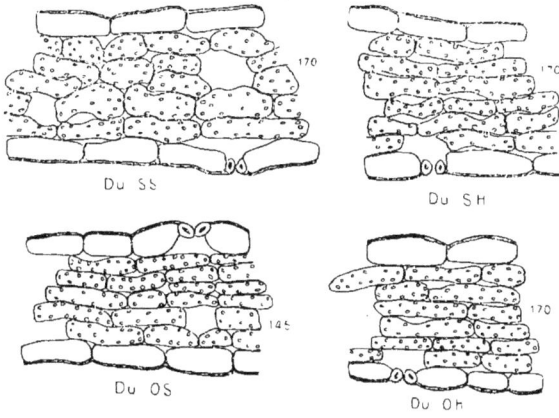

FIG. 45. — *Epipactis latifolia.*

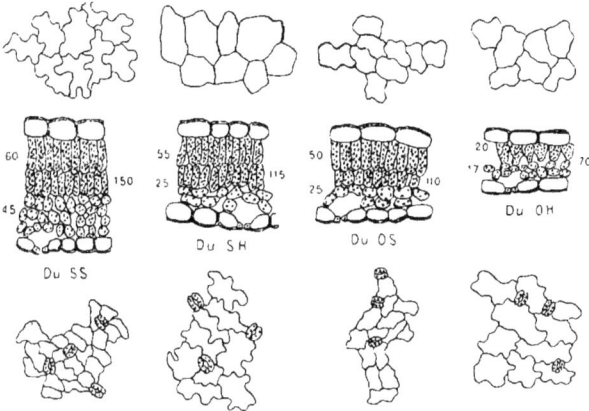

FIG. 46. — *Rubus caesius.*

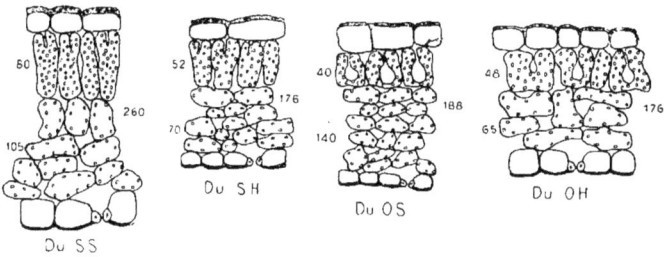

FIG. 46bis. — *Sambucus nigra.*

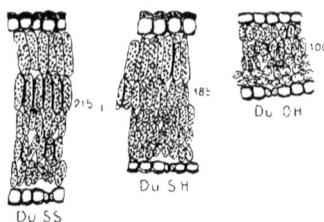

FIG. 47. — *Salix repens.*

5. *Marécages tourbeux.* — Dans les bruyères et les fagnes, les creux contiennent le plus souvent des mares entourées d'une bordure de grands buissons : *Rhamnus Frangula*, *Alnus glutinosa*, *Salix cinerea*, *S. aurita* (phot. 74 et 81). Fréquemment aussi, le creux n'est pas assez concave pour qu'une étendue d'eau s'y accumule, et il est tout entier occupé par la végétation de grands arbustes. Entre ceux-ci croît le plus souvent un profond tapis de Mousses, surtout des *Sphagnum* et *Polytrichum commune* (phot. 418), piqué de *Viola palustris* (phot. 427), *Gentiana Pneumonanthe*, *Menyanthes trifoliata*, *Pedicularis sylvatica*, et sur lequel courent les longs rameaux de *Vaccinium Oxycoccos* (phot. 429) et de *Potentilla (Comarum) palustris*. Les caractères généraux de cette association sont les mêmes sur les sables de la Campine (phot. 72 à 83, 305, 306), de la Flandre (phot. 287, 288), du Hesbayen (phot. 103, 328), du Jurassique et sur les schistes décomposés de l'Ardenne (phot. 172, 189, 406).

Les différences entre les tourbières de la région des plaines et celles du pays accidenté tiennent principalement au climat : en Flandre, en Campine et dans le Brabant vivent des plantes occidentales : *Myrica Gale* (phot. 76, 79, 288, 305, 306), *Rhynchospora alba*, *Rh. fusca*, *Calla palustris* (phot. 305), *Lycopodium inundatum* (phot. 82); dans le pays accidenté, ce sont surtout des espèces subalpines : *Vaccinium uliginosum* (phot. 189), *Scirpus caespitosus* (phot. 430), *Trientalis europaea* (phot. 428).

A tous les points de vue, le marécage tourbeux ressemble beaucoup à la bruyère et à la fagne humides : la flore, en bonne partie composée des mêmes espèces, présente également l'aspect xérophytique, quoique le sol et le revêtement de Sphaignes soient imbibés comme une éponge. Du reste, le calcaire manque ici également, et la végétation est tout à fait calcifuge.

Le tableau que voici fera saisir les ressemblances et les dissemblances entre les associations que nous venons de passer en revue. Chaque colonne verticale représente des stations qui ne diffèrent que par le degré d'humidité, les plus sèches en haut, les aquatiques en bas.

Associations ouvertes.	Dunes mobiles littorales.	Dunes mobiles de l'intérieur.	Rochers schisteux.	Rochers calcaires.
Associations fermées, sèches.	Dunes fixées littorales.	Dunes fixées de l'intérieur.	—	Pelouses.
	Pannes sèches.	Bruyères sèches.	Fagnes sèches.	
Associations fermées, humides	Pannes humides.	Bruyères humides.	Fagnes humides.	
	—	Marécages tourbeux.	Marécages tourbeux.	
	Mares.	Mares.	Mares.	

C. — Eaux.

Les stations aquatiques, à caractères fort variés, se présentent dans toutes les parties du pays. La carte 2 figure les cours d'eau, les canaux et les étangs de quelque étendue.

Voici de quelle manière on pourrait grouper toutes les stations aquatiques :

Eau de mer.

Eaux saumâtres : Alluvions marines (phot. 23 à 25, 261, 262, 265) et polders marins (phot. 273, 274).

Eaux douces, stagnantes : étangs, mares, canaux, fossés.

Eaux pauvres en calcaire : surtout en Campine (phot. 64, 65, 72 à 77), en Ardenne (phot. 166) et sur les plateaux subalpins (phot. 181).

Eaux pauvres en sels nutritifs, sauf en calcaire : surtout dans les dunes littorales (phot. 12).

Eaux riches en sels nutritifs de tout genre : surtout dans les polders (phot. 39 à 45, 275 à 280), le Hesbayen (phot. 110) et le Calcaire.

Eaux douces, courantes : ruisseaux, rivières, fleuves.

Eaux pauvres en calcaire : surtout en Campine, en Ardenne (phot. 155 à 158, 167, 168, 413) et sur les plateaux sub-alpins (phot. 180).

Eaux riches en calcaire : surtout dans le Calcaire (phot. 126, 127, 150 à 152) et dans le Jurassique.

Eaux riches en sels nutritifs de tout genre : surtout dans les alluvions fluviales (phot. 26 à 32, 267 à 270) et dans le Hesbayen.

La carte 4, hors texte, donne la distribution de plantes appartenant à beaucoup de ces stations (voir aussi p. 82).

Il ne peut évidemment pas être question de passer en revue les associations aquatiques, puisqu'elles devraient être reprises dans un chapitre ultérieur. Je me contenterai de donner un aperçu des caractères généraux des plantes qui entrent dans leur constitution ; encore pourrai-je supprimer tous les détails, puisque de nombreux travaux, fort complets, ont été publiés dans ces dernières années sur la flore des eaux. Signalons MM. Costantin (*1880*), Schenck (*1886*), Goebel (*1889-1891*), Schroeter und Kirchner (*1896-1902*), Magnin (*1904*), Le Roux (*1907*), Tanner-Fulleman (*1907*). Le livre de M. Lampert (*1910*), qui est surtout consacré aux Animaux, contient aussi un chapitre sur les Végétaux, principalement les inférieurs.

Les adaptations sont naturellement différentes pour les organismes flottants et pour ceux qui sont fixés. Les premiers constituent le plancton ; ce sont des Schizophycées, par exemple *Anabaena* et *Aphanizomenon*, dont quelques espèces forment des « fleurs d'eau » ; des Flagellates verts, tels que les *Phacus* et les *Chlamydomonas* qui sont isolés, les *Volvox* et *Pandorina* qui restent associés en colonies ; des Flagellates jaunes isolés (*Mallomonas*) ou coloniaires (*Synura, Dinobryum*) ; des Dinoflagellates (*Ceratium,*

Gymnodinium); de nombreuses Zygnémées (*Spirogyra, Zygnema*) et Desmidiées (*Euastrum, Cosmarium*); beaucoup de Diatomées (*Melosira*) et de Protococcées (*Pediastrum, Scenedesmus*).

Il y a aussi pas mal de plantes plus évoluées, qui sont tout à fait libres, par exemple les *Riccia*, les Lemnacées, *Hydrocharis Morsus-Ranae* (phot. 278), les *Ceratophyllum*, les *Utricularia*, ou qui sont à peine rattachées à la boue du fond par quelques longues racines grêles, comme *Hottonia palustris* (phot. 277, 278) et *Stratiotes aloides* (phot. 279).

Les végétaux non fixés au support habitent exclusivement ou d'une façon tout à fait prépondérante les eaux calmes. Celles-ci hébergent aussi une foule de plantes immobiles, solidement accrochées à la terre ou à un autre support. Ainsi se conduisent des Schizophycées (*Chamaesiphon*), des Flagellates verts (*Colacium*), jaunes (*Chrysopyxis*) et incolores (*Rhipidodendron*), d'innombrables Diatomées (*Gomphonema, Licmophora*), la plupart des Algues, des Muscinées, des Ptéridophytes et des Phanérogames aquatiques.

Ce sont tout spécialement les Ptéridophytes et les Phanérogames qui ont été étudiées au point de vue éthologique par les nombreux auteurs cités plus haut. Aussi vais-je simplement énumérer leurs principales adaptations, sans y insister.

Absorption d'eau et de matières dissoutes par la plus grande partie de la surface immergée, aussi bien par les tiges et les feuilles que par les racines.

Assimilation : les feuilles submergées sont amincies ou découpées en lanières fines, ce qui augmente la surface par laquelle l'oxygène pourra être éliminé; elles ont des plastides vertes dans les cellules épidermiques et sont privées de stomates.

Aération : grandes lacunes intercellulaires cloisonnées par des parois qui sont perméables aux gaz, mais imperméables à l'eau.

Rigidité souvent due à la turgescence seule, même dans des organes d'assez grande taille et aériens : *Ranunculus Lingua, Sagittaria sagittifolia* (phot. 339), *Hippuris vulgaris*.

Pollination : rarement sous l'eau (*Ceratophyllum, Zannichellia*); le plus souvent restée aérienne, soit anémophile (*Potamogeton*), soit entomophile (*Nymphaea, Utricularia, Sium*, phot. 276, *Iris*, phot. 280, *Hottonia*, phot. 277, 278).

Dissémination : d'ordinaire par les courants d'eau.

Hivernation : Beaucoup de plantes entièrement submergées conservent leurs feuilles pendant l'hiver (*Ranunculus fluitans*), mais celles dont les feuilles sont flottantes et celles dont les feuilles où les tiges sortent du liquide doivent nécessairement laisser mourir ces organes avant l'hiver, puisque la couverture de glace les détruirait inévitablement (phot. 299). Il y a aussi de nombreuses plantes aquatiques, tant submergées que flottantes et émergées, qui se réduisent pendant l'hiver à des hibernacles, petits bourgeons gorgés de réserves, qui restent au fond de l'eau et qui aident à la propagation végétative.

. .

Il n'est pas de milieu plus changeant que le milieu aquatique. Les eaux subissent d'incessantes modifications de leur niveau : un même individu risque donc d'être tantôt complètement submergé, tantôt à la surface du liquide, tantôt entièrement dans l'air ; d'autre part, la sédimentation au fond de l'étang ou de la rivière est d'importance fort variable, de sorte qu'une graine pourra rester longtemps à la surface de la vase, ou bien être rapidement enfouie sous une épaisse couche de particules de tout genre.

Rien d'étonnant donc à ce que les végétaux aquatiques possèdent une accommodabilité très prononcée et à ce que les phénomènes par lesquels ils se maintiennent en harmonie avec les vicissitudes de leur milieu aient frappé l'attention des botanistes depuis longtemps. On trouvera dans les auteurs cités plus haut de nombreux renseignements sur l'accommodation des plantes aquatiques ; qu'il me suffise de signaler deux cas qui sont particulièrement démonstratifs.

La première feuille que produit *Nymphaea alba*, après les cotylédons (restant dans la graine), est aciculaire et dressée ; elle est donc très distincte des feuilles suivantes, qui sont larges et minces (fig. 48).

Cette première feuille perce facilement la vase qui surmonte la graine, et la longueur qu'elle atteint dépend de l'épaisseur de la couche de sédiments. Pourtant ce n'est pas seulement en allongeant sa feuille aciculaire que la plante s'accommode aux diverses épaisseurs de la boue : le premier entre-nœud, c'est-à-dire celui qui sépare la feuille aciculaire des cotylédons, peut également s'allonger beaucoup (fig. 48, A) ou bien rester tout à fait court (fig. 48, C) suivant les nécessités.

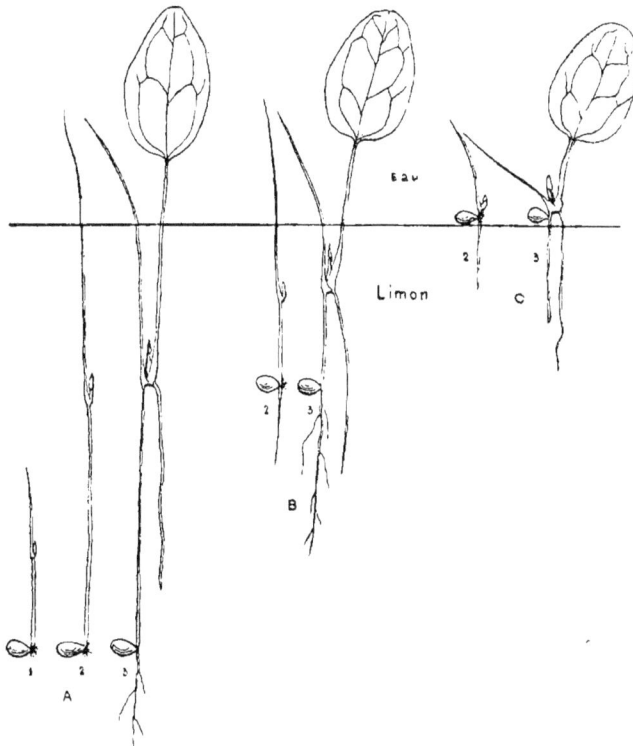

Fig. 48. — Plantules de *Nymphaea alba*.

A. La graine a été semée profondément. — B. La graine a été mise sous une moindre épaisseur de boue. — C. La graine a été mise à la surface de la boue (au fond de l'eau) ¹/₄.

L'autre exemple est relatif au classique *Polygonum amphibium*. On en connaît trois accommodats : terrestre, nageant et xérophile. La figure 49 montre combien les trois plantes sont dissemblables.

FIG. 49. — Trois accommodats de *Polygonum amphibium*.
A. Plante terrestre, habitant le bord des eaux. — B. Plante aquatique, nageante. — C. Plante
xérophile, habitant les dunes littorales.

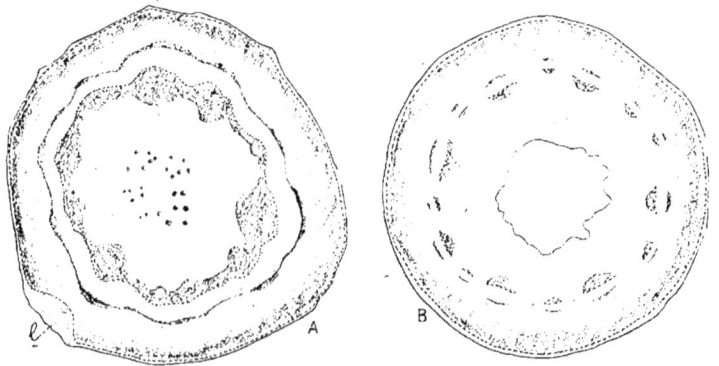

FIG. 50. — Coupes transversales de tiges adultes de *Polygonum amphibium*.

A. Accommodat xérophile. — B. Accommodat aquatique. — Les traits
interrompus indiquent le cambium et le phellogène. Les régions foncées
sont celles où les cellules ont des parois épaissies. — *l.* Lenticelle.

Ajoutons que l'individu nageant fleurit abondamment, le terrestre rarement, le xérophile jamais.

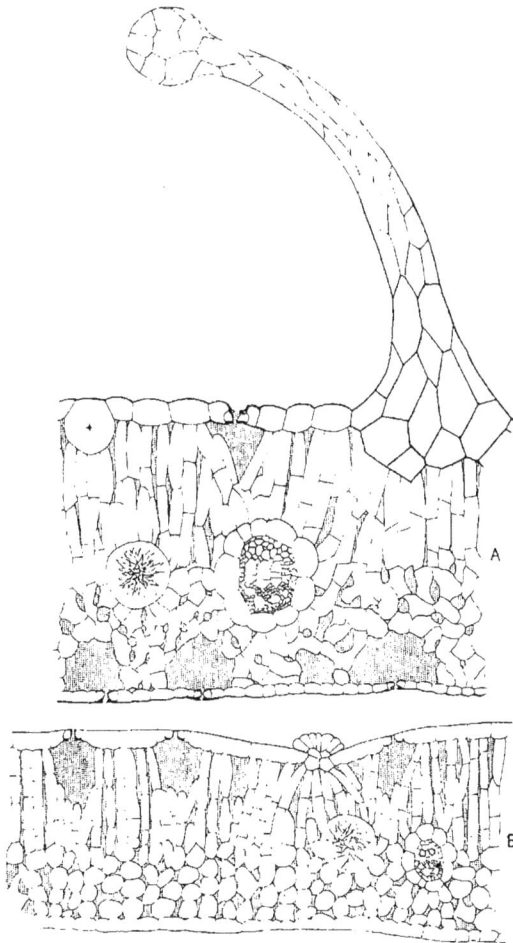

Fig. 51. — Coupes transversales de feuilles de *Polygonum amphibium*.

A. Accommodat xérophile. — B. Accommodat aquatique. — La cellule épidermique marquée d'une croix est une cellule réservoir.

Ce n'est pas seulement dans l'aspect extérieur qu'il y a des différences entre les trois plantes. La structure des tiges et des feuilles est tout aussi variable. Les figures 50 et 51 sont suffisamment explicites.

Les figures 52 et 53 font voir, par la structure des épidermes

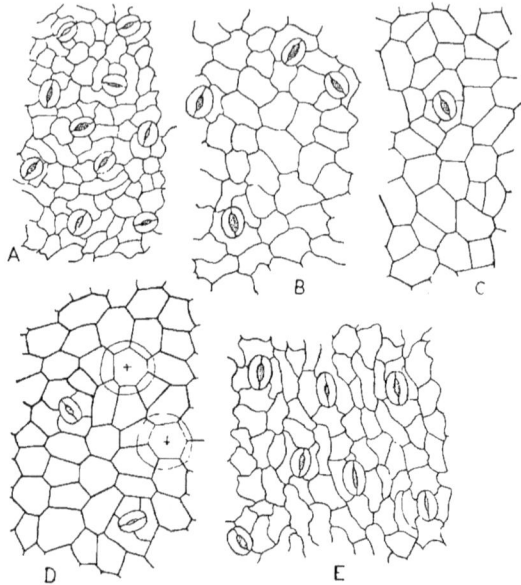

FIG. 52. — Épidermes supérieurs de feuilles de *Polygonum amphibium*.
A. Accommodat aquatique. – B. Feuille d'un rameau dressé hors de l'eau
chez une plante aquatique. — C. Accommodat terrestre. — D. Accommodat xérophile. — E Première feuille formée par une plante xérophile
qui a été mise dans l'eau. — Les cellules marquées d'une croix sont des
cellules réservoirs.

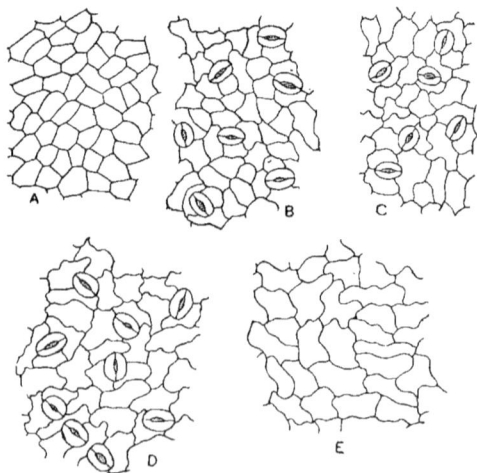

FIG. 53. — Épidermes inférieurs de feuilles de *Polygonum amphibium*.
A. Accommodat aquatique. — B. Feuille d'un rameau dressé hors de l'eau
chez une plante aquatique. — C. Accommodat terrestre. — D. Accommodat xérophile — E. Première feuille formée par une plante xérophile
qui a été mise dans l'eau.

supérieur et inférieur de la feuille, avec quelle facilité la plante passe d'un accommodat à un autre.

II. — Cultures et leurs abords immédiats.

Examinons maintenant les stations dans lesquelles l'Homme intervient d'une façon plus ou moins continue. Son action est le moins marquée dans les forêts : dès qu'elles sont plantées ou semées, on ne s'en occupe plus guère que pour les éclaircir et les exploiter. Les prairies également conservent leur sol au repos pendant beaucoup d'années de suite. Dans les champs labourés, la terre est au contraire retournée tous les ans, et, dans les jardins maraîchers, ce travail se fait même plusieurs fois par an. Aux forêts, aux prairies, aux champs, il faut encore ajouter une autre catégorie de stations qui portent l'empreinte du travail humain; ce sont celles qui occupent le voisinage immédiat des cultures : cours de ferme, bords des chemins, haies délimitant les champs.

A. — FORÊTS.

Fort réduites quand on les compare à ce qu'elles étaient jadis, nos forêts ne présentent plus nulle part le moindre caractère naturel : ce sont de simples cultures d'arbres, méthodiquement exploitées en vue de la production de bois. Elles n'occupent plus guère que les territoires trop peu favorables à l'établissement de champs ou de pâturages, soit en raison de leur fertilité insuffisante, soit parce qu'ils sont trop accidentés. On peut affirmer que les bois ont bien réellement été chassés de tous les endroits maintenant livrés à l'agriculture, puisque le climat de la Belgique, comme celui de toute la Région Forestière de l'Ancien Continent, est très propice au développement de la végétation forestière. Des forêts ont donc dû être installées jadis sur toute la surface du pays. On en retrouve, d'ailleurs, des restes dans les couches tourbeuses (pp. 19, 20). En outre, beaucoup de massifs forestiers ont disparu depuis le moyen âge : le pays wallon compte d'innombrables localités dont le nom renferme les vocables « bois », « forêt », « sart » ([1]), « faye » ([2]), etc.; dans le pays flamand, on rencontre les termes correspondants : « loo », « woud », « bosch », « hout », qui signifient bois ou forêt, « rhode » ou « rode » = sart.

Mais si les forêts ont été expulsées de tous les endroits où l'agriculture était possible, elles s'avancent, d'un autre côté, sur les terres

---

([1]) Sart = portion de forêt qui a été coupée pour l'établissement d'une culture temporaire (voir plus loin, le paragraphe consacré à l'Ardenne).

([2]) Faye = hêtraie.

incultes. L'État aide les communes qui possèdent des terrains non exploités au point de vue agricole ou forestier, à boiser ces espaces improductifs.

Sans cesse donc, les terrains incultes disparaissent devant l'envahissement des cultures forestières; comme les parcelles encore vierges sont celles dont le sol est tout à fait mauvais, on ne peut y introduire que les essences les moins exigeantes, par exemple le Pin sylvestre ou l'Épicéa; et ainsi tout ce qui nous reste encore de landes sera peu à peu transformé en bois de résineux.

*
* *

Les espèces qui constituent nos forêts sont peu nombreuses. Le Hêtre (*Fagus sylvatica*), le Pin sylvestre, l'Epicéa (*Picea excelsa*) constituent des futaies homogènes ; plus rarement on fait des futaies de Mélèze (*Larix decidua*), de Chêne pédonculé (*Quercus pedunculata*), de Peuplier (*Populus monilifera*), ce dernier dans les fonds. Les taillis homogènes sont formés de : Aune (*Alnus glutinosa*), Chêne, Châtaignier (*Castanea vesca*). Certains arbres se rencontrent d'habitude épars dans la forêt : Frêne (*Fraxinus excelsior*), Orme (*Ulmus campestris*), Bouleau (*Betula alba*), Erable faux platane (*Acer Pseudo-Platanus*), Chêne rouvre (*Quercus sessiliflora*). D'autres espèces font partie du taillis qui se développe sous une futaie pas trop serrée : Charme (*Carpinus Betulus*), Noisetier (*Corylus avellana*).

Le tableau suivant renseigne diverses particularités biologiques pour la plupart des espèces qui viennent d'être citées.

Dans chaque colonne, les arbres sont classés de haut en bas dans l'ordre d'importance du caractère considéré; ainsi, la première colonne montre que l'Épicéa a les racines les moins profondes et le Mélèze les plus profondes; la cinquième, que le Hêtre n'a pas besoin de beaucoup de lumière, mais que le Bouleau et le Mélèze sont très exigeants; la dernière, que le Hêtre rejette très peu et le Châtaignier beaucoup.

Il serait sans intérêt de décrire ici les divers types d'exploitation forestière. On trouvera ces indications dans les livres spéciaux, notamment dans GAYER (*1901*).

*
* *

QUELQUES PARTICULARITÉS ÉTHOLOGIQUES DES PRINCIPAUX ARBRES FORESTIERS DE LA BELGIQUE.

D'après M. GAYER (1901) et M. HENRY (1908.)

Dans chaque colonne les arbres sont classés de haut en bas suivant l'ordre croissant de grandeur du caractère.

Profondeur de l'enracinement. (GAYER, p. 27.)	Exigences en potasse et en phosphore. (HENRY, p. 239.)	Exigences en eau (en été). (HENRY, p. 305.)	Accommodabilité à l'humidité du sol. (GAYER, p. 32.)	Besoin de lumière. (GAYER, p. 34.)	Étalement de la cime. (GAYER, p. 40.)	Rapidité de la croissance en hauteur dans le jeune âge. (GAYER, p. 43.)	Rapidité de la croissance en volume. (GAYER, p. 47.)	Longévité (GAYER, p. 49.)	Production de graines. (GAYER, p. 51.)	Production après recépage de rejets (GAYER, p. 53.)
Épicéa.	Pin sylv.	Pin sylv.	Aune.	Hêtre.	Épicéa.	Épicéa	Bouleau.	Aune	Chêne.	Hêtre
Hêtre.	Bouleau.	Épicéa.	Frêne.	Épicéa.	Mélèze.	Hêtre.	Chêne.	Bouleau.	Hêtre.	Bouleau.
Charme.	Aune.	Chêne.	Hêtre	Charme.	Pin sylv.	Charme.	Frêne.	Frêne.	Mélèze.	Frêne.
Bouleau.	Épicéa.	Orme.	Mélèze.	Orme.	Aune.	Chêne.	Charme	Épicéa.	Frêne.	Orme.
Aune.	Mélèze.	Charme.	Chêne.	Aune.	Hêtre.	Pin sylv.	Hêtre.	Mélèze.	Aune.	Chêne.
Chêne.	Châtaign.	Hêtre.	Épicéa.	Chêne.	Frêne	Aune.	Mélèze.	Pin sylv.	Charme.	Charme.
Châtaign.	Charme.	Bouleau.	Pin sylv.	Frêne.	Orme.	Frêne.	Pin sylv.	Charme.	Orme.	Aune.
Orme.	Hêtre.	Frêne.	Bouleau.	Châtaign	Chêne.	Orme.	Épicéa.	Hêtre.	Épicéa.	Châtaign.
Pin sylv.	Chêne.	Aune.		Pin sylv.	Charme.	Bouleau.		Chêne.	Pin sylv.	Saules (Osiers).
Frêne.	Frêne.	Mélèze.		Bouleau.		Mélèze.		Orme.	Bouleau.	
Mélèze				Mélèze.						

Plus importante pour nous est la question que voici : de quelle manière la forêt se reconstituerait-elle si le sol de notre pays était livré à la végétation spontanée ? Il n'est évidemment pas possible de fournir une réponse tout à fait précise, d'autant plus qu'elle serait sans doute différente selon les endroits. Néanmoins, on peut très bien se faire une idée de la façon dont la végétation forestière s'installerait, soit en étudiant de quelle manière se fait la régénération naturelle d'une futaie qui est exploitée par la méthode jardinatoire, soit par l'examen des diverses phases du reboisement lorsque la coupe a été faite à blanc étoc, avec maintien de quelques grands arbres. Indiquons brièvement ce qui se passe dans ce dernier cas, en prenant pour exemple une futaie régulière de Hêtres, comme celles de la Forêt de Soignes, près de Bruxelles (phot. 111, 112, 317, 318). On trouvera aussi beaucoup de renseignements dans M. BOMMER (*1903*) et dans Mme SCHOUTEDEN-WÉRY (*Brabant*); ce dernier livre donne en outre des photographies de tous les stades de la régénération, tels qu'ils sont représentés schématiquement par la figure 54 (p. 128).

La forêt arrivée au terme pratique de sa croissance se compose d'arbres ayant tous à peu près la même taille et dont les cimes se touchent (fig. 54, A). Par terre croissent quelques Bryophytes : *Dicranella heteromalla*, *Dicranum scoparium*, *Mnium hornum*, *Eurynchium Stokesii*, *Hypnum cupressiforme*, *Diplophyllum albicans*, *Lophozia bicuspidata*. Les bûcherons passent et abattent tous les arbres, sauf quelques exemplaires de choix, qui sont laissés pour produire les graines nécessaires au réensemencement du terrain (B). Dès la première année après la coupe, toutes les Mousses et Hépatiques sont tuées par l'excès de lumière. Par contre, les quelques herbes qui avaient réussi à se maintenir misérablement sous la futaie, mais qui n'y fleurissaient jamais (*Holcus mollis*, *Melica uniflora*, *Lamium Galeobdolon*), se développent activement et couvrent bientôt le sol d'un abondant tapis dans lequel une foule d'autres plantes herbacées germent et croissent avec vigueur : *Senecio sylvaticus*, *Epilobium div. sp.*, *Chamaenerium angustifolium* (*Epilobium spicatum*), *Hypericum perforatum*, *Digitalis purpurea*, *Senecio nemorensis*, *Eupatorium cannabinum*, *Deschampsia caespitosa*, etc. D'où proviennent ces graines ? De la lisière ou des clairières natu-

relles : ce sont, en effet, des plantes qui poussent le mieux dans un
sol forestier, riche en humus, mais qui ne peuvent pas supporter
l'ombre épaisse de la futaie. D'autres graines arriveront aussi des
pineraies voisines, dont l'ombrage léger ne leur est pas nuisible
(phot. 292).

Mais en même temps que le vent amène les graines de plantes
herbacées, il dissémine aussi celles d'arbres et d'arbustes, par
exemple les *Salix*, notamment *S. Caprea* (Saule Marsault), *Populus
Tremula* (Tremble), *P. alba* (Peuplier blanc), *Betula alba* (Bouleau),
Alnus glutinosa (Aune), etc. Les Oiseaux apportent des graines de
Rhamnus Frangula (Bourdaine), *Pirus Aucuparia* (Sorbier des
oiseleurs), *Rubus Idaeus* (Framboisier) et *R. fruticosus* (Ronce),
Lonicera Periclymenum (Chèvrefeuille), etc.

D'autres espèces encore germent à l'abri des hautes herbes ; citons
Cytisus (*Sarothamnus*) *scoparius* (Genêt à balais) dont les graines
se conservent dans le sol sans perdre leur pouvoir de germination,
dans l'attente de conditions favorables, pendant toute la croissance
de la futaie.

A la phase herbacée de la jeune forêt succède donc une phase
où les arbustes ont la prédominance (C) ; aux environs de Bruxelles,
les espèces les plus apparentes sont *Salix Caprea*, *Cytisus scoparius*
(phot. 116) et *Betula alba*. Peu à peu les espèces ligneuses s'élèvent
et étouffent les plantes plus petites. Mais déja a ce moment une
nouvelle phase se prépare : les Hêtres qui ont été laissés comme
porte-graines ont répandu leurs semences autour d'eux ; entre les
buissons et les herbes germent d'innombrables arbres qui ne craignent nullement le voile de feuillage qu'étendent au-dessus d'eux
les Saules et les Bouleaux (B).

La croissance des Hêtres, d'abord fort lente, devient de plus en
plus rapide ; vers la vingtième année, on commence à les voir
poindre au-dessus des Saules, dorénavant stationnaires, et au-dessus des Bouleaux, dont la croissance en hauteur est pour ainsi dire
arrêtée. Seulement alors que les Hêtres vivent facilement sous
d'autres arbres, le Bouleau est une essence de lumière qui ne supporte aucun ombrage (voir le tableau de la page 125) ; aussi les
voit-on successivement languir et disparaître.

C'est à ce stade que la flore de la forêt présente son maximum de

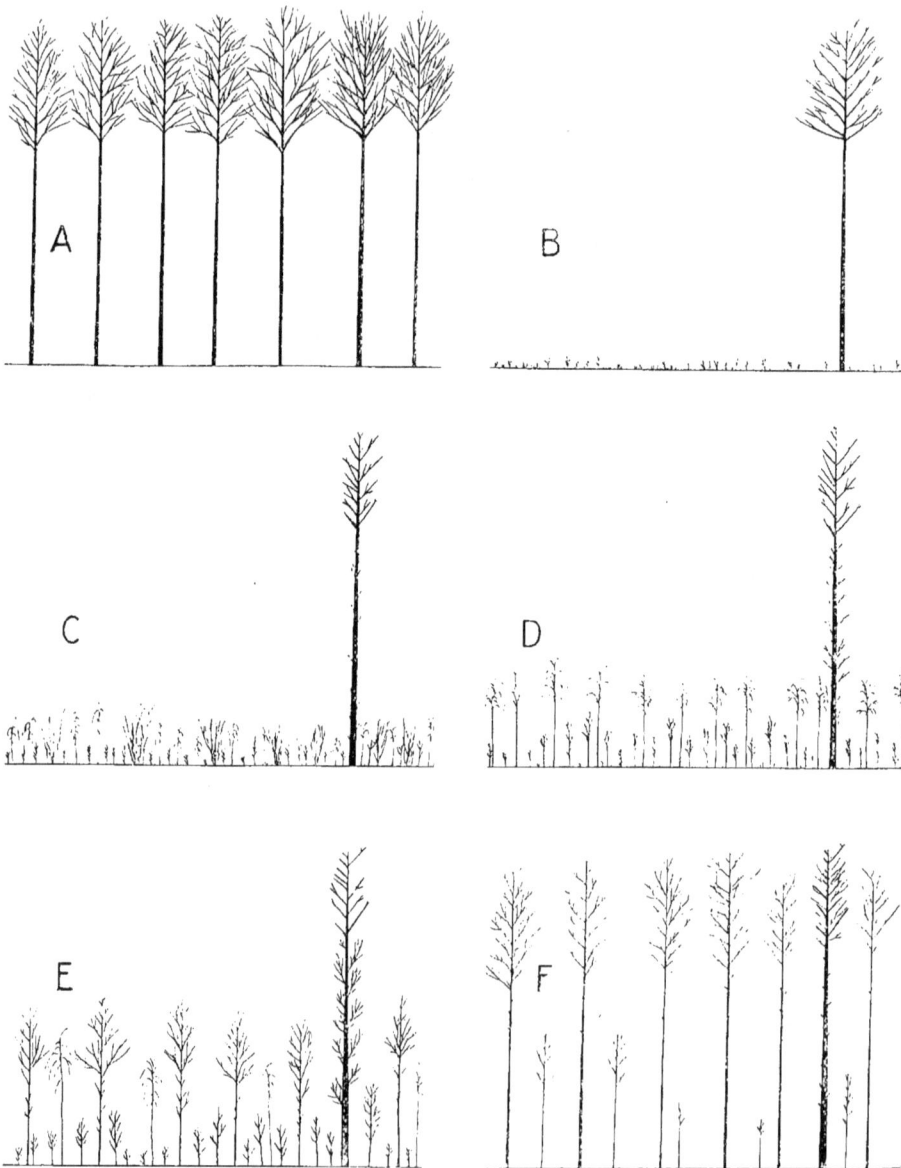

Fig. 54. — Schéma de la régénération d'une futaie de Hêtres.

A. La futaie adulte. — B. Une ou deux années après la coupe : végétation herbacée. — C. Quelques années plus tard : arbustes. — D. Une douzaine d'années après la coupe : Bouleaux. — E. Une vingtaine d'années après la coupe : Hêtres dominant les Bouleaux. — F. Reconstitution de la futaie de Hêtres.

variété. Non seulement les arbres et les arbustes sont très divers, mais aussi les plantes herbacées (phot. 321). C'est dans des bois de cet âge qu'on admire au printemps les tapis d'*Anemone nemorosa* (phot. 117), d'*Allium ursinum* (phot. 115), de *Scilla non-scripta;* c'est là aussi qu'on trouve le plus d'espèces de Bryophytes et que les Champignons deviennent le plus abondants à la fin de la belle saison (phot. 323 à 325).

A mesure que l'ombrage projeté par les grands arbres devient plus épais, on voit les herbes et les arbustes du sous-bois décliner. Bientôt il ne reste plus que des Hêtres (E), auxquels se mêlent quelques exemplaires d'autres espèces pouvant atteindre un grand âge, tels que le Frêne et le Chêne (voir le tableau de la page 127). La futaie est reconstituée.

Que sont devenus, pendant les cinquante ou soixante années qui se sont écoulées depuis la coupe, les grands Hêtres qui avaient été maintenus comme porte-graines? Ils ont commencé par souffrir beaucoup de leur isolement. Habitués à vivre au milieu d'individus semblables qui s'abritaient mutuellement contre les vents desséchants, les gelées, la lumière trop vive, ils ont souvent de la peine à s'accommoder à leurs nouvelles conditions: le premier effet de leur isolement est que leur cime se dessèche en grande partie et que de nouvelles branches naissent sur toute la hauteur du tronc (fig. 54 C et phot. 319). Mais à mesure que les arbres voisins s'élèvent, les rameaux inférieurs, insuffisamment éclairés, se dessèchent et tombent (fig. 54, D, E, F et phot. 111). Cet élagage naturel s'effectue d'ailleurs exactement de même sur tous les arbres de la futaie. Lorsque les nouveaux arbres ont atteint leur hauteur définitive (F), les porte-graines se sont refait une nouvelle cime au milieu des moignons de la couronne primitive.

Le cycle que nous venons de décrire se retrouve également, avec des modifications insignifiantes, si la forêt, au lieu d'être abattue sur un grand espace à la fois, est exploitée par la méthode jardinatoire, c'est-à-dire si on enlève çà et là les arbres qui sont arrivés au terme de leur développement: il se crée ainsi de multiples petites clairières dans lesquelles la végétation se poursuit de la même manière que sur de plus grandes étendues. Dans une forêt jardinée, il y a donc partout juxtaposition des diverses phases: herbes, taillis, futaie sur taillis, futaie pleine. Les photographies 170, 208, 209, 210, 401, 402 représentent des forêts jardinées: on remarque qu'elles ont un aspect beaucoup plus naturel que les futaies régulières.

Les taillis simples, composés d'essences dont la régénération par rejets est active et prolongée (voir le tableau de la page 125), ont naturellement un aspect et un cycle de développement tout autre. Le recépage s'opère à des intervalles variables pour les diverses

---

espèces : entre un an pour les Saules fournissant les Osiers (*Salix viminalis*, phot. 254, *S. amygdalina*, etc.) et six à sept ans pour les Chênes cultivés en vue de l'écorçage (phot. 169). La flore du sous-bois est naturellement fort différente de celle de la futaie ; même celle des oseraies rappelle beaucoup la flore messicole (phot. 284).

Très particuliers sont aussi les peuplements de Pins sylvestres et de Mélèzes. On les trouve surtout dans les terrains pauvres (voir le tableau de la page 125), et leur sous-bois se compose donc principalement d'espèces peu exigeantes. La lumière est abondante sous les arbres et la végétation est variée : *Solidago Virga-aurea*, *Deschampsia flexuosa* (phot. 69), *Festuca ovina*, *Calluna vulgaris* (phot. 52, 67), *Pteridium aquilinum* (phot. 113, 114, 162), *Vaccinium Myrtillus* (phot. 104), *Majanthemum bifolium*. Il y a même parfois des Hêtres (phot. 291).

Sous les Épicéas, la lumière est si faible que la végétation verte est pratiquement nulle ; on n'y rencontre que des Champignons, par exemple *Marasmius Abietis* et *M. splachnoides*.

*
* *

Nous venons de voir de quelle manière les besoins de lumière règlent les rapports des diverses plantes de la forêt. Celle-ci est le siège de bien d'autres phénomènes de symbiose, hostile ou amicale. Signalons un cas bien typique.

Les feuilles qui tombent à l'automne n'ont pas la même composition minérale que lorsqu'elles sont en plein fonctionnement pendant l'été : les proportions de sels de potassium, de sulfates, de phosphates et d'azote combiné diminuent beaucoup, tandis que la quantité de calcium subit une forte ascension (Henry, *1908*, p. 14, 15). Les feuilles mortes sont donc fort riches en chaux ; mais elle s'y trouve sous la forme d'oxalate, et à cet état elle est inutilisable par les plantes vertes. Alors interviennent les Microbes et les Champignons : ils ont la faculté de détruire l'oxalate de calcium et de refaire du carbonate, qui pourra être absorbé par les racines.

En même temps que les Microbes et les Champignons décom-

posent les sels organiques de calcium et les font retourner au
monde minéral, ils attaquent, avec l'aide de nombreux Animaux
(Vers, larves d'Insectes), le tissu des feuilles, des brindilles tombées,
des tronçons de racines qui meurent, bref de tous les organes
végétaux dont l'ensemble constitue la couverture morte ; peu à
peu celle-ci perd sa structure organisée et se transforme en une
masse amorphe : c'est l'humus qui s'infiltre entre les particules
de la terre sous-jacente et la colore en brun ou en noir. Les
déchets végétaux, complètement inemployables par les arbres,
les arbustes et les herbes de la forêt, sont ainsi remis dans la
circulation.

Et ce n'est pas seulement en oxydant les substances organiques
que les organismes inférieurs interviennent dans l'économie de la
forêt. Des analyses ont montré que la quantité d'azote combiné,
très faible dans les feuilles au moment de la chute, augmente con-
sidérablement pendant leur transformation en humus (Henry,
1908, p. 212). Ce gain en matière azotée est dû probablement à
l'activité de certains microorganismes. Toutefois, l'azote des sols
forestiers n'est jamais à l'état nitrique, ainsi que c'est le cas dans la
terre des champs. Or, pour la plupart des plantes, les nitrates sont
plus facilement assimilables que les sels ammoniacaux et surtout
que les combinaisons organiques d'azote. Peut-être est-ce à l'état
particulier de l'azote dans la forêt qu'il faut attribuer le grand
nombre de plantes mycotrophes [1] : nulle part, en effet, on ne
trouve autant de plantes à mycorhizes que dans les bois. La plupart des arbres forestiers ont des Champignons associés a leurs
racines : Hêtre (phot. 320), Chêne, Pins, Épicéa, etc. Les expériences de Frank (1892) mettent en évidence le rôle éminemment
favorable de cette symbiose mutualiste.

Beaucoup de plantes herbacées ont aussi des mycorhizes ; certaines d'entre elles sont même si bien adaptées à se nourrir par
l'intermédiaire de Champignons, qu'elles perdent leur chloro-

---

[1] Frank (1888) et M. Stahl (1900) constatent que les plantes à mycorhizes
ne contiennent jamais de nitrates.

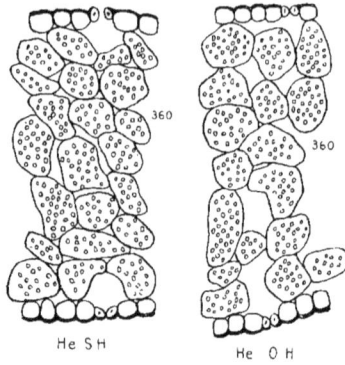

He S H

He O H

FIG. 55. — *Scilla non-scripta.*

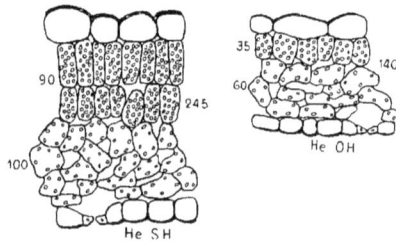

He S H

FIG. 56. — *Luzula pilosa.*

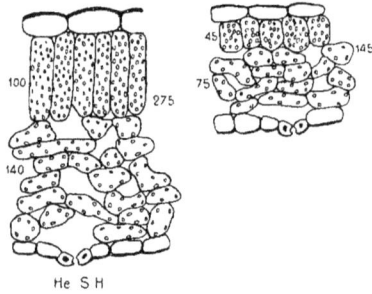

He S H

FIG. 57. — *Senecio nemorensis.*

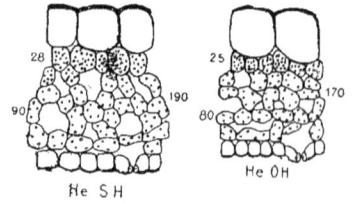

He OH

FIG. 58. — *Anemone nemorosa.*

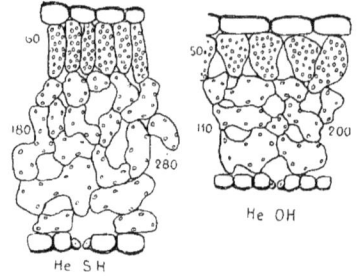

He SH

FIG. 59. — *Moehringia trinervia.*

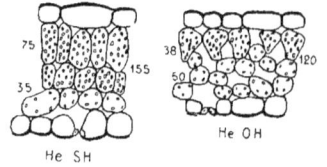

He S H

FIG. 60. — *Ranunculus repens.*

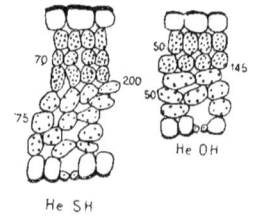

He SH

FIG. 61. — *Brunella vulgaris.*

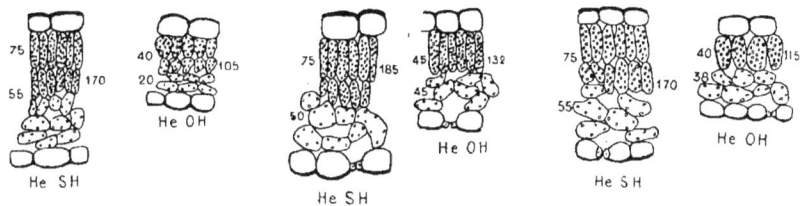

Fig. 62. — *Potentilla sterilis.*   Fig. 63. — *Viola sylvestris.*   Fig. 64. — *Veronica Chamaedrys.*

phylle : *Monotropa Hypopitys* (phot. 397), *Neottia Nidus Avis* (phot. 452), *Corallorhiza innata.*

* *

Le tableau de la page 125 renseigne au sujet de la faculté d'accommodation des arbres vis-à-vis de l'humidité du sol : le Bouleau et le Pin sylvestre peuvent vivre dans les terrains les plus différents quant à la teneur en eau (phot. 78 et 85, 79 et 93).

L'accommodabilité aux variations de l'éclairement est bien connue. Depuis M. Stahl (*1880* et *1883*), de nombreux botanistes se sont occupés de cette question. Parmi les derniers travaux, citons celui de M. Woodhead (*1906*). Voici, d'après Mlle Ernould, quelques exemples intéressants d'accommodation (fig. 55 à 64). Toutes ces plantes ont été récoltées en mai 1909 dans la forêt de Soignes, près de Bruxelles, dans le district hesbayen. Les nombres et lettres qui accompagnent chaque figure ont la même signification que dans les figures 33 à 41 et 43 à 47. He = district hesbayen; SH = plante ayant vécu au soleil, dans un endroit humide; OH = plante ayant vécu à l'ombre, dans un endroit humide. Le nombre placé à droite indique l'épaisseur totale de la feuille en microns; les deux nombres de gauche donnent l'épaisseur du tissu palissadique et du tissu lacuneux.

B. — Prairies.

Sur les terres argileuses et tenaces que la charrue a de la peine à déchirer et dont le labourage annuel serait trop coûteux, on établit d'habitude des prairies, c'est-à-dire des associations où dominent les Graminacées et qui sont destinées à fournir soit du fourrage vert, à consommer sur place par les bestiaux, soit du foin, pour l'alimentation pendant l'hiver.

Les prairies peuvent être groupées en trois catégories : 1° Celles qui sont établies sur les coteaux assez secs et dans lesquelles la croissance de l'herbe est ralentie en été par la pénurie d'eau ; nous les appellerons les *prairies sèches*. Ce sont presque toujours des pâturages ; plus rarement on les fauche, en juin ou en juillet, et l'on y fait ensuite paître les bestiaux jusqu'en automne ; 2° Les *prairies d'alluvions fertiles* occupent les zones d'inondation des rivières ; dans les polders, elles sont séparées des cours d'eau par des digues ; ailleurs, elles se couvrent d'eau lors des crues ; 3° Dans les vallées peu fertiles des terrains sablonneux ou schisteux s'établissent des *prairies « acides »*, donnant une herbe grossière et peu estimée.

Les plantes de prairie ont certains caractères communs : elles sont herbacées, vivaces, à feuillage persistant toute l'année ou pendant la majeure partie de l'hiver. Dans la figure schématique 30 (pp. 70, 71), elles appartiennent aux catégories D (*Lysimachia Nummularia, Glechoma hederaceum*), F (*Taraxacum officinale, Dactylis glomerata* et la plupart des autres Graminacées), G (*Thymus Serpyllum*), H (*Chrysanthemum Leucanthemum, Galium verum*), I (*Cynosurus cristatus*). La persistance des feuilles pendant l'hiver chez les plantes des herbages est d'autant plus remarquable que les végétaux qui habitent les bords des fossés dans ces mêmes prairies sont, au contraire, presque toutes vivaces - estivales (fig. 30, L) : *Lysimachia vulgaris, Epilobium hirsutum, Eupatorium cannabinum*.

1. *Prairies sèches*. — Elles résultent de la mise en culture herbagère des pannes sèches dans les dunes (phot. 251), des bruyères sèches en Campine (phot. 68), des fagnes sèches en Ardenne (phot. 175, 176) et dans le district subalpin (phot. 194, 426), des pelouses des coteaux calcaires (phot. 143), enfin des pelouses calcaires ou marneuses dans le Jurassique. Leur flore est en général semblable à celle des terrains incultes qui les bordent, sauf que les espèces qui sont incapables de supporter la fumure (par exemple les Ericacées) disparaissent et sont remplacées par d'autres plus

exigeantes (phot. 68). Des pâturages du même genre, mais à herbe plus abondante, se rencontrent aussi dans le district hesbayen, où ils sont rares, et dans le pays de Herve (district crétacé), où ils occupent la presque totalité du sol (phot. 123, 124).

La flore consiste essentiellement en Graminacées à feuilles courtes, qui sont naturellement variables suivant les districts considérés, mais qui ont partout la même physionomie. Sur les pâturages secs du district calcaire, on récolte : *Festuca duriuscula, Briza media, Anthoxanthum odoratum, Koeleria cristata, Avena pubescens, Bromus erectus*, auxquelles se joignent *Carex glauca, Galium verum, G. Mollugo, Lotus corniculatus, Primula officinalis, Plantago media, Leontodon autumnale, Hypochoeris radicata, Thymus Serpyllum*, etc.

La plupart de ces plantes restent trop basses pour qu'on puisse pratiquement les faucher ; aussi ces prairies servent-elles presque uniquement à la pâture. La présence des herbivores amène inévitablement une sélection à rebours des herbes fourragères ; c'est-à-dire que les espèces les plus alimentaires sont broutées de préférence et tendent donc à disparaître, tandis que les plantes défendues contre les herbivores persistent et finiraient par envahir toute la prairie si on n'avait pas soin de les détruire sans cesse. Citons, par exemple, les *Cirsium, Ranunculus bulbosus, Ononis spinosa, Meum Athamanticum* qui, par des procédés divers, se protègent contre la dent des animaux. La sélection qu'opèrent les bestiaux donne un aspect différent aux prairies à faucher et aux pâtures dans la Thiérache (district ardennais), l'un des rares pays où il y ait des prairies sèches pour la fenaison : ces dernières se reconnaissent de loin, au mois de juin, à l'abondance des fleurs de *Heracleum Sphondylium* et de *Chrysanthemum Leucanthemum* (phot. 176), tandis que les prairies voisines, où paît le bétail, n'en contiennent guère (phot. 175).

Dans certaines portions des districts hesbayen, crétacé, calcaire et jurassique (phot. 107, 123, 143, 215, 338), les prairies sèches sont plantées d'arbres fruitiers, principalement des Pommiers (*Pirus Malus*) et des Cerisiers (*Prunus Cerasus, P. avium*). Les Pommiers sont souvent infestés par le Gui (*Viscum album*, phot. 395).

2. *Prairies d'alluvions*. — Elles abondent dans les polders (phot. 33 à 36, 42 à 42), au point que certaines contrées ne se composent guère que de prairies (MASSART, *Aspects*, phot. 77, 78, 79). Elles occupent aussi les lits majeurs des rivières dans les districts flandrien, hesbayen (phot. 109), crétacé (phot. 125), calcaire (phot. 126) et jurassique (phot. 216).

Beaucoup plus productives que les prairies sèches, à cause de la fertilité et de la fraîcheur des alluvions, elles ont aussi un aspect plus varié. La grande taille des herbes, leurs feuilles molles et larges, la vitesse de la croissance sont autant d'adaptations à un sol où ne manquent ni l'eau, ni les aliments. Les Graminacées sont : *Phleum pratense*, *Alopecurus pratensis*, *Arrhenatherum elatius*, *Holcus lanatus*, *Poa trivialis*, *Dactylis glomerata*, *Festuca elatior*, etc. Parmi les autres plantes, citons : *Orchis latifolia*, *Lychnis Flos-Cuculi*, *Chrysanthemum Leucanthemum*, *Lathyrus pratensis*, *Anthriscus sylvestris*, *Bellis perennis*, *Cirsium oleraceum*, *Cardamine pratensis*, *Caltha palustris*, etc. La Mousse la plus commune est *Brachythecium rutabulum*. A ces espèces, qui se rencontrent dans toutes les prairies alluviales, d'autres espèces se joignent dans certains districts; par exemple, *Carum Carvi* et *Silaus pratensis* dans le Jurassique, *Primula elatior* dans le Hesbayen, *Pastinaca sativa* et *Senecio paludosus* dans les polders.

Pour ces prairies-ci, comme pour les herbages secs, on remarque une différence nette entre celles qui sont fauchées et celles qui sont parcourues tout l'été par le bétail. Ces dernières contiennent dans le Calcaire beaucoup plus de *Colchicum autumnale* (phot. 384); dans les polders, elles sont souvent toutes jaunes de *Ranunculus acris*; à la fin de l'été, on y est frappé par les grosses touffes de *Cynosurus cristatus* et de *Hordeum secalinum*; toutes ces plantes sont refusées par les animaux.

Le drainage de ces terres basses est assuré par un réseau compliqué de fossés et de canaux. Nulle part, la flore aquatique n'est aussi riche et aussi variée que dans ces fossés, vers lesquels filtrent finalement tous les engrais de la prairie. La végétation des eaux a été décrite dans ses grandes lignes, et nous y reviendrons plus loin pour chaque district en particulier.

Un mot seulement de la flore qui borde les fossés et qui est tout autre — cela se comprend — que celle qui habite les marécages, car autant les sels assimilables sont rares dans les bruyères ou les fagnes humides, autant ils sont mis abondamment à la disposition des plantes dans les grasses prairies des alluvions : *Phalaris arundinacea, Glyceria aquatica, Symphytum officinale, Epilobium hirsutum, Heracleum Sphondylium, Thalictrum flavum, Eupatorium cannabinum,* voilà autant de plantes à croissance très rapide et à exigences certainement très grandes qui sont communes le long des rigoles dans les prairies humides, mais qui sont exceptionnelles dans les marécages de la Campine ou de l'Ardenne.

Les fossés et les limites des prairies sur alluvions sont le plus souvent bordées de Peupliers (*Populus monilifera*), dont les longues rangées donnent un aspect très spécial à ces stations (phot. 33, 40, 41, 42, 1c9, 125). Dans les polders, la Flandre et le Hesbayen, il y a aussi assez souvent des têtards de *Salix alba* (phot. 282).

3. *Prairies acides.* — Il y a naturellement tous les degrés imaginables de fécondité, depuis les prairies les plus luxuriantes jusqu'aux marécages tourbeux, où ne pousse qu'un maigre gazonnement de Mousses et d'herbes chétives, et il ne faut pas chercher à tracer une démarcation précise entre les unes et les autres; mais on peut affirmer que lorsque les *Rumex Acetosa* (phot. 330), *Polygonum Bistorta, Calamagrostis lanceolata, Molinia coerulea* et les *Rhinanthus* (phot. 330) commencent à dominer dans un pâturage, celui-ci n'a pas une bien haute fertilité; son sol devient « acide », terme qui implique simplement qu'un chaulage y ferait merveille. Descendons encore une marche dans l'échelle des fertilités et nous voyons disparaître toutes les Graminacées à larges feuilles étalées et la plupart des espèces énumérées pour les prairies alluviales; par contre, les Cypéracées sont prépondérantes : *Carex paniculata, C. vulpina, Scirpus sylvaticus* (phot. 329), *Eleocharis palustris, Eriophorum angustifolium* (phot. 401); puis il y a *Orchis maculata, Crepis paludosa, Menyanthes trifoliata, Pedicularis sylvatica* (phot. 461), *Juncus acutiflorus, Anemone nemorosa.* Il y a aussi quelques herbes de haute taille qui habitent les prairies marécageuses : *Angelica sylvestris, Cirsium palustre* (phot. 159), qui sont

bisannuelles, *Ulmaria palustris*, *Lysimachia vulgaris* et *Valeriana officinalis*, qui sont vivaces-estivales.

Dès que les prairies acides sont négligées, elles retournent au marécage, dont elles ne sont d'ailleurs qu'un dérivé artificiel et précaire.

Les ruisseaux qui traversent ces pauvres pâturages ne sont bordés que d'Aunes (*Alnus glutinosa*, phot. 177), le seul arbre qui puisse se contenter d'une nourriture aussi insuffisante.

C. — CHAMPS LABOURÉS.

Ils occupent la majeure partie du sol de notre pays. Les procédés de culture, leur rotation, les engrais employés, bref tout ce qui est du domaine de la pratique agricole est exposé dans les MONOGRAPHIES AGRICOLES DE LA BELGIQUE et ne nous intéresse pas directement. Contentons-nous d'indiquer rapidement quelles sont les principales cultures de notre pays.

Plantes alimentaires de grande culture : Pomme de terre (*Solanum tuberosum*), Seigle (*Secale cereale*), Froment (*Triticum vulgare*). Le Froment, qui exige une terre meilleure que le Seigle, est cultivé dans les districts poldérien, hesbayen, calcaire et jurassique, ainsi que dans un petit coin du district flandrien.

Plantes fourragères. Ce sont surtout des Papilionacées : Trèfles (*Trifolium pratense*, *T. incarnatum*, *T. repens*), Sainfoin (*Onobrychis viciaefolia*), Luzerne (*Medicago sativa*), Serradelle (*Ornithopus sativus*) ; puis la Féverole (*Vicia Faba*) et les Pois, (*Pisum sativum*) qui se cultivent pour la graine. Les autres plantes à fourrage sont : la Betterave (*Beta vulgaris*), la Carotte (*Daucus Carota*), l'Avoine (*Avena sativa*) ; aussi le Navet (*Brassica Rapa*) et la Spargoute (*Spergula arvensis*), dont on fait des cultures dérobées.

De grandes étendues sont livrées aux cultures industrielles, surtout en Flandre : Lin (*Linum usitatissimum*), Tabac (*Nicotiana Tabacum*), Chicorée (*Cichorium Intybus*), Betterave sucrière (*Beta vulgaris*), Orge (*Hordeum div. sp.*). Aux environs de

Flobecq et de Deux-Acren (dans la partie hesbayenne de la Flandre), il y a de grands champs de plantes médicinales.

La culture maraîchère prend une importance de plus en plus grande. Elle présente divers aspects. Chaque ferme exploite un petit jardin légumier, où les chemins sont d'habitude bordés de Poiriers, Pommiers, Groseilliers (*Ribes rubrum*, *R. nigrum*, *R. Uva-crispa*, phot. 137). Près des grandes agglomérations, il y a des exploitations maraîchères pour la vente locale. Enfin, aux environs de Malines (phot. 50), de Louvain et de Mons, on fait des légumes pour l'exportation et pour la mise en conserves.

Pour être complet, signalons aussi les importants établissements d'horticulture et les pépinières de la Flandre.

Une chose frappante, c'est que les plantes cultivées ne se rencontrent jamais à l'état subspontané : elles n'ont aucune tendance, semble-t-il, à retourner à l'état sauvage. Et pourtant il est bien certain que, lors de la moisson, d'innombrables graines de Céréales, de Lin, de Pois, de Carottes, etc., doivent tomber le long des chemins et qu'elles y germent à la bonne saison. Mais jamais ces plantules n'atteignent l'état adulte et ne réussissent à fructifier à leur tour. Cette inaptitude à vivre en dehors des cultures se comprendrait pour des espèces exotiques, mal adaptées à nos hivers, telles que la Pomme de terre, le Lin ou le Haricot (*Phaseolus vulgaris*), mais non pour la Betterave, la Carotte, le Panais (*Pastinaca sativa*), le Chou (*Brassica oleracea*) et tant d'autres plantes dont les ancêtres sauvages vivent chez nous ou sous des climats analogues au nôtre. Si les dérivés soumis à la culture sont incapables de se maintenir au milieu des plantes sauvages, c'est sans doute parce qu'ils ont perdu la faculté de lutter contre les concurrents. Et il est probable que ce sont précisément les soins de culture qui ont amené ce résultat néfaste. En effet, l'Homme veille à ce que ses champs ne soient pas envahis par les mauvaises herbes et même à ce que les végétaux qu'il élève ne soient pas trop serrés : aussi s'occupe-t-il de sarcler et d'éclaircir sans relâche ses plates-bandes et ses champs. Mais ces pratiques, poursuivies à travers un nombre incalculable de générations, doivent fatalement avoir pour effet d'amener la perte des caractères par lesquels les végétaux se défendent contre leurs rivaux, tout comme l'absence d'Animaux herbivores dans les îles de la Polynésie a déterminé la perte des piquants chez les espèces végétales propres à ces îles.

Rien n'est plus intéressant que de suivre le sort de la végétation qui revêt une terre laissée en friche : la première année, on voit encore reparaître l'une ou l'autre des espèces cultivées, mais au bout de trois ou quatre années, il n'y a plus exclusivement que des plantes indigènes; aucune des espèces cultivées n'a pu s'opposer à l'immigration des occupants légitimes du sol. A plus forte raison, les graines des plantes cultivées qui tombent au bord du chemin ne réussiront-elles pas à s'installer à la place des espèces sauvages.

En somme donc, nous arrivons à cette conclusion que l'Homme, quand il cultive ses légumes, ses céréales, ses fourrages, etc., imprime aux plantes une double modification. L'une est intentionnelle : elle consiste dans la sélection des propriétés qui lui sont avantageuses; l'autre est inconsciente, mais inévitable : elle tient à ce que l'Homme soustrait ses élèves à la nécessité de disputer à des concurrents actifs et redoutables l'air, la lumière, l'eau et les aliments minéraux.

*
* *

Plus intéressantes que les plantes cultivées sont, pour le botaniste, celles qui les accompagnent d'habitude dans les cultures. Les plantes messicoles ne sont pas seulement les mauvaises herbes dans le sens ordinaire du mot, c'est-à-dire des Phanérogames, mais aussi quelques Mousses (par exemple *Barbula fallax, B. unguiculata, Pottia truncata, Gymnostomum microstomum, Phascum cuspidatum*) et quelques Hépatiques, telles que *Riccia glauca, Anthoceros laevis, Fossombronia pusilla* et *Sphaerocarpus terrestris.*

Pour pouvoir se maintenir sur un sol qui est retourné au moins une fois l'an, il faut absolument que ces plantes accomplissent tout le cycle de leur développement en peu de mois. Ainsi, par exemple, toutes les Muscinées messicoles sont annuelles, les unes hivernales (fig. 30, A : *Gymnostomum, Riccia, Phascum*), les autres estivales (fig. 30, J : *Anthoceros, Barbula fallax*). La majorité des

Phanérogames sont également annuelles, soit hivernales (fig. 3o, A : *Myosotis intermedia, M. versicolor, Scandix Pecten Veneris, Saxifraga tridactylites*), soit estivales (fig. 3o, J : *Polygonum Persicaria, Oplismenus Crus-Galli*), soit indifféremment hivernales dans les céréales semées à l'automne, ou estivales dans les Pommes de terre, le Lin ou les autres cultures qui débutent au printemps : telles sont les divers *Papaver, Centaurea Cyanus, Specularia Speculum*, etc. Il y a aussi quelques espèces, à croissance particulièrement rapide, qui fréquentent les jardins potagers : *Stellaria media, Urtica urens, Mercurialis annua*. Dans les champs de Trèfle et de Sainfoin, qui ne sont labourés qu'au bout du deuxième été, des plantes bisannuelles peuvent se développer, telles *Daucus Carota*, et même des espèces vivaces à floraison précoce, comme *Plantago lanceolata, Centaurea Jacea, Knautia arvensis*, etc.

Il semblerait donc que les plantes vivaces habituelles soient nécessairement exclues des moissons. Et pourtant il n'en est rien ; mais il n'y a que les espèces qui présentent quelque particularité éthologique leur permettant de se propager sans semences. Ainsi *Rumex Acetosella* et *Cirsium arvense* (phot. 33₄) drageonnent abondamment, de sorte que le moindre bout de racine séparé par la charrue va produire un bourgeon ; *Equisetum arvense, Agropyrum repens* ont des rhizomes dont chaque nœud peut donner une tige dressée ; *Ornithogalum umbellatum* produit une infinité de caïeux. Somme toute, ces plantes vivaces comptent parmi les mauvaises herbes les plus difficiles à extirper.

La fécondation des plantes messicoles présente aussi des adaptations intéressantes. Les petites plantes ne sont allogames que si elles fleurissent au printemps, avant que les céréales, le Lin, la Luzerne, etc., ne soient devenus assez hautes pour empêcher l'accès des Insectes ; *Scandix Pecten Veneris, Spergularia rubra, Teesdalia nudicaulis* sont dans ce cas. Plus tard, les petites herbes sont autogames, soit que les fleurs minuscules se fécondent simplement elles-mêmes (*Alchemilla arvensis, Veronica hederaefolia, Scleranthus annuus*), soit qu'elles restent fermées (*Spergularia segetalis*). Quant aux plantes de grande dimension, elles sont entomophiles et leurs fleurs sont d'habitude fort voyantes : *Centaurea Cyanus* (phot. 334), *Agrostemma Githago*, *Papaver Rhoeas*, *Lathyrus Aphaca*, *Vicia angustifolia*. Il y a aussi une catégorie de plantes à fleurs apparentes et entomophiles qui ne s'élèvent pourtant pas bien haut et qui sont les commensales des Betteraves, des Pommes de terre ou d'autres cultures peu serrées : *Anagallis arvensis*, *Polygonum Persicaria*, *Sinapis arvensis*, *Solanum nigrum*, *Galeopsis versicolor* (voir phot. 436).

Les procédés de dissémination sont en général peu marqués : c'est l'Homme qui se charge involontairement de transporter les graines aux bons endroits. Ainsi la plupart des Compositacées des moissons ont l'aigrette réduite ou nulle : *Centaurea Cyanus* (phot. 334), les *Anthemis*, les *Matricaria* (phot. 334), *Chrysanthemum segetum* (phot. 436); plusieurs *Vicia* (*V. tetrasperma*, *V. hirsuta*) ont des gousses qui n'éclatent guère à la maturité.

Quelle est l'origine de la flore messicole? Pour poser autrement la question, où vivaient les plantes avant qu'il y eût des moissons? Le problème est plus complexe qu'il ne le paraît au premier abord.

Bon nombre de commensales de nos champs sont parties du voisinage immédiat de ceux-ci. Citons *Barbula unguiculata*, *Gymnostomum microstomum* et *Saxifraga tridactylites*, qui se trouvent sur les rochers, *Vicia angustifolia*, qui habite les broussailles, *Teesdalia nudicaulis* (phot. 409) et *Spergula arvensis*, qu'on peut récolter partout dans les endroits sablonneux, *Equisetum arvense* (phot. 283), qui est fréquent dans les lieux humides. Mais il en est d'autres, et ce sont les plus caractéristiques et les plus nombreuses, qui sont tout à fait spéciales aux moissons : pas plus qu'on ne trouve les plantes cultivées à l'état subspontané dans une bruyère ou à la lisière d'un bois, on n'y voit *Ranunculus arvensis*, *Fumaria officinalis*, *Raphanus Raphanistrum* ou *Apera Spica-Venti* [1]. En serait-il de ces végétaux comme des espèces intentionnellement cultivées par l'Homme : auraient-elles été tellement modifiées par une longue sélection, ici involontaire, qu'elles seraient devenues tout à fait

---

[1] La seule Phanérogame endémique de la Belgique, *Bromus arduennensis*, ne quitte jamais les moissons.

dissemblables de leurs ancêtres primitifs, de même que nous sommes incapables d'identifier le Seigle, le Pois, le Haricot, avec leurs parents sauvages? C'est probablement le cas pour les espèces messicoles que nous venons de citer et pour une foule d'autres.

Il n'en reste pas moins fort étrange que les plantes commensales se montrent inaptes à quitter les cultures ; on peut faire sur elles la même constatation que sur les espèces cultivées intentionnellement : dans un champ laissé en jachère, les mauvaises herbes disparaissent devant les plantes vraiment sauvages, tout aussi sûrement que les végétaux cultivés : elles aussi, quelque paradoxal que cela paraisse, ont besoin d'être soignées par l'Homme; et dès qu'elles se trouvent sur un sol qui n'est pas régulièrement labouré, fumé, travaillé, elles dépérissent et se laissent supplanter par les compétiteurs. Le façonnage périodique de la terre, néfaste aux plantes ordinaires, est leur seul salut. Elles sont, dans les cultures, des convives forcées, qui s'installent sans y être invitées, parce qu'elles ne peuvent vivre qu'en parasites du labeur humain.

Un sol aéré, ameubli, riche en sels nutritifs, leur est donc indispensable. Ce dernier point surtout semble être important, car on voit parfois de mauvaises herbes envahir abondamment des endroits non soumis à la culture, à condition que la terre y soit fortement fumée, par exemple sur les tas d'ordures ménagères dans le voisinage des grandes villes, ou sur les alluvions bordant les rivières des régions à sol fécond. Les plantes cultivées et leurs compagnes habituelles ont, à ce point de vue, les mêmes exigences : il leur faut beaucoup d'aliments minéraux, notamment des nitrates. Chez certaines de ces commensales, les besoins en nitrates sont tellement considérables qu'elles ne peuvent pas vivre dans les champs ordinaires, mais qu'elles sont liées aux jardins maraîchers où la culture est plus intensive : *Chenopodium album*, *Mercurialis annua*, *Urtica urens* (phot. 254).

D. — ABORDS DES CULTURES.

Nous réunissons sous ce titre tous les endroits que l'Homme modifie par sa présence et par son passage incessant, mais où il ne fait pas de cultures intentionnelles. Ce sont principalement les bords des chemins, les haies limitant les champs, les amas de décombres et les cours des fermes.

1. *Bords des chemins.* — Ils ont une flore particulière ; dans ses grandes lignes, elle est la même partout, quelle que soit la nature du sol, ce qui montre bien que sa physionomie propre tient aux conditions spéciales où elle se développe. Les plantes annuelles sont peu nombreuses : ce ne sont généralement que des échappées des moissons qui viennent temporairement boucher un trou dans le tapis végétal bordant la route ou le sentier. Il n'y a évidemment pas non plus de plantes ligneuses. Presque toutes les espèces sont vivaces, à feuillage vert pendant toute l'année. D'après leur port, elles se divisent nettement en deux catégories : l'une composée de végétaux de petite taille, collés contre le sol et pouvant être foulés aux pieds sans en ressentir trop de dommages ; l'autre, qui vit un peu en dehors de la zone occupée par les premières plantes et qui comprend des espèces de grande taille, formant souvent en hiver un gazonnement serré tout près du sol, mais qui élèvent en été leurs fleurs à 1 mètre et davantage.

Dans le groupe des plantes basses, impunément aplaties par les pieds des passants ou même par les roues des chariots, citons : *Ranunculus repens, Potentilla Anserina, P. reptans, Plantago major, Coronopus procumbens, Trifolium repens, T. fragiferum, Bellis perennis, Taraxacum officinale, Glechoma hederaceum, Hieracium Pilosella.* Les plantes plus grandes qui ne supporteraient pas aussi bénévolement d'être écrasées, et qui pour cette raison sont réléguées plus loin de la piste la plus battue, sont principalement . *Agropyrum repens, Agrostis vulgaris, Achillea Millefolium, Linaria vulgaris, Galium Cruciata, Chrysanthemum (Tanacetum) vulgare.*

La plupart de ces espèces habitent aussi les landes sèches ou les lisières des bois, et c'est donc de là qu'elles sont parties pour peupler les stations artificielles que leur créait l'industrie humaine.

Entre les pavés des rues peu fréquentées se couchent quelques plantes qui sont d'habitude messicoles : *Poa annua, Polygonum aviculare* et parfois *Sagina apetala.*

On peut joindre aux bords des routes et des sentiers, les talus des chemins de fer. Ceux-ci ont comme particularité de présenter souvent des grandes surfaces de remblais ou de tranchées, qui sont nues lors de la construction de la voie et qui sont alors un merveilleux terrain de colonisation pour les plantes étrangères : le passage incessant des trains facilite naturellement la dissémination rapide et étendue des graines le long de la voie. C'est ce qui explique qu'un si grand nombre de plantes exotiques envahissent les abords des chemins de fer : *Oenothera biennis, Lupinus polyphyllus, Salvia Verbenaca, Stenactis annua, Potentilla recta*, etc.

Ce qui est peut-être plus frappant encore, c'est que les wagons entraînent d'un district à l'autre de nombreuses espèces. Aux environs de Bruxelles, on peut récolter en abondance *Echium vulgare, Silene inflata, Reseda Luteola*, etc., qui appartiennent surtout au district calcaire. De nombreux renseignements au sujet des plantes des voies ferrées ont été réunis par BAGUET (*1883*).

2. *Haies.* — Souvent des haies séparent les champs ou les prairies (phot. 123, 124). Ces rangées de buissons donnent asile à une flore plus ou moins semblable à celle des lisières, mais avec quelques espèces qui sont fort rares en dehors des stations que nous étudions en ce moment. Ainsi *Bryonia dioica, Humulus Lupulus, Galium Aparine, Agrimonia Eupatoria, Geranium Robertianum* se retrouvent aussi dans les taillis et le long des futaies, mais *Chelidonium majus, Ballota nigra, Aegopodium Podagraria* semblent avoir une prédilection très marquée pour les haies, où ils trouvent à la fois la mi-ombre et une alimentation abondante. C'est aussi dans les haies que *Urtica dioica* est le plus souvent accompagné de son sosie, *Lamium album* (phot. 335), qui profite de sa ressemblance avec l'Ortie pour faire peur aux bestiaux.

3. *Décombres, cours de fermes.* — Certaines plantes, presque toutes annuelles, habitent de préférence les amas de décombres, riches en nitrates : *Hyoscyamus niger, Datura Stramonium, Sisymbrium officinale, Atriplex hastata, Hordeum murinum, Chenopodium foetidum.*

Ces mêmes plantes se retrouvent dans les coins tranquilles des cours de ferme ; près du fumier et des étables s'y joignent quelques autres espèces : d'abord celles que nous avons citées pour les jardins potagers (*Urtica urens, Chenopodium album*), puis d'autres plantes également avides de nitrates, par exemple *Amarantus Blitum.* Au pied des murs humides, il y a souvent un revêtement rouge de *Porphyridium cruentum.*

Dans le purin même s'établissent d'innombrables légions d'organismes inférieurs. Ce sont des Bactéries, surtout *Spirillum Undula,* les *Chromatium* et *Thiospirillum violaceum,* qui se tiennent près de la surface, avec des Flagellates, tels que *Polytoma Uvella, Tetramitus rostratus, Euglena viridis, E. gracilis, Chilomonas Paramaecium, Peranema trichophorum, Chlorogonium euchlorum,* etc. Si le purin est dilué par la pluie, ce sont d'autres espèces de Flagellates qui dominent : *Anthophysa vegetans, Euglena Ehrenbergii,* les *Phacus,* les *Chlamydomonas,* etc.

Sur les décombres vit fréquemment *Tussilago Farfara,* qui y est retenu, non par les qualités chimiques du sol, mais par une propriété mécanique. C'est en effet une espèce qui affectionne les terres fraîchement remuées, à condition qu'elles ne soient pas trop sableuses. Dès qu'un remblai est terminé, dès que des décombres sont versés sur un terrain vague, on y voit germer des *Tussilago,* qui, à la deuxième année, donnent leurs fleurs et leurs innombrables graines à aigrette et envahissent rapidement tout le territoire. Mais après quelques années, lorsque le sol est trop tassé, les *Tussilago* languissent et bientôt disparaissent.

CHAPITRE IV.

LES DISTRICTS GÉOBOTANIQUES.

Dans les chapitres précédents, nous avons passé en revue l'histoire géologique de notre pays, puis son climat et son sol, enfin la constitution des principales associations végétales qui composent sa flore. Nous voici arrivés à la dernière étape de notre étude, où nous devrons délimiter les districts et faire ressortir leur physionomie propre, surtout au point de vue des adaptations des plantes à leur milieu. Ce chapitre pourra être fortement abrégé, puisque toutes les choses essentielles ont été dites plus haut et qu'il suffira donc d'appliquer aux cas particuliers de chaque district les notions déjà acquises.

Nous avons appris par l'étude du climat et du sol que, malgré sa faible étendue, la Belgique est étonnamment variée et que chaque district a son allure personnelle, nettement distincte. Cette individualité d'aspect a frappé de tous temps nos artistes et nos littérateurs : les peintres dans leurs paysages, les écrivains dans la description des lieux où ils placent l'action, ont rendu de façon saisissante ces particularités.

Ainsi, par exemple, dans les *Kermesses flamandes* de TENIERS, ne remarque-t-on pas, dès le premier coup d'œil, les caractères distinctifs du pays hesbayen, avec ses grandes ondulations de terrain et ses chemins creux bordés de buissons et d'arbres isolés? Et qui hésiterait à reconnaître la Flandre dans le *Massacre des Innocents* de BRUEGEL L'ANCIEN? Mais c'est surtout chez les modernes, plus réalistes et meilleurs observateurs de la nature, qu'il faut chercher des représentations fidèles des aspects du terrain; d'autant plus que le paysage n'est plus considéré maintenant comme un simple cadre pour un sujet biblique ou historique, mais comme un sujet de tableau qui se suffit à lui-même. L'École flamande a toujours traité ce genre avec une prédilection marquée; aussi tous les coins pittoresques de notre pays ont-ils été reproduits sous toutes leurs faces et dans les styles les plus divers.

Je considère donc qu'une visite au Musée moderne de Bruxelles serait une excellente introduction à la géobotanique de notre pays.

Voici les noms des peintres dont des œuvres, intéressantes pour nous, figurent dans cette collection :

Mer du Nord et Bas-Escaut : ARTAN, BOUVIER, CLAYS, MUSIN.

Dunes littorales : BERNIER.

Polders : GILSOUL, HEYMANS, HUBERTI, MASSAUX, VERSTRAETE, VERWEE.

Flandrien : Mlle BEERNAERT, CLAUS, COURTENS, LAMORINIÈRE.

Campine : BARON, COOSEMANS, DE KNIJFF, DENDUYTS, DUBOIS, FOURMOIS, HEYMANS, LAMORINIÈRE, MONTIGNY, ROBBE, ROSSEELS, VAN LEEMPUTTEN.

Hesbayen : BOULANGER, COURTENS, DEGREEF, ROBBE, UYTTERSCHAUT, VAN SEVERDONCK, VERHEYDEN.

Calcaire : BOULANGER, DUBOIS.

Ardenne : BARON, BINJÉ, Mlle HEGER, KINDERMANS, OMMEGANCK, VANDERHECHT.

* * *

Nos littérateurs également ont cultivé avec prédilection le genre descriptif, et leurs œuvres contiennent presque toujours de belles peintures de paysages. Souvent même l'intrigue du conte ou du roman n'est qu'une trame sur laquelle se déroulent les descriptions, un simple support pour une suite de tableaux.

Pourtant les ouvrages consacrés tout spécialement à la description du pays, tels que : *La Belgique illustrée*, publiée sous la direction d'EUG. VAN BEMMEL; *La Belgique*, de CAM. LEMONNIER; *Les Araennes*, de VICTOR JOLY; *Notre pays* (en voie de publication), s'attachent surtout aux monuments et glissent rapidement sur le pays lui-même. Le moindre clocheton d'une chapelle romane, le dernier détail architectural d'un monument quelconque, — hôtel de ville, gare de chemin de fer, pont ou caserne, — sont traités avec minutie et représentés par de bonnes figures. Mais on y cherche généralement en vain des peintures de la Belgique physique. Par contre, nous possédons d'Edmond Picard une vue d'ensemble de la Belgique, admirable dans sa synthèse rapide : c'est celle par laquelle débute *La Forge Roussel* et qui a été reproduite dans *Les Hauts-Plateaux de l'Ardenne.*

Voici la liste des principales œuvres écrites en français, où l'action est située dans un pays bien décrit et tout à fait précis.

Émile Verhaeren : *La Guirlande des Dunes* (Dunes littorales).

— *Les Héros* (Bords de l'Escaut).

Camille Lemonnier : *Un Mâle* (Brabant hesbayen).

Louis Delattre : *Avril* (District calcaire des environs de Fontaine-l'Évêque, de la Sambre et de la Fagne).

Joseph Chot : *Carcassou, — Légendes et Nouvelles de l'Entre-Sambre-et-Meuse* (La Fagne).

Edmond Picard : *Les Hauts-Plateaux de l'Ardenne* (Ardenne et Subalpin).

Émile Gens : *Récits et Esquisses d'après nature* (Ardenne liégeoise).

Albert Bonjean : *La Baraque Michel et le Livre de Fer, — Légendes et Profils des Hautes-Fagnes* (Subalpin).

.⁎⁎

De même que ces auteurs s'en sont tenus, à quelques exceptions près, à la partie accidentée—et wallonne—du pays, nos écrivains flamands se sont attachés à la plaine septentrionale. Comme ils ont à cœur de ne s'inspirer que de leur propre pays, leurs descriptions reflètent encore mieux, semble-t-il, le caractère intime et profond des paysages qu'ils dépeignent. Citons :

Stijn Streuvels : *Stille Avonden* (Polders).

— *Zonnetij, — De Vlaschaard, — Open Lucht* (Flandre hesbayenne).

Cyriel Buysse : *Lente* (Flandre flandrienne).

— *Volle Leven* (Flandre hesbayenne).

Isidoor Teirlinck : *Naar het Land van Belofte* (Flandre hesbayenne).

Hugo Verriest : *Op Wandel* (Flandre hesbayenne).

Hendrik Conscience : *de Loteling*, — *Rikke Tikke Tak* (Campine).

— *de Plaag der Dorpen* (Hageland).

— *Bella Stok* (Dunes littorales).

Karel Van den Oever : *Kempische Vertelsels* (Campine).

Gustaaf Segers : *Licht en Bruin*, — *Lief en Leed*, — *In de Kempen* (Campine anversoise).

Jan Van Hasselt (Lambrecht Lambrechts) : *Uit het Demergouw* (Hesbaye).

Nous allons maintenant décrire successivement les diverses parties de la Belgique dans l'ordre où elles sont énumérées dans le tableau de la page 86.

Toute la bibliographie, comprenant plus de 600 numéros, a été réunie et classée méthodiquement par M. De Wildeman dans l'introduction de De Wildeman et Durand (*1897 à 1907*).

§ 1. — Domaine pélagique.

Le plancton végétal de la mer Flamande ([1]) semble être assez pauvre en espèces, mais jusqu'ici aucune liste n'en a été publiée, à ma connaissance.

Les échantillons recueillis par M. Gilson (voir Gilson, *1900*) nous renseigneront un jour sur ce point.

Voici (fig. 65) des indications au sujet de la température de la mer Flamande d'après M. Durieux (*1900*). On voit que la température de la mer est supérieure à celle de l'air en hiver, et aussi, ce qui est assez étonnant, en été. C'est seulement d'avril à juin que la mer est un peu plus froide que l'air.

La salinité est comprise entre 34 et 35 %o, d'après la carte publiée par M. d'Arcy W. Thomson (*1908*).

([1]) M. Gilson (*1900*) appelle « Mer Flamande », la partie méridionale de la mer du Nord.

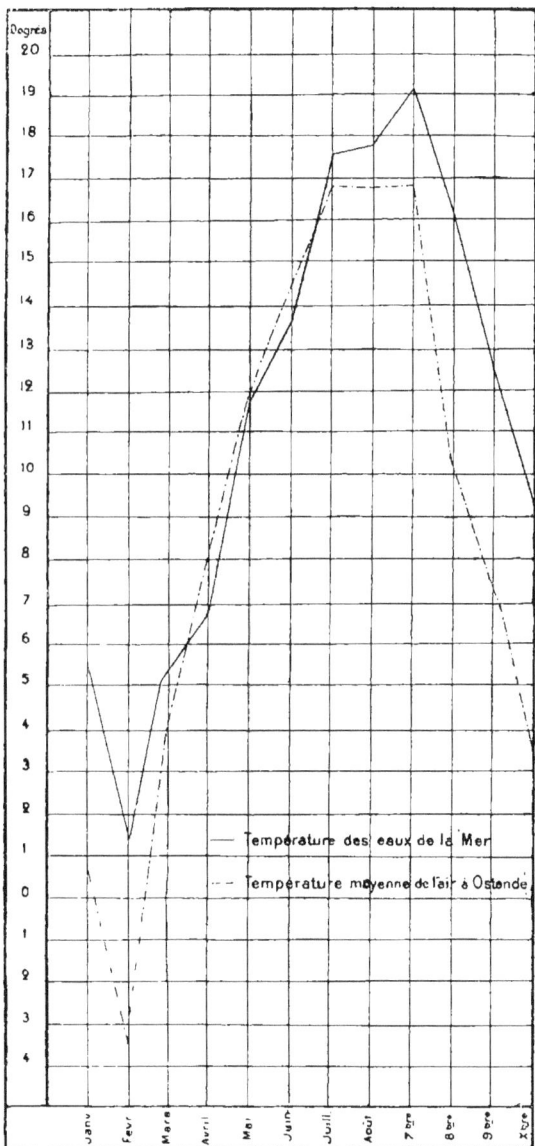

Fig. 65. — La température de la mer Flamande en 1895, aux bateaux-phares du West-Hinder et de Wielingen. D'après M. Durieux (*1900*).

J'ai à diverses reprises examiné le plancton que les courants avaient abandonné sur la plage. Presque nul en hiver et au printemps, il est assez abondant en été et en automne. L'organisme qui se rencontre le plus communément est *Noctiluca miliaris*; il est souvent accompagné de Diatomées (*Chaetoceras*) et de Dinoflagellates (*Ceratium Fusus, C. Tripos*, etc.). Parfois il y a d'énormes quantités de Flagellates jaunes, notamment de *Phaeocystis Pouchetii*.

§ 2. — Domaine intercotidal.

Notre côte unie et sablonneuse n'offre guère de points d'appui pour la végétation. La plage, dans la zone soumise aux marées, ou zone intercotidale, ne porte des organismes végétaux que dans les petites flaques qui se conservent çà et là dans les creux (phot. 4, 224). Ce sont uniquement des Diatomées. Une liste en est donnée par Mme Schouteden-Wery (*1910*, p. 163). La plupart de ces espèces sont spéciales au domaine intercotidal. — Je ne compte pas comme appartenant à notre flore les épaves d'Algues de tout genre que les courants arrachent aux côtes rocheuses de France ou d'Angleterre et rejettent sur notre plage. On en trouvera d'ailleurs l'énumération dans la *Flore des Algues* de M. De Wildeman.

* * *

Un peu plus variée est la flore des estacades et des brise-lames qui ont été construits pour protéger l'entrée des ports et pour défendre la côte contre l'érosion par les courants (phot. 1, 2, 3, 221, 222, 223). Entre le niveau tout à fait inférieur, qui ne découvre qu'aux fortes marées basses, et les points les plus élevés, qui ne reçoivent que l'embrun des vagues, on peut distinguer les zones suivantes :

1° Zone des Moules (*Mytilus edulis*). La seule Algue qui s'y rencontre est *Enteromorpha compressa ;*

2° Zone de *Porphyra laciniata* (phot. 231). Les Moules y sont abondantes également, ainsi que *Enteromorpha ;*

3° Zone de *Fucus vesiculosus* (voir Massart, *Aspects*, phot. 2, 3, et Massart, *Essai*, phot. 2, 3). Les Moules deviennent rares, mais les Balanes (*Balanus balanoides*) revêtent complètement les pilotis et les pierres. Parmi les *Fucus*, il y a, surtout vers le bas, des *Porphyra*. *Enteromorpha compressa* et *Ulva Lactuca* sont très communs. Sur les *Fucus* se fixent des *Ectocarpus* et d'innombrables Diatomées, parmi lesquelles il faut citer les *Navicula* du sous-genre *Schizonema*. Plus rarement *Elachistea fucicola* parasite les *Fucus*.

4° Zone de *Fucus platycarpus*. A la limite supérieure du niveau atteint par les marées hautes de morte eau, tous les organismes qui viennent d'être cités disparaissent, sauf *Balanus* et *Enteromorpha* (phot. 222). Au lieu de *Fucus vesiculosus*, il y a ici une espèce plus petite, à conceptacles hermaphrodites, que nous nommons *F. platycarpus* et qui est certainement celle que Thuret et Bornet (*1878*) ont décrite sous ce nom ([1]). Cette zone n'a que 20-25 centimètres de hauteur;

5° Zone d'*Enteromorpha compressa*. Au-dessus de *Fucus*, il y a une bande, occupée par *Enteromorpha*, qui est mouillée aux marées de vive eau (phot. 3);

6° Zone d'*Arthopyrenia Kelpii*. Au-dessus de la zone verte d'*Enteromorpha*. Les pierres de taille des quais et des brise-lames montrent une coloration brun foncé, due à un lichen, *Arthopyrenia Kelpii*, qui habite uniquement la zone atteinte par l'embrun des vagues.

* * *

Les localisations que nous venons de décrire ne sont vraiment nettes que dans la portion moyenne des estacades et des brise-lames qui les bordent (phot. 1 à 3). Les musoirs qui terminent les estacades du côté de la mer ne portent pas de *Fucus*, si ce n'est dans les endroits les mieux abrités contre les tempêtes. Pourquoi

---

([1]) La nomenclature et la délimitation des espèces de *Fucus* sont fort compliquées. Voir, par exemple, les travaux de M. Börgesen (*1903, 1905*) et de M. Sauvageau (*1908*).

manquent-ils sur les pilotis directement battus par les vagues, alors qu'ils sont abondants sur les murs des digues, telles que celle de Wenduyne, qui avancent dans la mer et qui sont donc pleinement exposées au choc des tempêtes? Il est probable que si ces Algues ne se maintiennent pas sur les estacades battues par les vagues, c'est parce que le bois n'offre pas à leurs crampons une attache suffisante. D'ailleurs, la photographie 3 montre que les *Fucus* s'élèvent plus haut sur les briques des brise-lames que sur les pièces de bois formant l'estacade.

Les stations artificielles que nous étudions ici se continuent à leur extrémité interne par les murs de quais bordant les ports ou les chenaux. Sur ces murs, les Algues trouvent un milieu beaucoup plus calme; en outre, elles sont mouillées, à marée haute, par de l'eau de mer plus ou moins diluée. Dans ces stations, *Enteromorpha compressa* fait complètement défaut (phot. 223); il es₁ remplacé, au-dessus des *Fucus*, par une couche épaisse de Diatomées. On n'y voit jamais de *Fucus platycarpus* typique. Quant à celui que j'appelle *F. vesiculosus* (phot. 3), il se rapproche de *F. inflatus* figuré par M. Börgesen (*1903*, p. 467 ss.); l'auteur dit que dans les îles Féroé, cette Algue habite les endroits abrités au fond des fjords et même les étangs qui sont envahis par la marée ([1]).

* * *

Les stations comprises dans les limites d'oscillations des marées offrent aux plantes des conditions très spéciales, surtout dans leurs zones supérieures, qui restent émergées plus longtemps. A marée haute, les *Fucus platycarpus*, par exemple, sont plongés dans l'eau de mer; mais quand la marée se retire, ils restent pendant plusieurs heures exposés à l'air : en hiver, ils gèlent au point de devenir cassants; en été, ils se dessèchent tellement que les cristaux de sel font une efflorescence blanche sur leurs lanières complète-

---

([1]) Nos *Fucus* devraient être réétudiés en s'aidant du travail de M. Sauvageau (*1908*); on réussirait peut-être à mettre de l'ordre dans les nombreuses variétés établies par Kickx (*1856*).

ment raccornies ; en toute saison, la pluie vient les laver et leur enlever les sels. Bref, ils peuvent passer, dans le courant d'une seule journée, par une phase où la solution qui les entoure se sature et cristallise, et par une autre où ils sont baignés par de l'eau pure. Comment réussissent-ils à se maintenir en vie malgré ces variations excessives de la pression osmotique ? On n'en sait rien, mais M. Osterhout (*1906*) répondra sans doute bientôt à ces questions.

§ 3. — District des dunes littorales.

A. — Le milieu.

La biologie de la végétation des dunes est dominée par les points que voici : 1° les dunes sont formées de sable ; 2° le sable ne renferme guère de sels assimilables ; 3° il est mélangé de débris de coquillages ; 4° les dunes reposent sur un banc d'argile imperméable ; 5° le climat est très égal ; 6° les vents sont violents.

La structure sableuse des dunes détermine la filtration rapide de l'eau de pluie qu'elles reçoivent et rend, par contre, difficile l'ascension capillaire de l'eau souterraine. Aussi les dunes sont-elles, en général, fort sèches : les plantes qui habitent les monticules n'obtiennent vraiment de l'eau que lors de la pluie et pendant les quelques jours qui suivent les précipitations les plus copieuses. Il n'y a donc rien d'étonnant à ce que la végétation possède des adaptations xérophiles bien marquées. La plupart des plantes réduisent la transpiration au strict nécessaire ; telles sont *Agropyrum junceum* (fig. 67, B, et phot. 225), *A. acutum* (fig. 67, D, et phot. 225), *Elymus arenarius* (fig. 67, F), *Corynephorus canescens* (fig. 67, G), *Festuca rubra arenaria* (fig. 67, H, et phot. 244), *F. ovina* (fig. 67, J), *Koeleria cristata* (fig. 67, K), *Ammophila arenaria* (fig. 67, P, Q, R, phot. 5 et 227), *Eryngium maritimum* (phot. 229) avec ses feuilles raides couvertes d'une épaisse cuticule, et *Hippophaës rhamnoïdes* (phot. 11 et 237), tout revêtu de poils étoilés. Beaucoup d'espèces ont, en outre, une réserve d'eau dans les feuilles : *Arenaria peploides* (fig. 68, F, et phot. 229), *Salsola Kali* (fig. 68, A), *Sedum acre* (phot. 237), *Cakile maritima* (phot. 226).

Une autre adaptation xérophile consiste dans la faculté de vivre uniquement pendant la saison humide et froide ; citons *Ranunculus bulbosus* (fig. 3o, B, de la p. 70) et les plantes annuelles-hivernales (fig. 3o, A, de la p. 70), telles que *Bromus tectorum* (fig. 67, M), *Phleum arenarium* (fig. 67, L), *Silene conica* et *Arenaria serpyllifolia* (phot. 247). On pourrait jusqu'à un certain point rapprocher de ces plantes hivernales les Champignons de la fin de l'été et de l'automne, qui profitent des pluies plus abondantes d'août et de septembre (fig. 3o, B, de la p. 70) ; les photographies 230, 233, 234, 240, 248, 249, 250, 251, 252, 257, 258 représentent de ces Champignons. Sur la photographie 241 figure *Spumaria alba*, un Mycétozoaire. Certains de ces organismes, notamment *Marasmius caulicinalis* (phot. 248) et *Spumaria alba* (phot. 241), ont la propriété de se dessécher impunément en passant à l'état de vie latente et de se remettre à fonctionner activement dès le retour de l'humidité ; cette même faculté de réviviscence appartient à toutes les Mousses des dunes, telles que *Hypnum cupressiforme* (phot. 237), *Climacium dendroides* (phot. 237), *Tortula ruralis ruraliformis* (phot. 242, 248, 249, 250), *Camptothecium lutescens* (phot. 247), ainsi qu'aux lichens, par exemple, *Peltigera canina* (phot. 237), *Letharia arenaria* (phot. 239), *Cladonia rangiformis* (phot. 239), *Urceolaria scruposa* (phot. 239), les *Collema*, etc. ; même la seule Schizophycée des dunes (*Nostoc commune*, phot. 242) peut, elle aussi, soit vivre activement, soit se dessécher sans en souffrir, suivant les circonstances. Ajoutons encore que la sécheresse de la couche superficielle du sable permet à plusieurs lichens corticicoles de s'y établir : *Usnea hirta, Ramalina farinacea*, etc. (voir MASSART. *Essai*, phot, 82).

.˙.

Ce qui vient d'être dit au sujet de la difficulté qu'éprouvent les plantes à se procurer l'eau nécessaire fait comprendre pourquoi la végétation des monticules de sable est si pauvre en espèces et si chétive, pourquoi les Pins maritimes (*Pinus Pinaster*) ont tant de peine à pousser (phot. 13), pourquoi *Bryonia dioica* (phot. 244) ne réussit pas à fleurir... Mais cette explication serait sans valeur pour les plantes des pannes qui, elles aussi, restent courtes et malingres ;

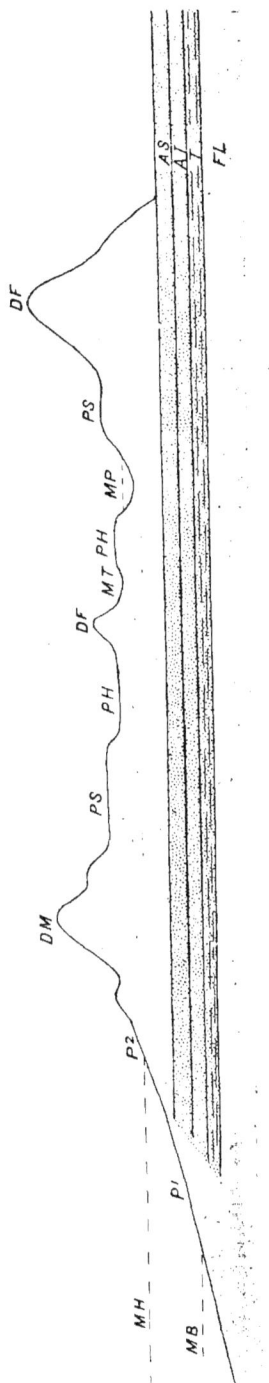

Fig. 66. — Coupe schématique à travers les dunes littorales.

MH = Niveau de la marée haute; MB = Niveau de la marée basse.

P¹ = Plage soumise aux fluctuations des marées.

P² = Plage située au-dessus des hautes mers.

DM = Dunes mobiles; DF = Dunes fixées.

PS = Pannes sèches; PH = Pannes humides.

MT = Mares d'hiver; MP = Mares permanentes.

AS = Argile supérieure des polders.

AI = Argile inférieure des polders; T = Tourbe.

Fl = Sables flandriens.

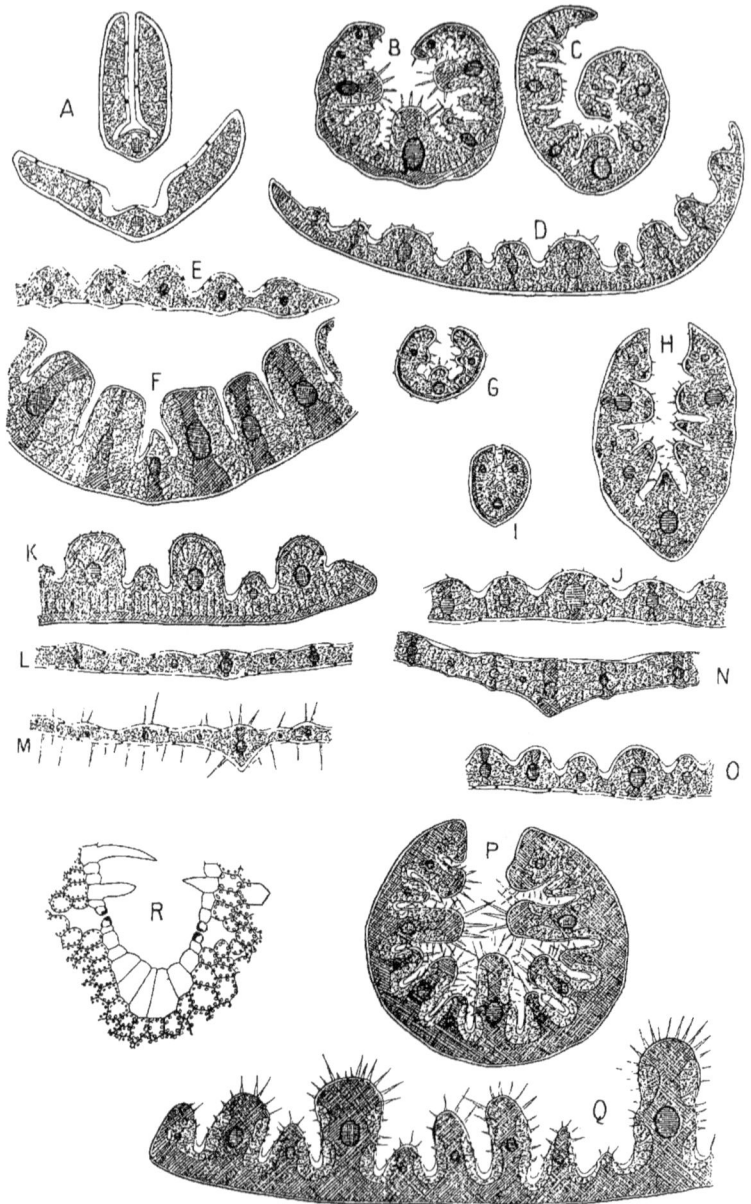

FIG. 67. — Coupes transversales de feuilles de Graminacées du littoral.
(Les figures A à Q sont grossies 23 fois, la figure R 160 fois.)

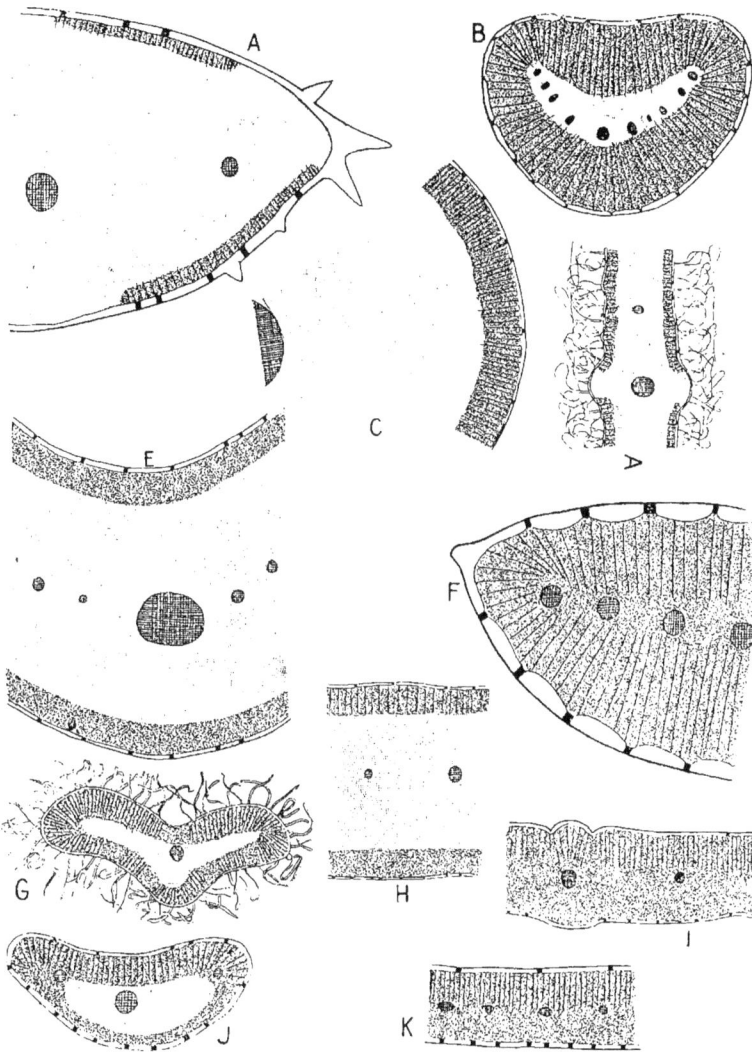

FIG. 68. — Coupes transversales de feuilles de plantes de la plage et du schorre.
(Grossissement : 23.)

Légende des figures 67 et 68.

	Épiderme avec stomate et poils
	Tissu assimilateur lâche
	Tissu assimilateur serré souvent palissadique
	Faisceau
	Tissu mécanique
	Tissu aquifère

Pour l'explication des figures, voir p. 160.

Explication de la figure 67.

A. *Atropis maritima*, fermé et ouvert.
B. *Agropyrum junceum*.
C. *Agropyrum pungens*.
D. *Agropyrum acutum*.
E. *Agropyrum repens*.
F. *Elymus arenarius*.
G. *Corynephorus canescens*.
H. *Festuca rubra arenaria*.
I. *Festuca ovina*.
J. *Festuca elatior*.
K. *Koeleria cristata*.
L. *Phleum arenarium*.
M. *Bromus tectorum*.

N. *Arrhenatherum elatius*.
O. *Agrostis alba*.
P. *Ammophila arenaria*, fermé.
   (Feuille assez petite.)
Q. *Ammophila arenaria*, ouvert.
   (Feuille moyenne.)
R. Fond d'un sillon de la face supérieure de la feuille d'*Ammophila arenaria*, montrant l'épiderme avec des cellules petites et des cellules bulliformes, deux stomates et des poils, et le tissu assimilateur vert.

Explication de la figure 68.

A. *Salsola Kali* : moitié d'une feuille.
B. *Suaeda maritima* : feuille.
C. *Salicornia herbacea* : tige.
D. (= ⊃ dans la figure) *Atriplex portulacoides* : feuille.
E. *Plantago maritima* : partie médiane d'une feuille.
F. *Arenaria peploides* : moitié d'une feuille.

G. *Artemisia maritima* : segment foliaire.
H. *Aster Tripolium* : partie de feuille.
I. *Glaux maritima* : partie médiane d'une feuille.
J. *Armeria maritima* : feuille.
K. *Statice Limonium* : partie de feuille.

pourtant ce n'est pas l'eau qui leur manque, puisque leurs racines sont voisines de la nappe aquifère surmontant la couche d'argile poldérienne (fig. 66). Les plantes aquatiques elles-mêmes, dans les mares des pannes (phot. 12), sont beaucoup plus petites que les exemplaires de même espèce habitant les eaux des polders. Ajoutons que des expériences poursuivies pendant plusieurs années ont montré que les plantes aquatiques les plus exigeantes, c'est-à-dire celles dont la croissance est très rapide, sont absolument incapables de vivre dans les mares des dunes (voir Massart, *Essai*, p. 385 ss.).

C'est au manque de nourriture qu'il faut attribuer l'aspect misérable de la végétation des pannes et des dunes littorales dans leur ensemble.

Voici, pour le prouver, un tableau (pp. 162-163) extrait des Monographies agricoles de la Belgique, qui donne l'analyse physique et l'analyse chimique du sable des dunes littorales.

Ces analyses ne laissent aucun doute sur l'insuffisance des aliments minéraux immédiatement assimilables (solubles à froid dans HCl). Pourtant, comme cette unique analyse ne nous renseigne que sur la composition du sol d'une panne, j'avais demandé, en 1907, a M. Grégoire, directeur de la station de physique et de chimie de Gembloux, de faire quelques analyses de sables des dunes, en les limitant aux données les plus importantes. Les sables analysés proviennent des dunes de Coxyde. I : dunes mobiles, non loin de la mer, où croît *Carex arenaria* et *Ammophila arenaria*; II : panne humide où vit toute la flore caractéristique de cette station; III : dunes fixées, avec *Galium verum, Jasione montana, Hieracium umbellatum*, etc.

Voici le résultat de ces analyses (p. 164), pour lesquelles je suis heureux d'offrir mes sincères remerciements à M. Grégoire ([1]).

Ce n'est pas seulement à la terre que manquent les aliments minéraux. Des analyses qu'a bien voulu faire M. Léon Herlant, professeur à notre Université, et qui sont données dans Massart, *Essai*, pages 322 et 323, montrent clairement qu'il en est de même pour les eaux des dunes.

Les listes d'Algues publiées par Mme Schouteden-Wery (*1910*, pp. 136 et suiv.) indiquent aussi que le milieu est pauvre en sels nutritifs : il y a, par exemple, beaucoup de petites Desmidiacées, organismes qui manquent presque entièrement aux eaux riches.

* *
*

Mais si l'azote combiné, les phosphates, les sels de potassium, de magnésium, etc., sont insuffisants dans les dunes littorales, il y a au moins une substance absorbable qui est abondante : c'est le

---

([1]) Ces analyses se trouvent aussi dans Massart, *Essai*, p. 314.

SOL DES DUNES LITTORALES ET DES POLDERS SABLONNEUX.

Analyse physique de la terre séchée à l'air (1,000 parties).

| | Dunes littorales à *Clemskerke*. | | Polders sablonneux à *Westende*. | | | |
	Sol.	Sous-sol.	Pâture.	Champ de Pommes de terre.	Champ de Pois. Sol.	Champ de Pois. Sous-sol.
Eau à 150° C.	4.27	0.65	9.5	44.5	2.65	0.65
Résidu sur le tamis de 1 millimètre						
Débris organiques . . .	3.4	0.4	3 8	3.3	1.7	0.0
Débris minéraux . . .	0.0	0.0	0 0	0.0	0.0	0.0
Terre fine passant au tamis de 1 millimètre. . . .						
Matières organiques . .	10.3	1.6	220.3	52.5	11.5	1.9
Sable grossier ne passant pas au tamis de 0^{mm}5. .	2.6	2.9	1.6	3.0	3.4	2.9
Sable fin ne passant pas au tamis de 0^{mm}2. . . .	954.5	944.7	605.0	892.3	943.7	977.7
Sable poussiéreux passant au tamis de 0^{mm}2 . . .	27.2	25.1	160.4	39.5	35.5	13.7
Argile.	Traces.	Traces.	5.2	5.1	3 5	2.7
Différence considérée comme calcaire ([1]) . .	2.0	25.3	3.7	4.3	0 7	1.1
Matière noire de Grandeau.	1.8	Traces.	82.0	17 0	Traces.	0.0
Poids d'un litre de terre séchée à l'air.	1^{k}475	1^{k}500	0^{k}925	1^{k}175	1^{k}450	1^{k}480
Pouvoir absorbant de la terre séchée à l'air . .	334	272	337	223	306	268

([1]) L'analyse est faite d'après la méthode de SCHLOESING. L'analyse chimique renseigne exactement sur le taux en carbonates.

SOL DES DUNES LITTORALES ET DES POLDERS SABLONNEUX.

Analyse chimique de la terre fine (1,000 parties).

	Dunes littorales à *Clemskerke.*		Polders sablonneux à *Westende.*			
			Pâture.	Champ de Pommes de terre.	Champ de Pois.	
	Sol.	Sous-sol			Sol.	Sous-sol.
Matières combustibles et vo-latiles	*10.30*	*1.65*	*221.17*	*52.70*	*11.58*	*1.95*
Azote organique. . . .	0.59	0 00	10.37	2.26	0.52	0.09
— ammoniacal . . .	0.01	0.01	0.16	0.05	0.01	0.01
— nitrique	0.01	0.01	0.02	0.03	0.01	0.01
Soluble à froid dans HCl. (*D = 1.18)*	*3.95*	*35.62*	*29.45*	*12.55*	*3.18*	*3.21*
Oxyde de fer et alumine .	1.76	0.65	12.33	6.85	1.87	1.88
Chaux.	1.08	12.75	12.36	3.53	0.41	0.36
Magnésie.	0.25	0.63	0.35	0.41	0.23	0.22
Soude.	0.30	0 26	1.53	0.23	0.08	0.16
Potasse	0.05	0.09	0.11	0.14	0.08	0.08
Acide phosphorique . .	0.25	0.34	0 71	0.55	0.13	0.12
— sulfurique . . .	0 11	0.05	1.23	0.37	0.07	0.24
— carbonique . . .	0 10	8.81	0.55	0.31	0.25	0.10
— silicique	0.06	0.03	0.08	0 08	0.05	0.04
Chlore.	0.01	0 01	0.20	0.06	0.01	0.01
Insoluble à froid dans HCl. *Soluble dans HFl.* . .	*985.75*	*964.75*	*749.38*	*934.77*	*985.24*	*994.84*
Potasse	8.65	7.40	4.63	5.78	4.71	5.54
Chaux.	Traces.	Traces.	2.53	2.10	2 34	0.87
Magnésie.	Traces.	Traces.	0.34	1.18	0.53	0.76
Acide phosphorique . .	Traces.	Traces.	Traces.	Traces.	0.00	0.00
Oxyde de fer et alumine .	20.60	22.67	19 67	21.97	20.74	16.71

Analyse physique et chimique du sable des dunes de Coxyde.

	I. Dunes mobiles.	II. Panne humide.	III. Dunes fixées.
Analyse physique (*1,000 parties de terre*).			
Résidu sur le tamis de 1 millimètre . . .			
Débris organiques.	0.2	1.6	2.0
Cailloux et débris minéraux.	1.6	7.4	0.5
Terre fine passant au tamis de 1 millimètre.			
Matières organiques	2.3	11.4	3.1
Sable grossier (plus gros que $0^{mm}2$) . .	410.6	296.5	233.0
Sable fin (de $0^{mm}2$ à $0^{mm}1$)	585 3	683.1	761.4
Analyse chimique (*1,000 parties de terre*).			
Matières combustibles et volatiles. . .	2.41	11.53	3.10
Azote total	0.09	0.47	Traces.
Soluble dans HFl..			
Oxyde de fer et alumine.	27.50	27 50	35.28
Chaux	26.12	17.15	34.70
Magnésie	0.03	0.82	1.95
Potasse	7.01	8.64	11.01
Acide phosphorique	0.32	0.26	0.49

carbonate de calcium. La richesse en calcaire influence de trois manières la flore des dunes : 1° Elle permet l'existence d'espèces qui recherchent le calcaire, telles que *Pyrola rotundifolia* (phot. 231), *Herminium Monorchis* (phot. 232), *Cirsium acaule* (phot. 234), *Asperula Cynanchica* (phot. 245), etc.; 2° Elle exclut les plantes calcifuges, comme *Cytisus scoparius*, *Nardus stricta*, *Teesdalia nudicaulis*, *Pteridium aquilinum*, etc.; 3° Elle empêche la formation de ces substances, mal définies au point de vue chimique, qui existent dans les tourbières et qui rendent si difficile le fonctionnement des organes d'absorption (voir pp. 110, 111) : il n'y a donc dans les pannes, même les plus humides, rien qui rappelle les marécages tourbeux.

*
* *

La figure 23 A (p. 48) nous a montré que la température est beaucoup moins variable sur la côte que partout ailleurs en Belgique. L'hiver est particulièrement doux; il est fort rare que la neige persiste plusieurs jours dans les dunes, et des aspects tels que celui de la photographie 16 sont tout à fait exceptionnels.

Nous savons déjà (p. 51) que certaines plantes profitent de la douceur de l'hiver et de son humidité pour se développer pendant cette saison. D'autres, assez nombreuses, restent vertes pendant l'année, par exemple *Helianthemum Chamaecistus*, *Euphorbia Paralias* (phot. 227), *Pyrola rotundifolia* (phot. 231), etc.

Dans un chapitre précédent (p. 53), on a vu que le climat maritime a localisé pas mal d'espèces sur le littoral, et en a sans doute exclu d'autres. Je ne reviendrai pas sur ces considérations.

Enfin, l'influence des tempêtes a aussi été indiquée. A la page 54 il a été question de l'action directe du vent sur les arbres. Les figures 10 et 15 sont assez démonstratives pour se passer de commentaires. Ailleurs (p. 99), nous avons examiné de quelle manière les plantes évitent les conséquences fâcheuses de l'ensevelissement sous le sable et du déchaussement de leurs racines; la figure 32 (p. 98) est d'ailleurs relative à des plantes de dunes.

B. — Les principales associations.

Le district des dunes est serré entre le domaine intercotidal et les polders (voir carte 9, hors texte). Il commence immédiatement au-dessus de la laisse des hautes marées d'équinoxes et comprend

donc la bordure supérieure d e l a p l age . Ici les conditions d'existence sont tout à fait défectueuses : mobilité du sable, violence des
vents, stérilité du sol, tout se combine pour rendre la vie très dure
aux végétaux ; ajoutons-y un autre facteur, plus désastreux encore :
le fréquent envahissement de la plage par les vagues de tempêtes,
ce qui laisse le sable imprégné de sel. Aussi n'y a-t-il que très peu
de plantes, toutes Phanérogames, qui aient réussi à s'y installer :
Agropyrum junceum (phot. 225), *Cakile maritima* (phot. 226),
Arenaria peploides, qui habite aussi les dunes mobiles (phot. 229),
Salsola Kali (Massart, *Essai*, phot. 7 et 8) et deux ou trois autres.
Toutes ces plantes sont exclusivement littorales, et la plupart ne
vivent même que sur l'estran et sur les dunes les plus voisines de
celui-ci.

Les d u n es m obiles offrent les mêmes conditions que la plage,
sauf en ce qui concerne la salure ; mais la mobilité du sable est
encore plus grande (phot. 5 à 10). Aussi n'y a-t-il ici que des
plantes capables de lutter contre les mouvements du sol (phot. 5,
9, 227, 228, 220). Aux espèces strictement littorales se joignent
pourtant déjà des plantes non spéciales, parmi lesquelles *Salix
repens* (phot. 9, 227, 228), *Carex arenaria* (phot. 230) et *Inocybe
rimosa* (phot. 220) sont fort abondants.

Dès qu'on a dépassé les dunes les plus meubles, la végétation
change complètement de physionomie et la flore se modifie du
même coup : les associations deviennent de plus en plus fermées
et les espèces littorales disparaissent progressivement devant
l'immixtion de plantes étrangères.

Les d u n es fi xées, avec leur flore beaucoup plus variée que les
dunes mobiles, ne possèdent qu'un petit nombre de Phanérogames
spéciales au littoral : *Asparagus officinalis* (phot. 246), *Agropyrum
acutum* (phot. 265), *Phleum arenarium* (phot. 247), etc. Dans
l'ensemble, leur flore est d'une banalité frappante : la plupart des
espèces se rencontrent aussi ailleurs, soit sur le sable (*Jasione montana*, phot. 245, *Silene conica*, phot. 247, *Tortula ruralis ru rali-
formis*, phot. 258, 249, etc.), soit sur les terrains les plus variés :
Hieracium umbellatum et *Epipactis latifolia* (phot. 243), *Rubus
caesius* (phot. 246), *Campothecium lutescens* (phot. 247), etc. Tout
au plus certaines de ces plantes présentent-elles dans les dunes des

variétés (ou des accommodats?) spéciaux, par exemple, *Ononis repens maritima* et *Viola tricolor sabulosa* (phot. 245).

Les pannes sèches ne diffèrent des dunes fixées que par la densité plus grande de la végétation buissonnante, constituée surtout par *Hippophaës rhamnoides* (phot. 11 et 236) et *Salix repens* (phot. 9). Entre eux vivent quelques espèces propres aux dunes (*Thesium humifusum*, phot. 238) et de nombreuses plantes banales phot. 235 à 251).

C'est dans les pannes humides que la flore atteint son maximum de variété, à cause du mélange avec les plantes qui recherchent l'humidité : *Schoenus nigricans*, *Parnassia palustris* (phot. 231), *Rhinanthus major* (phot. 232), *Paxillus involutus* (phot. 233), etc. Elles sont accompagnées à la fois d'espèces que nous avons déjà rencontrées sur les dunes fixées et dans les pannes sèches, et de plantes qui, dans d'autres districts, habitent les endroits secs, mais qui ici sont strictement localisées dans les pannes humides : *Pyrola rotundifolia* (phot. 231), *Herminium Monorchis* (phot. 232), *Carlina vulgaris* (phot. 233), *Cirsium acaule* (phot. 234), *Helianthemum Chamaecistus*, etc. (Voir aussi p. 110.)

Dans les mares, tant dans celles qui persistent habituellement tout l'été que dans celles qui disparaissent au printemps, la flore ne présente plus le moindre caractère littoral : *Potamogeton natans*, *Polygonum amphibium*, *Juncus lamprocarpus*, *Anagallis tenella*, *Hydrocotyle vulgaris*, *Hypnum polygamum*, *Chara hispida*, *Oedogonium concatenatum*, *Pediastrum Boryanum*, *Navicula radiosa*, *Zygnema cruciatum*, *Micrasterias rotata*, *Volvox aureus*, *Trachelomonas hispida*, *Gloeotrichia natans*... sont des espèces qu'on peut s'attendre à rencontrer dans toutes les eaux pauvres quelles qu'elles soient.

Les bosquets qui occupent quelques pannes et ceux qui couvrent le versant continental des dunes fixées (phot. 15, 256) sont intéressants par leurs caractères négatifs : leur sous-bois ne possède pas la flore habituelle de ces stations. Ainsi on n'y trouve pas *Carex remota*, *Polygonatum multiflorum*, *Lamium Galeobdolon*, *Anemone nemorosa*, *Stachys sylvatica*, ni aucune autre plante typique des bois : leur flore n'est que la continuation de celle de la dune ou de la panne, sans immigration de plantes d'ombre. La

flore des Champignons (phot. 257, 258) présente des particularités
négatives analogues : même dans les pineraies de la dune, il n'y a
guère de Champignons spéciaux à ces bois, sauf *Boletus luteus*
(phot. 258).

Les c u l t u r e s sont peu étendues : elles ne se rencontrent que
dans quelques pannes. A cause des dangers d'inondation pendant
l'hiver, le travail n'y débute, en général, qu'au printemps. Des
précautions toutes spéciales doivent être prises pour empêcher que
les tempêtes n'enlèvent le sable lors du labourage (voir MASSART,
Aspects, phot. 40, 41 ; MASSART, *Essai*, phot. 59, 60). On fume la
terre au moyen des rebuts de la pêche : Étoiles de mer, Crevettes
trop petites, Bernards-l'Ermite, etc. C'est probablement l'emploi
de cet engrais, très riche en azote, qui favorise le développement
d'une flore assez particulière de mauvaises herbes : dans les
champs de Pommes de terre et de Seigle vivent *Chenopodium
album*, *Solanum nigrum* (phot. 254), *Brassica nigra* (phot. 253),
Euphorbia Peplus, *Polygonum Convolvulus* et beaucoup d'autres
plantes qui, ailleurs, ne se rencontrent d'ordinaire que dans les
jardins potagers (p. 143). Est-ce à la même cause qu'il faut attribuer
la grande extension de *Puccinia Rubigo vera* (phot. 255)?

§ 4. — District des alluvions marines.

A. — LE MILIEU.

La plage n'est pas seule à être soumise aux oscillations des
marées. Celles-ci se font sentir également dans les embouchures
des rivières anciennes ou actuelles. A marée montante, l'eau de
mer pénètre dans les estuaires et recouvre les sédiments argileux
constituant le sol.

Ces conditions se rencontrent à Nieuport (phot. 23, 24, 59 à 66),
au Zwijn (phot. 17 à 22) et dans l'Escaut inférieur (phot. 25. Voir
carte 9, hors texte). Une flore à peu près analogue se rencontre
dans les bassins de chasse, par exemple à Ostende, derrière le
phare.

Le district des alluvions marines se divise tout naturellement en
deux zones superposées : les slikkes, que le flot atteint à toutes les

marées, et les schorres qui ne sont inondés qu'en marée de vive eau. Les photographies 25 et 259 montrent la limite entre les deux zones. On les verra mieux dans Massart, *Aspects*, photographies 42 à 53, et dans Massart, *Essai*, photographies 23, ss.

Les figures 69 et 70 représentent le plan et le profil d'une slikke et d'un schorre.

La terre est formée partout d'argile très compacte et à peu près imperméable. Les plantes n'ont donc pas d'autre liquide à leur disposition qu'un mélange d'eau de pluie et d'eau de mer. Pendant l'été, il arrive parfois que le liquide se concentre notablement et que sa densité atteigne 1030, alors que l'eau de mer n'a qu'une densité de 1025 à 1026.

C'est la présence des sels dissous qui imprime à la flore des alluvions marines son cachet spécial; les plantes, quoique vivant souvent dans l'eau, ont beaucoup de peine à absorber le liquide, et elles possèdent les adaptations xérophytiques les plus marquées, surtout des dispositifs destinés à réduire la transpiration et à mettre de l'eau en réserve. Les figures 67 A, 68 B, 68 C, 68 D, 68 E, 68 G, 68 H, 68 I, 68 J, 68 K montrent ces adaptations.

Il y a encore d'autres facteurs qui influencent la végétation des alluvions marines. En hiver, les eaux amenées par les marées gèlent sur le sol ; à la marée suivante, les glaçons secoués deci-delà raclent la surface du terrain. Aussi n'y-a-t-il pas une seule plante un peu élevée qui conserve des feuilles en hiver; même la seule plante bisannuelle, *Aster Tripolium*, se dégarnit entièrement, ce qui n'est pas l'habitude des plantes bisannuelles. Quant aux plantes annuelles (*Suaeda, Salicornia, Atriplex pedunculata*), elles ne germent qu'en mai, lorsque le terrain a eu le temps de se réchauffer un peu après les fortes marées de l'équinoxe du printemps.

B. — Les principales associations.

La slikke est très pauvre en végétaux : *Zostera nana, Scirpus maritimus* (phot. 25) et *Salicornia herbacea* sont les seuls Phanérogames; *Enteromorpha compressa* (phot. 259), *Cladophora fracta* et *Urospora penicilliformis* représentent les Algues vertes; ajoutez-y un tapis de Diatomées, et voilà toute la flore de cette station.

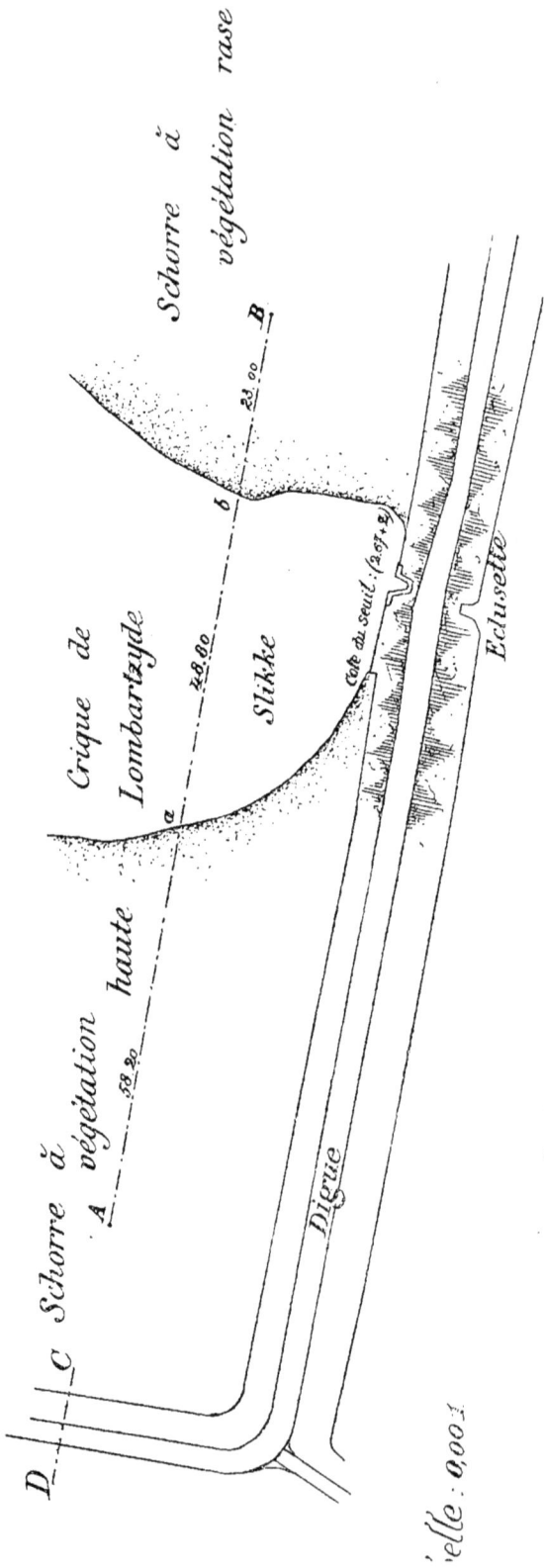

FIG. 69. — Plan de la crique de Lombartzyde, dans l'estuaire de l'Yser.

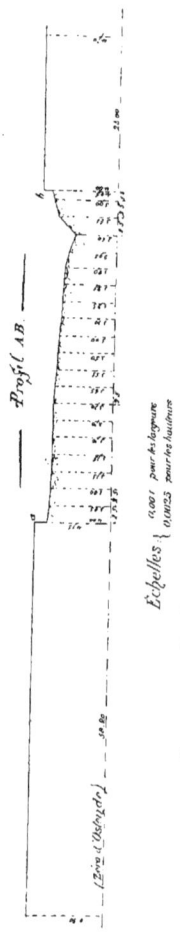

FIG. 70. — Profil de la slikke et du schorre (A B de la fig. 69).

(Les hauteurs sont rapportées au zéro d'Ostende, qui est inférieur de 17 centimètres au zéro des cartes.)

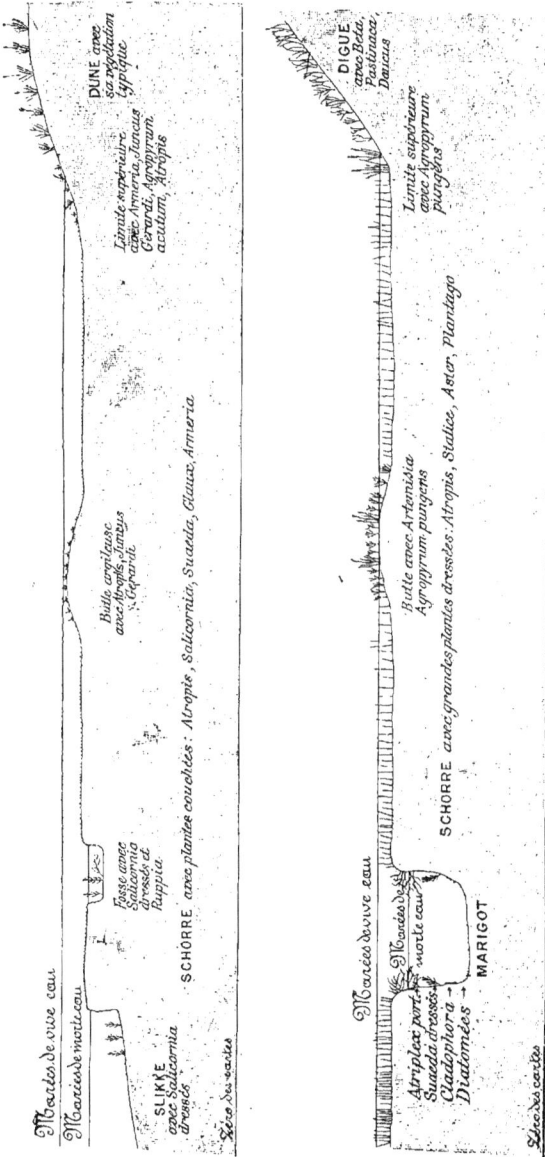

Fig. 71. — Coupes schématiques à travers les schorres de l'estuaire de l'Yser : schorre à végétation rase (en haut); schorre à végétation haute (en bas)

Le schorre varie beaucoup d'un point à un autre. Dans l'estuaire de l'Yser, il se divise nettement en deux portions distinctes : une grande plaine, étendue entre la plage et la crique de Lombartzyde (fig. 69 et 70), qui porte une végétation rase, appliquée contre le sol (MASSART, *Aspects*, phot. 46, 53; MASSART, *Essai*, phot. 97, 98), et une portion plus étroite, en amont de la crique de Lombartzyde, où la végétation est plus haute et plus variée. Le schorre ras (fig. 71, en haut) ne porte pas une plante plus haute que 10 centimètres (phot. 212). *Atropis maritima, Salicornia herbacea, Suaeda maritima* (phot. 261), *Glaux maritima*, tout est aplati et collé contre terre. Au contraire, sur le schorre à végétation haute (fig. 71 en bas), les plantes s'élèvent jusqu'à plus d'un mètre de hauteur (phot. 264) : *Triclochin maritima* (phot. 23), *Statice Limonium, Salicornia herbacea, Plantago maritima, Suaeda maritima, Aster Tripolium* s'y développent avec vigueur. Le contraste entre les deux stations était fort intéressant et curieux à étudier. Malheureusement ces beaux schorres viennent d'être livrés aux bestiaux et, pis encore, aux joueurs de golf qui l'ont complètement dénaturé. On ne pourra bientôt plus y observer la localisation si étonnamment étroite des espèces végétales par rapport aux légères différences de niveau que présente la plaine. Ainsi *Armeria maritima* ne prospère que dans une zone dont l'altitude est strictement déterminée. A quelques centimètres plus bas, il est totalement remplacé par *Atropis* (phot. 24); sur les buttes, hautes de 10 ou 20 centimètres, il semble également inapte à soutenir la lutte contre d'autres espèces.

Dans le Zwijn, il n'y a pas la moindre trace d'une distinction en schorre à végétation rase et schorre à végétation haute. D'ailleurs l'apport incessant de sable par le vent a quelque peu modifié les conditions d'existence. En allant de la plage vers la digue qui limite le schorre du côté des terres, on rencontre successivement : 1° Une plaine argilo-sableuse, inondée à toutes les marées, ressemblant à une slikke, mais portant à la fois *Salicornia* et *Suaeda* (phot. 17), 2° Une zone de buttes sableuses où ne pousse qu'*Atropis maritima* (phot. 18). 3° Une large bande occupée principalement par *Atriplex portulacoïdes* (phot. 19); 4° En arrière, il y a encore des *Atriplex*, mais ils sont mêlés à *Atropis maritima* et *Statice Limonium*, extrêmement abondants (phot. 20). 5° Encore plus loin (phot. 21), *Atriplex* ne vit plus sur le plateau mais uniquement dans les rigoles (phot. 22); *Agropyrum pungens* devient abondant (phot. 21); *Artemisia maritima* forme de larges tapis.

Dans le Bas-Escaut, au delà de notre frontière (en Zélande), on remarque sensiblement la même succession de zones. Mais en Belgique, celles-ci se confondent plus ou moins; la composition floristique diffère aussi de celles des schorres du littoral.

Plusieurs espèces font défaut ou sont assez rares pour ne plus jouer aucun rôle dans la physionomie générale (*Statice Limonium*, *Armeria maritima*, *Triglochin maritima*), tandis que d'autres deviennent prépondérantes (*Aster Tripolium*, *Plantago maritima*, *Scirpus maritimus*) (phot. 25).

Les rigoles qui sillonnent le schorre ont une flore voisine de celle de la slikke (fig. 71, en bas, phot. 260, 263) : elles sont bordées d'*Atriplex portulacoides* et d'*Aster Tripolium* (phot. 263), de *Suaeda* et de *Salicornia* dressés verticalement; leur fond est revêtu d'une épaisse couche de Diatomées; très souvent à la base de la végétation phanérogamique, il y a une zone de *Cladophora fracta* et d'*Urospora penicilliformis* pendant en forme de franges (Massart, *Essai*, phot. 102 B et 104).

Les fosses sans communication avec la mer (fig. 71, en bas, phot. 23, 24, 201, 265), nourrissent une flore différente : ici vivent de vraies plantes aquatiques, telles que *Ruppia maritima* et divers Flagellates, surtout des Chrysomonadines (*Hymenomonas Roseola*, etc.) et des Dinoflagellates (*Amphidinium operculatum*, etc.). Leur fond est couvert d'un feutrage serré d'une Schizophycée (*Microcoleus chthonoplastes*) qui supporte impunément la mise à sec (phot. 23, 24), tout comme *Salicornia herbacea* (phot. 201); le port dressé de ce dernier tranche curieusement avec l'allure couchée des individus qui habitent le schorre tout contre les fosses.

On peut joindre à ces fosses les bassins des huîtrières, où les conditions sont sensiblement les mêmes, sauf que la salure de l'eau n'y subit pas d'oscillations notables. Les Flagellates y sont aussi abondantes et variées que dans les fosses. La plante la plus remarquable est un accommodat non fixé d'*Ulva Lactuca* constituant des lames ondulées ayant parfois un mètre de diamètre et toutes percées de trous faits par un Mollusque : *Hydrobia Ulvae*.

A leur limite supérieure, et sur les petits monticules argileux ou sableux qui se dressent çà et là dans les schorres, la flore change de nouveau (phot. 265, 266. fig. 66). C'est là qu'on trouve *Juncus Gerardi, Erythraea pulchella, Carex distans, Agropyrum acutum, A. pungens, Artemisia maritima.*

⁎

Alors que la flore relativement riche des dunes littorales ne renferme en somme que peu de plantes spéciales, sauf sur la plage, celle des alluvions marines ne se compose guère que d'espèces propres à ce district. Pour les Phanérogames, au nombre d'une trentaine, pour les Flagellates et pour les Schizophytes, cette spécialisation est tout à fait marquée ; quant aux Algues, ce sont les mêmes que celles de la plage, des brise-lames et des estacades, ce qui se comprend fort bien, puisque pour elles les conditions sont identiques en ces divers points.

§ 5. — **District des alluvions fluviales.**

La plaine qui occupe le N.-W. de la Belgique est tellement plate que la marée remonte l'Escaut jusqu'à Gand, à 168 kilomètres de l'embouchure. Lors des fortes marées d'équinoxe, le fleuve gonflerait encore en amont de Gand si des écluses n'arrêtaient pas le flot. La figure 72 résume les principales données relatives à la grandeur de l'oscillation de la marée, à sa vitesse de propagation et à la durée de la marée montante pour plusieurs points de l'Escaut.

Depuis Flessingue jusqu'à une huitaine de kilomètres en amont de Doel, les rives du fleuve font partie du district des alluvions marines (phot. 25). Depuis ici jusqu'à Gand, ce n'est plus de l'eau salée qui inonde les berges à marée haute, mais l'eau même du fleuve qui a été refoulée par le flot. Dans tous les affluents que reçoit l'Escaut entre Gand et Anvers, la marée se fait également sentir (phot. 28, 31, 32), à moins qu'un barrage ne coupe les rivières. L'ensemble des berges soumises aux marées constitue le district des alluvions fluviales ; son étendue est indiquée sur la carte 9, hors texte. Ce district est fort difficile à parcourir. Si j'ai pu l'étudier, c'est grâce à l'obligeance de mon collègue de l'Université de Bruxelles, M. le notaire Ed. Van Halteren, qui a souvent mis à ma disposition son yacht à moteur (phot. 27).

La caractéristique des alluvions fluviales consiste précisément dans ces marées d'eau douce : un même point de la rive passe successivement par les états suivants : *a*) il est à sec (marée basse) ;

Retard de la marée haute sur l'heure du
passage de la lune au méridien
Durée moyenne du flot

Marée basse moyenne
Marée haute moyenne
Marée haute du 12 mars 1906

Hauteurs en mètres — Durées en heures

Distance de la mer. en kilomètres

Gand · Melle Wetteren Schoonaerde Termonde Baesrode St Amand Tamise Hémixem Anvers Lillo Doel Flessingue

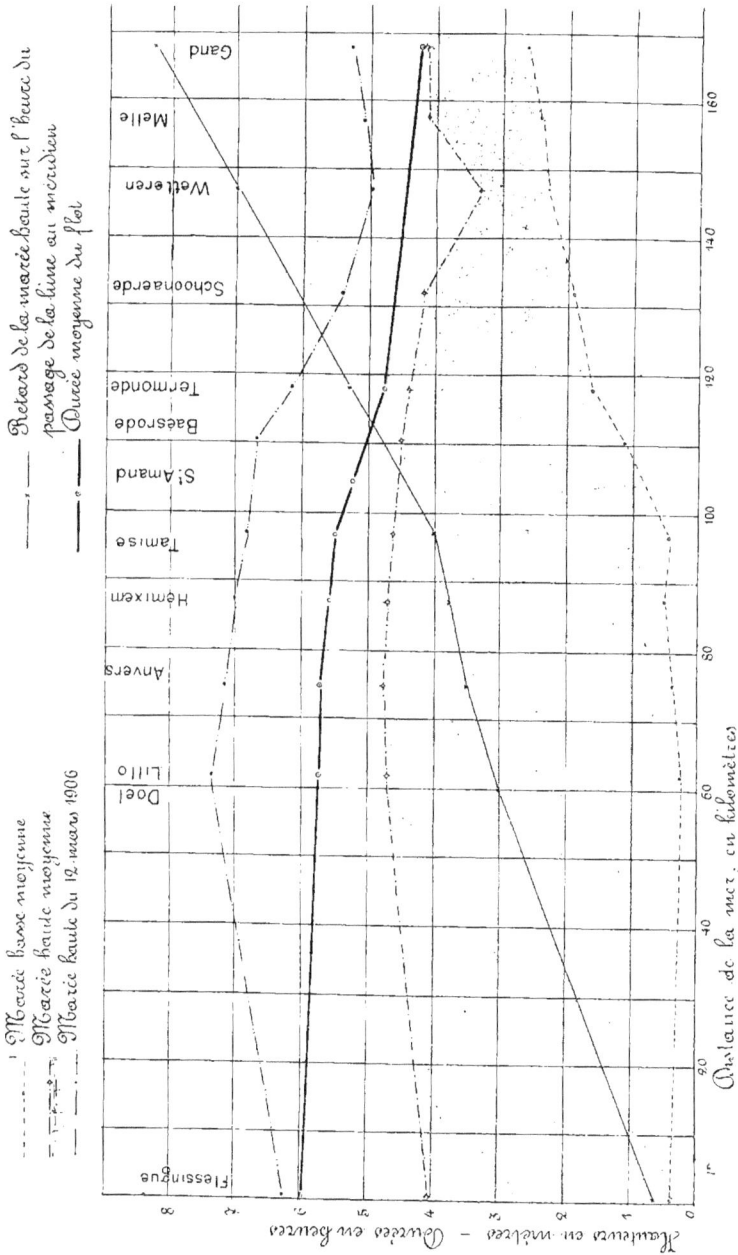

ns l'Escaut. Graphique dressé d'après Stessels (1872), Petit (1883) et MM. Gellens,
Van Brabandt, Melotte, Weyts et Pierrot (1908).

b) il est immergé dans un courant qui va vers l'amont (marée montante); *c*) il est immergé dans une eau immobile (étale de marée haute); *d*) il est immergé dans un courant qui va vers l'aval (marée descendante); *e*) il est à sec. Ces mouvements alternatifs de l'eau sont représentés par la figure 73. Ils influencent de diverses façons la flore qui revêt les bords de la rivière ou du fleuve.

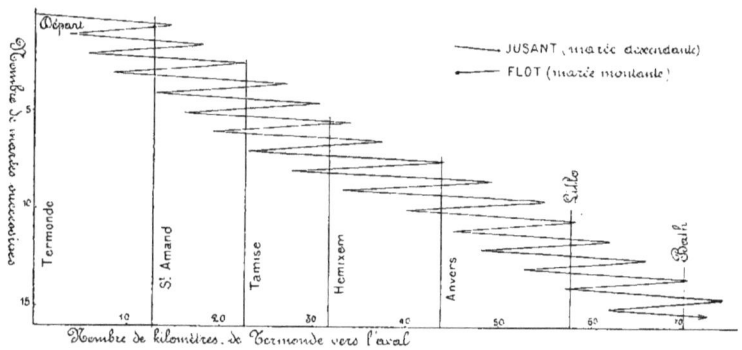

FIG. 73. — Trajet d'un flotteur qui serait jeté dans l'Escaut à Termonde au moment où la marée commence à descendre. Graphique dressé d'après M. PETIT (*1883*).

En hiver, lors de la débâcle, les glaçons, avant d'être définitivement emportés vers la mer, passent et repassent une huitaine de fois en un même point, rendant impossible la persistance d'aucun organe aérien; aussi toutes les plantes des berges sont-elles ou bien vivaces-estivales (fig. 30 L, p. 71), par exemple *Phragmites communis* (phot. 26, 27, 29, 32, 270) et les autres Graminacées, les Cypéracées (phot. 30, 32, 267, 269), les Alismacées (phot. 32, 268), ou bien annuelles-estivales (fig. 30 J, p. 71), comme *Polygonum Hydropiper*, *Brassica nigra*.

Pour pouvoir habiter une station qui est inondée régulièrement deux fois par jour, il faut des plantes aquatiques ou amphibies. Seulement les courants excluent les espèces non fixées (Lemnacées) ou insuffisamment ancrées au sol (*Statiotes aloides*); sont également inaptes à vivre ici : les plantes à feuilles flottantes (*Nymphaea alba*, *Limnanthemum nymphaeoides*) et celles dont les feuilles sont submergées (*Potamogeton densus, Myriophyllum*). Il n'y a donc finalement que les végétaux aquatiques ou marécageux dont les tiges, les feuilles et les fleurs se dressent dans l'air qui deviennent les colons habituels des berges soumises aux marées. Dans les endroits tranquilles, par exemple dans les petites criques qui communiquent avec les rivières, quelques autres plantes moins bien adaptées en apparence, mais à accommodabilité étendue, pourront se maintenir tant bien que mal, par exemple *Callitriche vernalis* et *Veronica Beccabunga* (phot. 31).

La figure 72 montre que jusqu'au voisinage de Tamise la différence de niveau entre la marée basse et la marée haute moyenne est de plus de 4 mètres (voir les phot. 54 à 56 de Massart, *Aspects*, et les phot. 107 et 110 de Massart, *Essai*). Aucune des plantes habitant les berges n'atteint une pareille hauteur. Comme leurs fleurs ne peuvent pas être mouillées, les Phanérogames sont donc localisées à la bande supérieure de la zone tour à tour immergée et émergée (phot. 29 à 32, 267 à 269). Un peu plus bas vivotent quelques pieds isolés d'*Eleocharis palustris* ou de *Scirpus lacustris*, qui renoncent à fleurir. Encore plus bas, presque à la limite de la marée basse, la vase montre le plus souvent une belle teinte émeraude, due à la présence d'*Euglena deses*, un Flagellate non nageant qui se contente de ramper (voir fig. 74).

Nous arrivons enfin au point essentiel, celui qui donne à la végétation des alluvions fluviales son cachet typique. Deux fois par jour l'eau couvre la rive et envahit tous les petits vides laissés entre les particules de terre ; deux fois par jour l'eau baisse de plusieurs mètres, ce qui détermine l'évacuation du liquide imprégnant le sol et son remplacement par de l'air. Les racines reçoivent donc tour à tour du liquide nutritif et de l'oxygène sans cesse renouvelés. Ne sont-ce pas là des conditions idéales qui ne peuvent manquer de provoquer un développement exubérant des plantes ? Les tiges de *Phragmites* atteignent 4 mètres de hauteur (phot. 29 et 70), les feuilles des *Petasites officinalis* s'élèvent à 2 mètres, celles de *Caltha palustris* ont souvent 25 centimètres de largeur.

*
* *

Nous avons vu que les Phanérogames des alluvions marines sont toutes à peu près spéciales à ce district; celles des alluvions fluviales, beaucoup plus nombreuses, — elles sont environ une cen-taine, — ne comptent qu'une seule espèce spéciale, *Scirpus tri-queter* ; encore est-ce seulement dans notre pays que cette plante est particulière aux berges des rivières à marées, car, en France, on la rencontre aussi le long des rivières de l'intérieur.

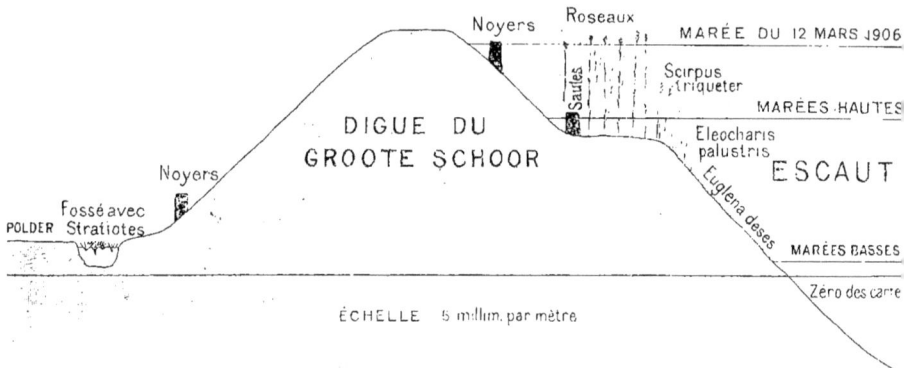

Fig. 74. — Coupe schématique à travers une digue de l'Escaut.

§ 6. — District des polders argileux.

Le district poldérien est partout contigu aux districts alluviaux que nous venons d'étudier. Le long du littoral, il touche aussi aux dunes (phot. 15, 16, 36; voir carte 9, hors texte). Les polders ne sont d'ailleurs pas autre chose que les portions des alluvions marines ou fluviales défendues contre les marées par des digues artificielles (phot. 39, 271, 272; fig. 74 et 75. Voir aussi la coupe figurée au bas de la carte 9, hors texte). Vers l'amont des rivières, je délimite, assez arbitrairement, le district poldérien à l'endroit où s'arrêtent les marées.

L'horizontalité des polders est proverbiale (phot. 33, 34, 35, 37, 38); tout ce vaste territoire est compris entre l'altitude de 1 mètre et l'altitude de 5 mètres. Or, les marées d'équinoxe dépassent 5 mètres, et les alluvions au pied des digues sont donc plus hautes que le terrain poldérien même le plus élevé. C'est ce que montrent les figures 74 et 75 et la coupe placée au bas de la carte 9. La différence de niveau peut atteindre 5 mètres (phot. 39). Supposons maintenant qu'une digue se rompe, ainsi que cela s'est produit en un grand nombre de points, à la suite de la forte marée du 12 mars 1906. Non seulement de grandes étendues de polders seront envahies par les eaux (voir Massart, *Essai*, pp. 456 et 457 et diagramme 9), mais à l'endroit de la rupture l'eau tombera avec violence du fleuve sur le polder et creusera profondément le terrain (voir Massart, *Essai*, phot. 130, 131). Aussi, après la réparation de la digue, persiste-t-il le plus souvent un étang (phot. 48).

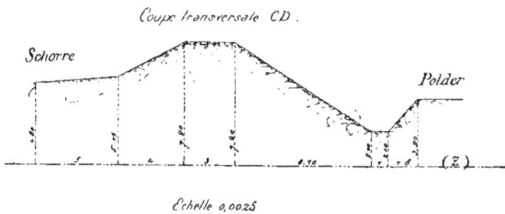

Fig. 75. — Coupe de la digue (D C de la fig. 69, p. X).
(Les hauteurs sont rapportées au zéro des cartes.)

Dans les polders marins, le climat est identique à celui du littoral même (fig. 23, A, p. 48). La neige persiste rarement (phot. 35). Le long de l'Escaut et de ses affluents, il est naturellement moins doux.

Les vents violents qui soufflent sur la côte empêchent les arbres de croître régulièrement (phot. 36). Aussi les Saules blancs et les Peupliers y sont-ils le plus souvent conduits en têtards (phot. 37 et 38) qui sont recépés tous les six ou sept ans. Plus loin de la mer, par exemple aux bords de l'Yser (près de la frontière française) (phot. 33) et aux bords de l'Escaut, on plante beaucoup de Peupliers (phot. 40 à 42); même des petits bois se rencontrent ici (phot. 43 à 45).

Le terrain poldérien est essentiellement argileux. Le long de la mer et de l'Escaut inférieur, il est constitué par des sédiments analogues à ceux qui se déposent encore sous nos yeux ; les géologues les appellent l'argile des polders inférieure et l'argile des polders supérieure (fig. 76).

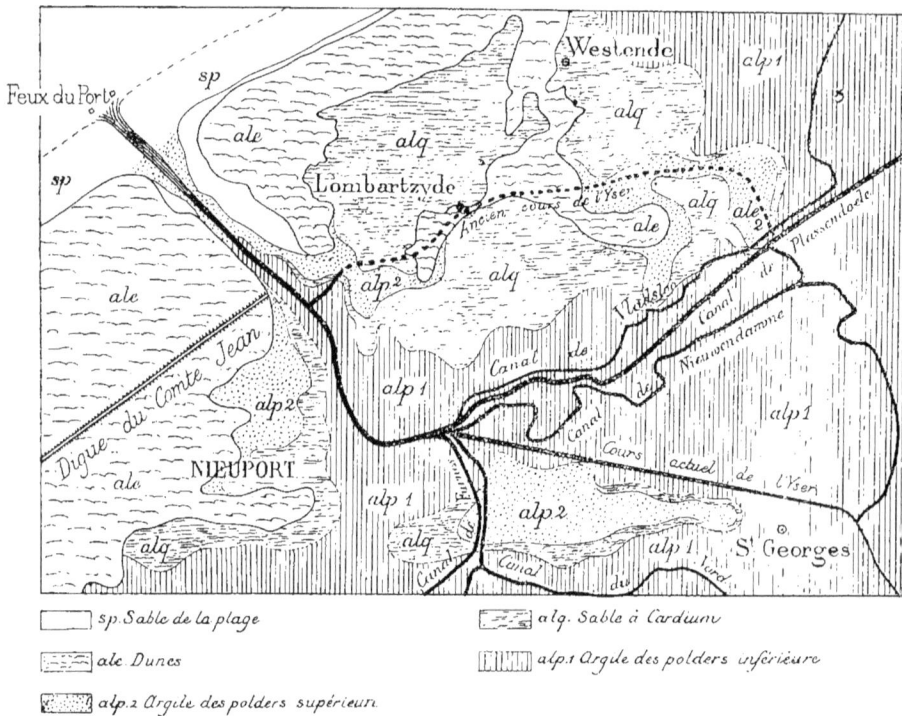

FIG. 76. — Carte géologique de l'embouchure de l'Yser, d'après la carte géologique au 40,000ᵉ.

Le tableau des pages 182 et 183, extrait des MONOGRAPHIES AGRICOLES DE LA BELGIQUE, indique la composition physique et chimique de ces terres.

La nature géologique des polders bordant l'Escaut dans sa portion fluviale est moins uniforme. Il en est probablement de même pour la structure physique et chimique de leur sol; mais nous manquons d'analyses. L'argile des polders remonte l'Escaut jusqu'à l'embouchure de la Durme (fig. 77), c'est-à-dire à une trentaine de kilomètres plus haut que les alluvions marines actuelles. Au delà de ce point, dans la vallée de l'Escaut (fig. 78) et aussi dans les vallées latérales, le sol est formé par des alluvions modernes des vallées. Comme celles-ci ont été déposées par des rivières dont le courant était à peine appréciable, leur grain est aussi fin que celui des argiles littorales.

B. — Les principales associations.

Le fait qui ressort avec le plus d'éloquence des analyses physiques et chimiques données aux pages 182 et 183 est que le sol des polders jouit d'une incomparable richesse. C'est à sa fertilité que ce district doit d'être exploité jusque dans ses moindres recoins. Même les digues sont souvent livrées à la culture. Il n'y a vraiment plus que les eaux qui renferment encore une végétation spontanée.

Les étangs, les canaux, les fossés ont la flore phanérogamique la plus riche et la plus variée qu'il soit possible d'imaginer. Les canaux et les étangs voisins des schorres, étant à un niveau inférieur à celui des hautes mers, reçoivent souvent, par infiltration, de l'eau salée; leur flore et celle de leurs bords présente une certaine analogie avec celle des alluvions marines (phot. 273, 274).

Plus loin de la mer, l'eau est tout à fait douce et la flore est essentiellement celle des eaux riches en matières nutritives. Beaucoup d'étangs des polders sont bordés de prairies flottantes, constituées par un feutrage de rhizomes de Monocotylées (*Phragmites communis, Typha angustifolia, Scirpus lacustris*) qui s'avance dans l'étang au delà de la terre ferme ; sur le radeau ainsi constitué, les plantes amphibies les plus variées peuvent prendre pied (phot. 275, 276). Les photographies 67 à 74 de Massart, *Aspects*, et les photographies 142 à 150 de Massart, *Essai*, donnent une idée de la physionomie qu'ont les étangs des polders. Pourtant ce n'est pas là que la flore atteint son maximum d'intensité et de variété. Celui qui veut jouir de la vue d'une belle végétation aquatique doit se

Analyse physique de la terre séchée à l'air (1,000 parties).

	Argile inférieure des polders à Ramscapelle.		Argile supérieure des polders à Zandvoorde.	
	Sol.	Sous-sol.	Sol.	Sous-sol.
Eau à 150 C°	48 07	32.82	46.00	40 54
Résidu sur le tamis de 1 millimètre.				
Débris organiques	Traces.	Traces.	Traces.	Traces.
Débris minéraux	o 8	Traces.	Traces.	Traces.
Terre fine passant au tamis de 1 millimètre.				
Matières organiques	38.2	36.2	45.2	29 3
Sable grossier ne passant pas au tamis de $0^{mm}5$	0.0	o o	o o	o o
Sable fin, ne passant pas au tamis de $0^{mm}2$	26.5	15.3	37.9	12.6
Sable poussiéreux passant au tamis de $0^{mm}2$	606 9	618.7	568.3	653 3
Argile	221.0	121.4	216.4	236 4
Différence considérée comme calcaire ([1])	106.6	208.4	132.2	68 4
Matières noires de Grandeau . .	Traces.	Traces.	Traces.	Traces.
Poids d'un litre de terre séchée à l'air	1^k275	1^k250	1^k150	1^k280
Pouvoir absorbant de la terre séchée à l'air.	364	383	503	509

([1]) L'analyse est faite d'après la méthode de Schloesing. L'analyse chimique renseigne exactement sur le taux en carbonates.

Analyse chimique de la terre fine (1,000 parties).

	Argile inférieure des polders à Ramscapelle.		Argile supérieure des polders à Zandvoorde.	
	Sol.	Sous-sol.	Sol.	Sous-sol.
Matières combustibles et volatiles . .	58.21	36 25	45.20	29.30
Azote organique	1.12	0 57	1.34	0.67
— ammoniacal	0.02	0.02	0.01	0.01
— nitrique.	Traces.	Traces.	0.01	0.01
Soluble à froid dans HCl (D=1.18).	132.78	227 97	167.39	101.41
Oxyde de fer et alumine	24.86	17.62	35.26	32.86
Chaux	51 08	113.04	69.92	35.35
Magnésie	8.71	7 45	8.02	7 70
Soude	0.40	0.44	0.53	0.38
Potasse	1.47	0.68	1.88	1.83
Acide phosphorique	0.73	0.69	1.07	0 89
— sulfurique.	0 32	0 47	0 36	0.17
— carbonique	45 04	87 48	52.25	25 17
— silicique	0 16	0.09	0.09	0 07
Chlore	0.01	0.01	0.01	0.01
Insoluble à froid dans HCl; soluble dans HFl	829 01	755 78	787.41	866.29
Potasse	15 42	13 07	17.02	17.24
Chaux	2 69	4.33	Traces.	Traces.
Magnésie	7.54	6.86	6.94	6.36
Acide phosphorique	Traces.	Traces	0.29	0.36
Oxyde de fer et alumine	101 97	83 33	109.75	104.03

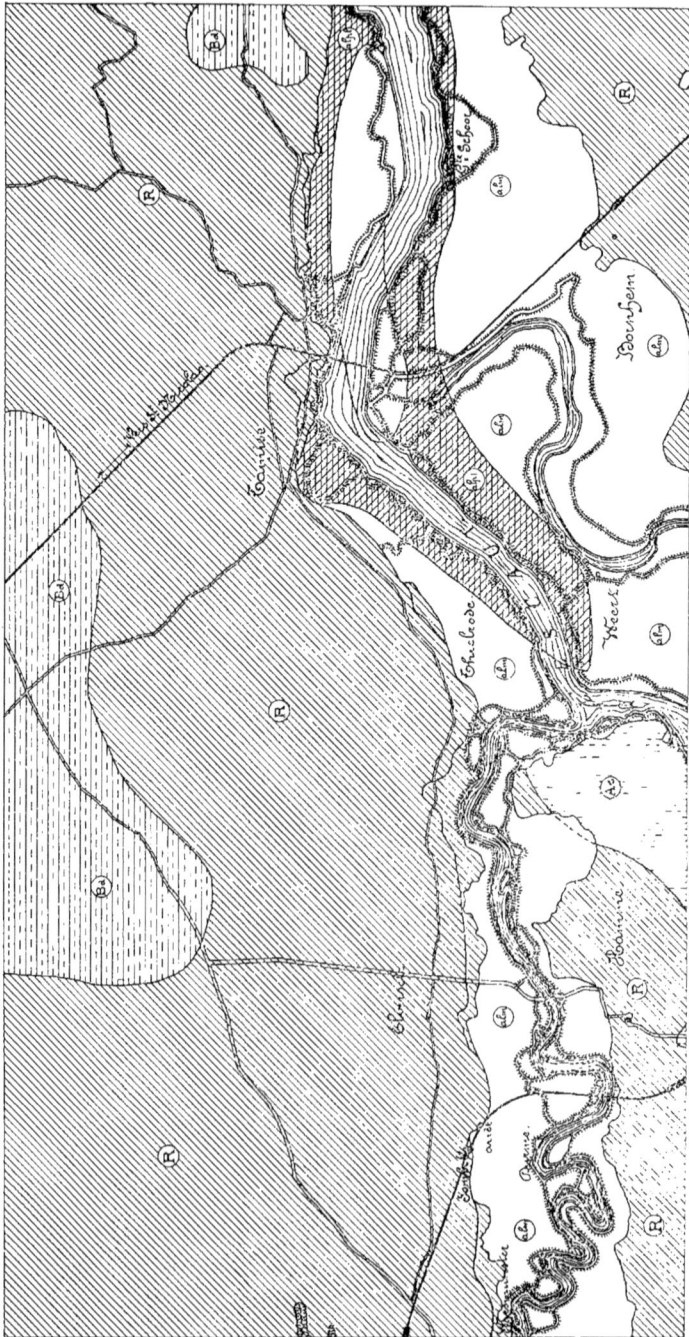

Fig. 77. — Carte géologique des rives de la Durme et de l'Escaut entre Waesmunster et le Groote Schoor, d'après la carte géologique au 40,000.

Le Bolderien et les terrains plus anciens sont recouverts de Flandrien — La légende est à la page 186. — Échelle 1 : 60 000.

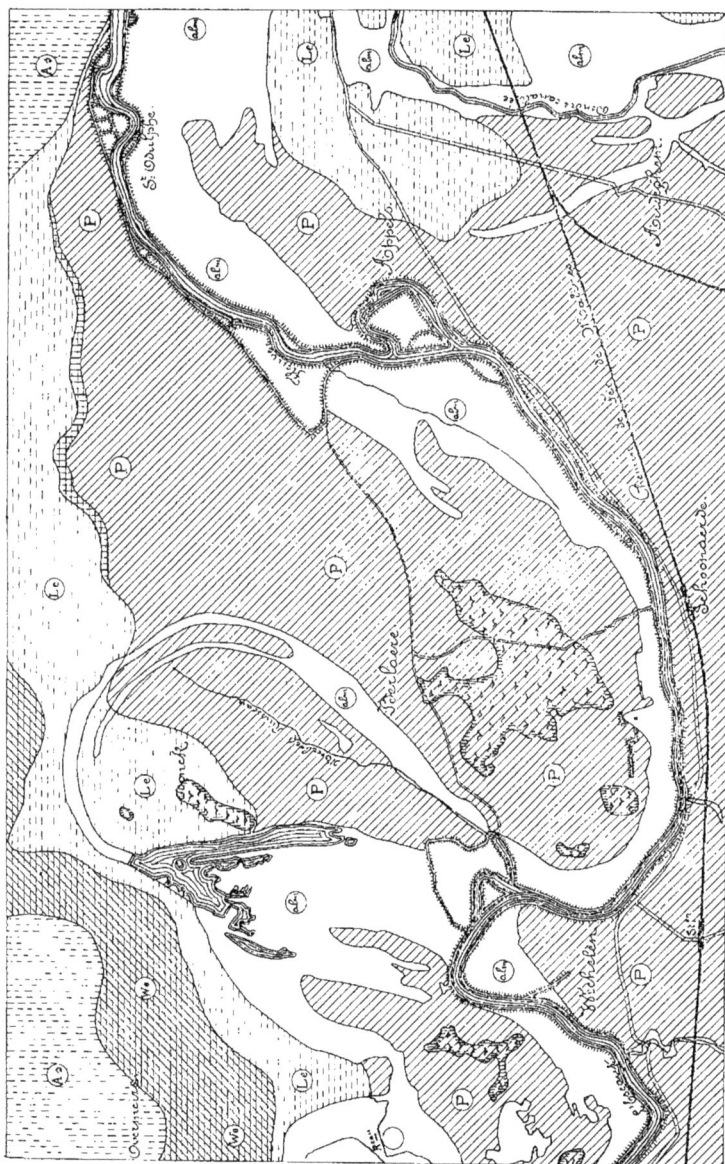

Fig. 78. — Carte géologique des rives de l'Escaut entre Wichelen et Saint-Onulphe, en amont de Termonde, d'après la carte géologique au 40,000°.
— La légende est à la page 186. — Échelle 1 : 60.000.

L'Asschien et tous les terrains plus anciens sont recouverts de Flandrien.

promener le long des fossés qui limitent les prairies et les champs.
L'eau disparaît souvent sous un revêtement continu de *Ranunculus
aquatilis* (phot. 42), de Lemnacées (*Lemna minor*, L. *trisulca*,
L. *gibba*, *Wolffia arhiza*, *Spirodela polyrhiza*), de *Stratiotes aloides*
d'*Hydrocharis Morsus-Ranae*, de *Hottonia palustris* (phot. 41, 42 ;
277 à 279). Sur les bords se pressent les grands *Carex*, par
exemple, *C. paludosa*, *C. Pseudo-Cyperus* (phot. 279), *Symphytum
officinale*, *Mentha aquatica*, *Iris Pseudo-Acorus* (phot. 280) et une
foule d'autres plantes herbacées à croissance rapide.

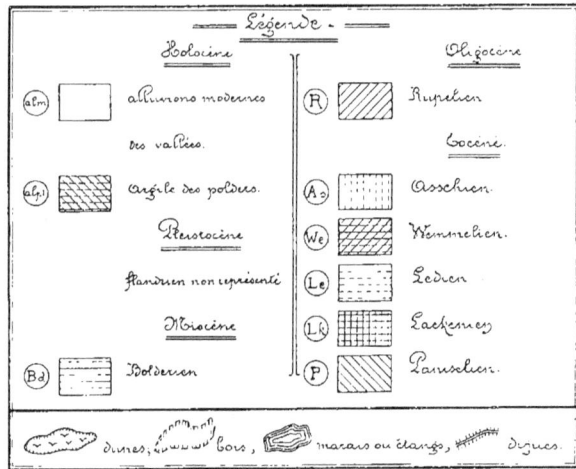

Légende des figures 77 et 78.

Les Algues sont remarquablement pauvres en espèces dans les
eaux des polders (voir Mme SCHOUTEDEN-WÉRY, *1909*). Les Flagellates sont surtout des Euglénacées.

Les digues ont une flore différente près de la mer et à l'intérieur.
Contre les schorres, elles portent *Cochlearia danica*, *Petroselinum
segetum*, *Beta maritima*, *Pastinaca sativa* (phot. 281). Lorsque la

digue est séparée des schorres par des terres qui ont été endiguées depuis sa construction, sa flore se modifie : elle se compose de *Lolium perenne*, *Agrimonia Eupatoria*, *Achillea Millefolium* (phot. 272), *Ononis spinosa*, etc.; parfois quelque *Agropyrum pungens* ou *Apium graveolens* rappelle l'ancien voisinage de la mer.

Le long de l'Escaut et de la Durme, les digues sont souvent plantées de Noyers (*Juglans regia*) (phot. 39, 40).

Les p r a i r i e s servent généralement de pâturages dans les polders marins (phot. 33, 36), tandis qu'aux bords de l'Escaut et de ses affluents elles fournissent du foin (phot. 41, 42). Il faut mentionner spécialement les prairies situées tout contre l'Escaut et la Durme, qui ne sont séparées de la rivière que par une diguette d'été (voir la figure au bas de la carte 9, hors texte). On appelle ainsi une digue basse, insuffisante pour arrêter les eaux de crue et de marée pendant l'hiver; ces prairies inondables ou schorres subissent donc le colmatage pendant la mauvaise saison et ne sont terre ferme qu'en été. Leur flore n'est guère différente de celle des prairies situées dans les polders proprement dits.

Les c h a m p s portent du Froment, de l'Orge, du Lin, des Féveroles (phot. 283), etc. La nature argileuse des terrains est très favorable à certaines plantes messicoles : *Equisetum arvense* (phot. 283), *Linaria Elatine*, *Phragmites communis*, etc.; mais elle en exclut d'autres : *Centaurea Cyanus*, *Spergula arvensis*, *Agrostemma Githago*, etc.

Il n'y a pas à proprement parler de bois dans les polders. Tout au plus pourrait-on appeler ainsi les petits bosquets entourant les canardières, par exemple à Overmeire (phot. 43, 44, 45). De grandes étendues de terrains sont occupées par des oseraies (phot. 284). Le long des prairies et au bas des digues, on plante souvent des *Salix alba*, qui sont exploités en têtards (phot. 37 et 38). Grâce à l'humidité du terrain, une abondante flore de Mousses et de lichens garnit les troncs (phot. 281). Il y a aussi de nombreuses Phanérogames et Fougères (surtout *Polypodium vulgare*) sur le plateau qui termine supérieurement ces arbres, et à leur intérieur (phot. 282); cette végétation épiphyte a été décrite en détail par M. GALLEMAERTS (*1908*).

§ 7. — District des polders sablonneux et des dunes internes.

En beaucoup de points, le sol de la plaine maritime est formé non d'argile, mais de sable. C'est le « sable à Cardium » des géologues belges, intercalé entre l'argile inférieure des polders et l'argile supérieure (voir la figure 76, page 180, et le tableau géologique de la page 33). Le plus souvent, la couche sableuse est peu importante en épaisseur et en largeur, et elle a été intimement mélangée à l'argile sous-jacente. Mais en trois endroits (voir carte 9, ors texte), elle est épaisse et étendue, et elle imprime un cachet spécial au paysage (phot. 46). La figure 76 donne le détail de la plaine sablonneuse de Lombartzyde et Westende.

A Adinkerke s'élève une rangée de dunes, séparées des dunes littorales par une certaine largeur de polders argileux. Ces dunes internes (phot. 47) ont la même flore que les polders sablonneux de Lombartzyde et Westende.

Le sable a une composition assez différente de celle des dunes littorales : le calcaire y est beaucoup moins abondant que dans les monticules littoraux, où des coquillages sont sans cesse amenés par le vent (voir les tableaux des pages 162 et 163). Aussi y a-t-il dans le district que nous étudions en ce moment toute une série de plantes calcifuges qui font défaut aux dunes littorales : *Cytisus scoparius* (phot 47), *Calluna vulgaris* (phot. 46), *Ornithopus perpusillus* (phot. 285), etc. La flore des Algues montre aussi, par l'abondance relative des Desmidiées, que l'eau est pauvre en calcaire (Mᵐᵉ SCHOUTEDEN-WERY, *1909*, p. 148, 149).

A part ces plantes particulières, les dunes ont la même flore que les dunes fixées littorales. Partout de grands espaces sont convertis en garennes et livrés aux Lapins. Ici, toutes les espèces originelles finissent par disparaître, sauf *Carex arenaria* et *Calluna vulgaris;* encore ce dernier est-il brouté de près.

Dans les pâturages, la flore se modifie également; souvent *Ranunculus bulbosus* devient tout à fait prédominant. A la fin de l'été, de nombreux ronds de sorcière apparaissent; ils sont formés par *Marasmius Oreades* (phot. 286), par *Tricholoma Columbetta* ou par *Psalliota campestris*.

Le terrain propice à la c u l t u r e est surtout employé à la production de légumes pour le marché d'Ostende (phot. 48). La flore messicole est analogue à celle des dunes littorales, avec addition de quelques plantes calcifuges : *Teesdalia nudicaulis, Arnoseris minima*, etc.

§ 8. — District flandrien.

A. — LE MILIEU.

Le district flandrien a sensiblement les mêmes limites que la mer flandrienne (fig. 6, p. 20); elles sont indiquées sur la carte 1 hors texte.

Près des polders, le Flandrien commence par une large plaine basse et unie, dont le niveau est inférieur à 5 mètres. L'écoulement des eaux ne peut donc pas se faire librement vers la mer, puisque les marées hautes s'élèvent à plus de 5 mètres, et l'on est obligé de drainer ce pays à l'aide d'innombrables fossés qui se réunissent dans des canaux munis d'écluses.

Après cette bande, large au maximum de 5 à 6 kilomètres, vient une plaine (phot. 51), qui s'élève progressivement à l'altitude de 10 à 15 mètres; elle occupe la plus grande partie du district. Le peu d'inclinaison du terrain et la présence d'une nappe superficielle posée sur une couche argileuse (phot. 59) font que l'on doit prendre des précautions spéciales pour éviter l'excès d'humidité du sol (phot. 54).

Dans le pays de Waes, il y a de véritables collines, dont le sommet se dresse à une vingtaine de mètres d'altitude. Mais c'est dans le sud de la Flandre occidentale que le sol s'élève le plus : il y a là des collines flandriennes qui ont une quarantaine de mètres (phot. 56 et 57).

Nous rattachons au Flandrien une petite région très spéciale du Hainaut, autour et à l'Est de Mons. Le sol y est constitué en partie de sable flandrien, par exemple dans la vallée de la Haine (phot. 61) et au N. de celle-ci (phot. 53, 295), en partie de sable et

grès éocènes (phot. 62). L'altitude de cette enclave est comprise
entre 20 et 100 mètres.

Le climat du district flandrien est nettement maritime, surtout
dans sa partie occidentale. Les gelées printanières sont assez
rares pour qu'on y ait établi de nombreux bois de Mélèzes
(phot. 58, 59).

Le sol, généralement sablonneux, est d'origine géologique assez
variée. Dans la plus grande partie du district, c'est du Flandrien
(voir les figures 77 et 78). Mais sa composition est loin d'être
constante : tantôt c'est du sable quartzeux, à gros grains, rebelle
à l'agriculture, sur lequel on ne réussit à faire pousser que des Pins
sylvestres, comme dans le nord de la Flandre orientale (carte 2,
hors texte); tantôt il est mélangé d'assez d'argile et de sable fin
pour pouvoir être transformé en excellent terrain agricole (carte 6,
hors texte; phot. 49, 50, 51); tantôt, enfin, la proportion d'argile est
telle que la terre passe au limon et que même le Froment y vient
à merveille (phot. 55, 56, 57).

La carte 5 (hors texte) montre que, au milieu des sables flandriens du S.-W. des Flandres, il y a des lambeaux, d'étendue
variable, de sables d'une autre nature. Ils sont toujours très peu
fertiles et ne portent guère que des bois. C'est le cas pour les
sables moséens à l'E. d'Ypres (phot. 288, 220), pour les sables
paniséliens à l'E. d'Ypres (phot. 287), au N. de Thourout (phot. 291
à 294) et près de Bellem (phot. 59), et pour les sables yprésiens
entre Poelcapelle et Clercken (phot. 60). Çà et là, il y a de petits
affleurements d'argile éocène, soit yprésienne, soit panisélienne
(phot. 58, 295 à 297); ils sont également garnis de bois.

Les tableaux des pages 192 à 195 donnent les analyses physique et
chimique de plusieurs terres des Flandres. La plupart des analyses
sont extraites des Monographies agricoles de Belgique. Celles de
Reeth sont extraites de Petermann (1898). On voit que les terres
sont très sableuses et pauvres en calcaire. Celui-ci est le plus rare
dans les endroits non encore mis en culture, à cause de leur
stérilité, à Saint-André lez-Bruges et à Wyngene. Les terres cultivées de Roulers et de Saint-André lez-Bruges sont médiocres; elles
ne portent pas de Froment. Mais les autres sont des terres de
première qualité. Elles proviennent d'ailleurs du sud de la Flandre

(carte 5) et du sud de la province d'Anvers (carte 6), c'est-à-dire de contrées qui sont souvent réunies par les agronomes au district hesbayen.

B. — LES PRINCIPALES ASSOCIATIONS.

« Le pays de Waes, jadis des landes, est maintenant l'une des contrées les plus fertiles et les plus populeuses de l'Europe (277 habitants par kilomètre carré). On n'y voit que pâturages, vergers, champs découpés en carrés et bordés d'arbres et de haies vives, çà et là de petites plantations d'arbres, etc., le tout semé de fermes isolées et de riants villages. Le sol n'est guère autre chose que du sable; il a été couvert, par des moyens artificiels, d'une excellente couche de terre végétale. Sous le rapport de l'agriculture, cette contrée est un pays modèle. » Ainsi s'exprime le *Guide Baedeker pour la Belgique et la Hollande*, édition de 1897, page 128.

Cette appréciation n'a rien d'exagéré. Avant que le sol eût été purgé de son humidité stagnante par un drainage méthodique, le pays était tout entier couvert de marécages et de bois. Mais, depuis le haut moyen âge, l'industrie étonnamment prospère des villes flamandes appela vers elles une population de plus en plus nombreuse. Pour la nourrir, il fallut mettre en culture des terres qui, partout ailleurs, auraient semblé impropres à toute exploitation.

Actuellement, il n'y a plus de terres incultes que sur les sols formés de sables purs ou d'argiles compactes. Les grandes bruyères qui s'étendaient aux environs de Maldeghem sont transformées en pineraies; celles du nord du pays de Waes ont subi le même sort. Même les sables moséens des environs d'Ypres, d'apparence si inhospitalière, portent des Pins sylvestres et des Mélèzes (phot. 52).

Les seules bruyères qui soient encore conservées sont celles de la partie flandrienne du Hainaut (phot. 62 et 289). Leur flore est celle qu'on trouve partout sur les landes sablonneuses : *Calluna vulgaris*, *Agrostis vulgaris*, *Jasione montana*, *Trifolium arvense*, *Carex praecox*, *Genista pilosa*, *Scleranthus perennis*, *Hieracium Pilosella*, *H. vulgatum*, *Rumex Acetosella*, *Dicranum scoparium*,

Analyse physique de

| | BRUYÈRES. | | CHAMPS C |
	Saint-André lez-Bruges (¹).	Wyngene. (Bruyère défrichée.)	Roulers. (Terre à seigle.)
Eau à 150° C	17.70	19.10	10.00
Résidu sur le tamis de 2 millimètre			
Débris organiques	—	—	—
Débris minéraux	—	—	—
Terre fine passant au tamis de 1 millimètre . .			
Matières organiques	—	—	—
Sable grossier ne passant pas au tamis de 0mm5 .			
Sable fin ne passant pas au tamis de 0mm2 . .	905.3	952.3	933.7
Sable poussiéreux passant au tamis de 0mm2			
Argile	51.6	07.7	36.7
Différence considérée comme calcaire (²) . .	—	—	—
Matière noire de Grandeau	Traces.	20.1	3.8
Poids d'un litre de terre séchée à l'air	1k330	1k258	1k575
Pouvoir absorbant de la terre séchée à l'air .	—	—	—

(¹) Cette terre est rebelle à la culture du Pin sylvestre.
(²) L'analyse est faite d'après la méthode de Schloesing. L'analyse chimique renseigne

l'air (1,000 parties).

CHAMPS CULTIVÉS.							
Reeth.	*Desselghem.*		*Anseghem.*		*Rumbeke.*		
Sous-sol.	Sol.	Sous-sol.	Sol.	Sous-sol.	Sol.	Sous-sol.
17.47	21.26	21.86	15.97	17.15	18.60	30.60
—	0	0.3	Traces.	0	—	—
0 5	0.1	2.4	4.0	1.0	—	—
947						
—	8.2	15.0	13.2	13.0	—	—
	0	0	1.6	1.5		
935.0	359.0	447.0	614.0	641.4	897.6	802.8
	586.9	503.1	338.9	299.2		
1.2	45.4	29.4	26.4	42.5	70.3	151.1
—	0.4	2.8	1.9	1.4	—	—
9.72	5.40	12 7	4.1	1.0	4.9	3.1
1^{k}375	1^{k}580	1^{k}415	1^{k}165	1^{k}055	1^{k}322	1^{k}257
39.5	245	268	349	268	—	—

x en carbonates.

Analyse chimi

	BRUYÈRES.		CHAMPS C
	Saint-André lez-Bruges (¹).	*Wyngene.* (Bruyère défrichée.)	*Roulers.* ¡Terre à seigle.)
Matières combustibles et volatiles	9 40	—	14.40
Azote organique	0.c95	1.160	0.539
— ammoniacal	Traces.	Traces.	0.05
— nitrique	Traces.	Traces.	Traces.
Soluble à froid dans HCl (D = 1.18). . . .	6.59	4.19	14.96
Oxyde de fer et alumine	4.90	3.58	11.05
Chaux	0.25	0.20	1 01
Magnésie	0.14	0.05	0.93
Soude	0.55	—	0.08
Potasse	0.45	0.02	0.32
Acide phosphorique	0.03	0.34	0.88
— sulfurique	0.10	Non dosé.	0.20
— carbonique	0.14	—	0.41
— silicique	0.03	—	0.08
Chlore	Traces.	—	Traces.
Insoluble à froid dans HCl, soluble dans HFl .	966.51	—	960.64
Potasse	—	—	—
Chaux	—	—	—
Magnésie	—	—	—
Acide phosphorique	—	—	—

(¹) Cette terre est rebelle à la culture du Pin sylvestre.

ine (1,000 parties).

	CHAMPS CULTIVÉS.						
Reeth.		*Desselghem.*		*Anseghem.*		*Rumbeke.*	
	Sous-sol.	Sol.	Sous-sol.	Sol.	Sous-sol.	Sol.	Sous-sol.
94	17.67	8 17	15.02	13.21	12.98	29 40	27 40
26	0.83	0.27	0.67	0.60	0.35	1.131	1.099
04	0.03	0 05	0 07	0 01	Traces.	0.07	0.01
03	0.03	Traces.	Traces.	0 01	0.01	Traces.	0 032
33	9.58	14.22	15.49	8.09	0.41	15 17	17.58
19	6 29	9.64	8.67	5.53	6.87	6.32	10.20
72	0.92	1.17	1 51	0.63	1.60	2.75	4.47
89	0.54	1 02	0.71	0.26	0.12	0.52	0 90
89	0.91	0 66	0.43	0.41	0.64	0.57	0.14
09	0.'5	0.29	0.26	0.21	0.18	0.80	0.26
63	0 47	0.91	1.28	0 62	0.47	1.13	0 85
26	0 22	0 26	0 31	0.37	0.28	0.18	Traces.
t.	Point.	0.13	0.10	0.14	0.13	2.48	0.32
16	0.18	0.13	0.21	0.11	0.11	0.19	0.19
s.	Traces.	0.01	0.01	0.01	0.01	Traces.	Traces.
28	15.48	977.64	971.49	978.70	976.61	936.82	924.42
35	8.09	13.21	12.54	13.55	14.89	—	—
26	5.97	9.04	9.60	14.19	13.80	—	—
67	1 42	2 42	3 20	2.47	5.45	—	—
t.	Point.	0.10	0.11	0.22	0.33	—	—

Cladonia pyxidata, *C. rangiferina*, *Cetraria aculeata*, *Clavaria fragilis*.

Dans les endroits humides de ces bruyères, on trouve *Juncus squarrosus*, *Hydrocotyle vulgaris*, *Erica Tetralix*, *Ranunculus Flammula*, *Sphagnum*.

Lorsque l'humidité devient plus forte, les *Sphagnum* revêtent d'épaisses t o u r b i è r e s, au milieu desquelles croît, notamment dans le bois de Baudour, une végétation typique, par exemple *Andromeda poliifolia*, *Vaccinium Oxycoccos*, *Narthecium ossifragum*, *Micrasterias rotata* (voir carte 4).

Quelques marécages tourbeux du même genre se sont maintenus en Flandre, mais ils y sont en voie d'extinction. L'un des plus intéressants a été décrit par M. Mac Leod, en *1892*; il est maintenant asséché. D'autres, fort intéressants, se trouvent entre Gheluvelt et Ypres, sur des sables moséens et paniseliens (phot. 287, 288) : *Erica Tetralix*, *Drosera rotundifolia*, *Salix repens*, *Myrica Gale*, *Narthecium ossifragum*, *Juncus acutiflorus*, *Equisetum sylvaticum*, *Sphagnum*... y sont très abondants.

En beaucoup de points, on reconnaît la présence des d u n e s, mais c'est à peine si, à la lisière des pineraies qui les garnissent, végètent encore quelques *Carex arenaria*, *Nardus stricta*, *Aira caryophyllea*, *Jasione montana*, *Cetraria aculeata*.

Des b o i s ont remplacé tous les terrains qui ne conviennent pas à l'exploitation agricole. Ce sont presque uniquement des peuplements de *Quercus pedunculata*, de *Larix decidua* et de *Pinus sylvestris* (phot. 52, 58, 59, 60, 291 à 294, 295 à 297). Plus rarement il y a de petits massifs de *Fagus sylvatica* (phot. 293); mais on voit assez souvent des Hêtres former un sous-bois dans les pineraies (phot. 291); les autres arbustes des sous-bois sont surtout *Rhamnus Frangula*, *Quercus pedunculata* (phot. 58), *Castanea vesca* (phot. 59, 296), *Alnus glutinosa*.

Les bois du Flandrien sont le plus souvent fort clairs; aussi donnent-ils asile à une belle flore herbacée et sous-frutescente. Les *Rubus* font parfois en tapis continu sous les Mélèzes et les Pins sylvestres (phot. 292, 295); ils sont accompagnés de *Solidago Virga aurea*, *Eupatorium cannabinum* (phot. 292, 296), *Molinia coerulea* (phot. 294), *Erica Tetralix, Calluna vulgaris, Epilobium parviflorum* (phot. 292), *Teucrium Scorodonia, Lysimachia vulgaris, Holcus mollis, Aspidium spinulosum, Blechnum Spicant, Equisetum sylvaticum* (phot. 295), *E. maximum* (phot. 226), *Leucobryum glaucum, Polytrichum formosum* (phot. 223), *Hypnum purum* (phot. 223), *H. Schreberi, Dicranum scoparium, Diplophyllum albicans*. A la fin de l'été apparaissent d'innombrables Champignons : *Russula emetica, Laccaria laccata* (phot. 223), *Ammanita solitaria, Marasmius splachnoides, Boletus edulis* (phot. 293), etc.

D'habitude les bois sont coupés de fossés de drainage, dans lesquels les différences d'éclairement et d'humidité déterminent les localisations fort strictes des flores. Les photographies 294 et 297 montrent ces changements brusques dans la végétation.

Partout où le sol forestier est reconnu propre à la culture agricole, on coupe les bois pour les remplacer par des champs ; les régions qui ont subi ces transformations se reconnaissent aisément aux longues avenues rectilignes de Chênes (phot. 298) ou de Hêtres qui les sillonnent. Les bords des chemins ne portent pas ici la flore habituelle de ces stations (voir p. 144), mais une végétation de clairières et de lisières (phot. 298).

En Flandre on ne fait guère d'élevage, et les p r a i r i e s y sont relativement peu nombreuses. Elles sont établies sur les alluvions modernes des vallées (cartes 5 et 6) ; souvent l'humidité y est excessive (phot. 61), et elles nourrissent plutôt des Cypéracées que des Graminacées fourragères.

La Flandre est par excellence le pays de la petite culture. Les c h a m p s y sont assez petits pour être cultivés de la façon la plus intensive. On peut dire que le paysan flamand fait du jardinage, non de l'agriculture (¹). Les principales cultures sont le Seigle, la Pomme de terre, le Trèfle (*Trifolium pratense*), le Lin, le Froment. La flore messicole porte bien l'empreinte de la nature sableuse du sol : *Centaurea Cyanus, Galeopsis ochroleuca* (phot. 290), *Arnoseris*

(¹) D'après l'*Annuaire statistique de la Belgique pour 1908*, il y a par 100 hectares, dans la Flandre orientale, 310 parcelles cadastrales : les champs ont donc en moyenne un tiers d'hectare.

minima (phot. 290), *Panicum Crus-Galli*, *Scleranthus annuus*, *Gnaphalium uliginosum*, *Spergula arvensis*. On y rencontre aussi, chose assez insolite, des Algues, notamment *Schizogonium murale*.

§ 9. — District campinien.

A. — Le milieu.

Le district campinien occupe l'extrémité N.-E. du pays (cartes 1 et 6, hors texte). Il se continue vers le N. avec un pays tout à fait analogue en Néerlande. Dans l'ensemble, c'est une plaine inclinée du S.-E., où elle est à l'altitude de 100 mètres, vers le N.-W. où elle touche aux polders de l'Escaut, à l'altitude de 5 mètres. Sa portion orientale forme un plateau assez élevé, qui n'a pas été envahi par l'inondation hesbayenne (fig. 8, p. 22), ni par la mer flandrienne (fig. 6, p. 20). Il tombe brusquement dans la vallée de la Meuse, à l'E. (carte 6) ; à l'W., il se termine également par une marche relativement abrupte contre la plaine basse où coulent les affluents du Démer ; aux environs de Genck, dans la Campine limbourgeoise, la distinction est fort nette entre les deux niveaux : la bruyère basse, semée de marécages et d'étangs ; la haute bruyère, généralement sèche (fig. 79, Genck, et phot. 88).

Dans l'angle S.-W. du district, où le sol est formé principalement de sables diestiens (fig. 82), il y a un ressaut analogue. Les collines diestiennes y touchent directement la plaine flandrienne (fig. 79, Wesemael ; la photographie 54 montre le même point). Dans la province d'Anvers, la plaine campinienne est suffisamment abaissée pour que les rivières n'y creusent plus que des vallées peu profondes (fig. 79, Herenthals).

Le climat de la Campine est plus rude que ne l'indiqueraient la faible altitude et la proximité de la mer. Son allure continentale tient sans doute à la nature sablonneuse du sol, s'échauffant fort en été, se refroidissant rapidement en hiver. C'est surtout la Campine limbourgeoise qui connaît les grandes variations de température (voir fig. 23 A, p. 48). Elle possède pas mal d'espèces subalpines : *Arnica montana*, *Vaccinium uliginosum* (qui semble avoir disparu), *Scirpus caespitosus*, *Eriophorum vaginatum*. La conser-

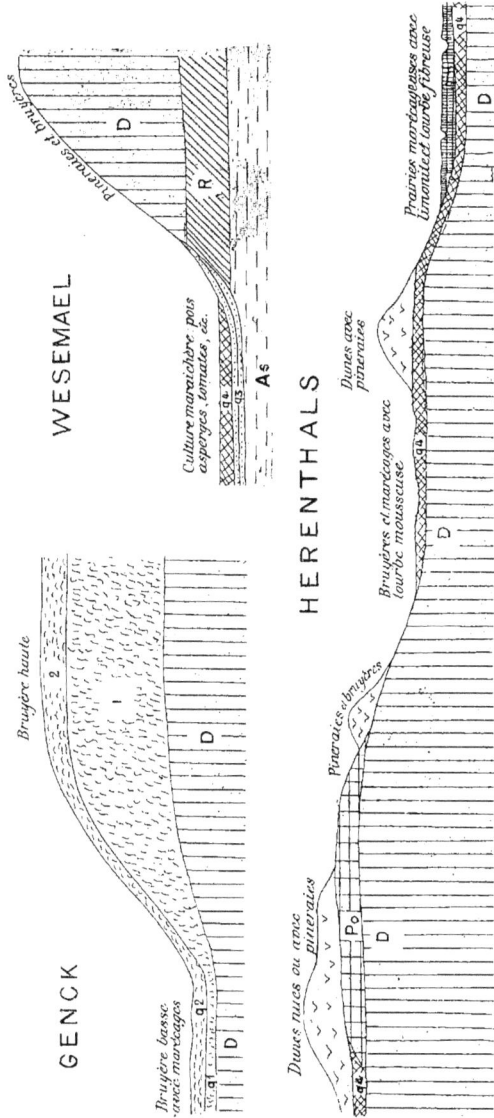

Fig. 79. — Coupes schématiques à Genck (Campine limbourgeoise), Wesemael (Campine brabançonne) et Herenthals (Campine anversoise). (Voir la légende p. 201.)

(Comparer avec les figures 80, 81, 82.)

vation de ces reliques glaciaires a certainement été facilitée par le fait que la Campine limbourgeoise n'a pas été inondée depuis le Campinien (voir fig. 6 à 10, pp. 20 à 23).

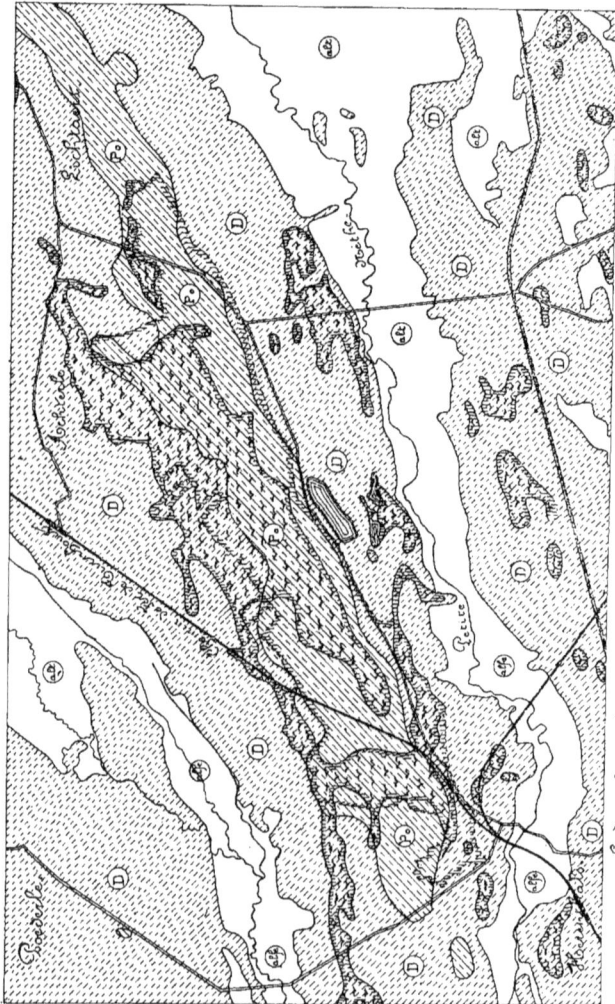

FIG. 80. — Carte géologique des environs de Herenthals et de Lichtaert dans la Campine anversoise. (Voir figure 79.) La légende est à la page suivante.

Le pointillé et les terrains plus anciens sont recouverts presque partout de sablon.

Le sol est partout d'une pauvreté déplorable. Dans la province d'Anvers, il est constitué par du sable flandrien (fig. 79 et 80, voir aussi p. 21).

Dans le Limbourg, c'est du Moséen et du Campinien (fig. 79 et 81).

Les sables flandriens, ainsi que les sables, graviers et cailloux moséens et campiniens, contiennent souvent une couche de tuf humique à peu près imperméable aux racines (phot. 66, 67).

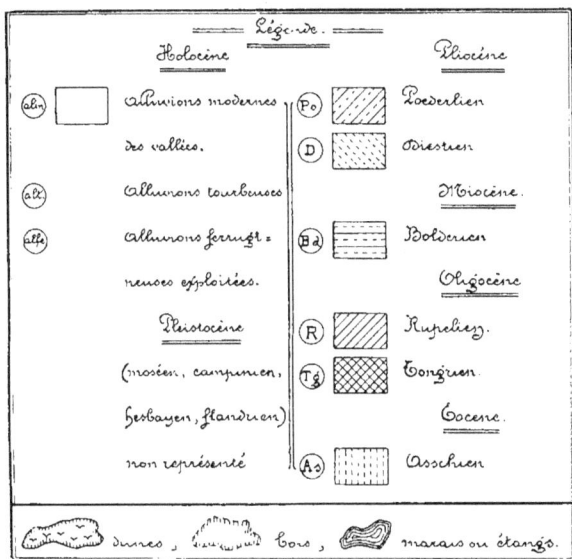

Légende.

Holocène   Pliocène

(al₂) Alluvions modernes   (Po) Poederlien
des vallées.   (D) Diestien

(alt) Alluvions tourbeuses   Miocène.

(alf) Alluvions ferrugi: (Bd) Bolderien
neuses exploitées.   Oligocène

Pléistocène   (R) Rupelien.
(moséen, campinien,   (Tg) Tongrien.
hesbayen, flandrien)   Éocène.
non représenté   (As) Asschien

Dunes,   Bois,   marais ou étangs.

Cette légende s'applique aux figures 79 à 82. Les cartes 80, 81 et 82 sont faites d'après la carte géologique au 40,000ᵉ; elles sont au 60,000ᵉ.

Dans la Campine brabançonne (fig. 79 et 82, et carte 6), le terrain est plus varié : il y a des collines en sable diestien, séparées par des vallées dont les pentes sont le plus souvent couvertes de limon hesbayen, mais d'un limon très sableux et en somme peu fertile. Le sable diestien est souvent concrétionné sous forme de grès (phot. 68). A l'état naturel, il ne portait guère que des bruyères;

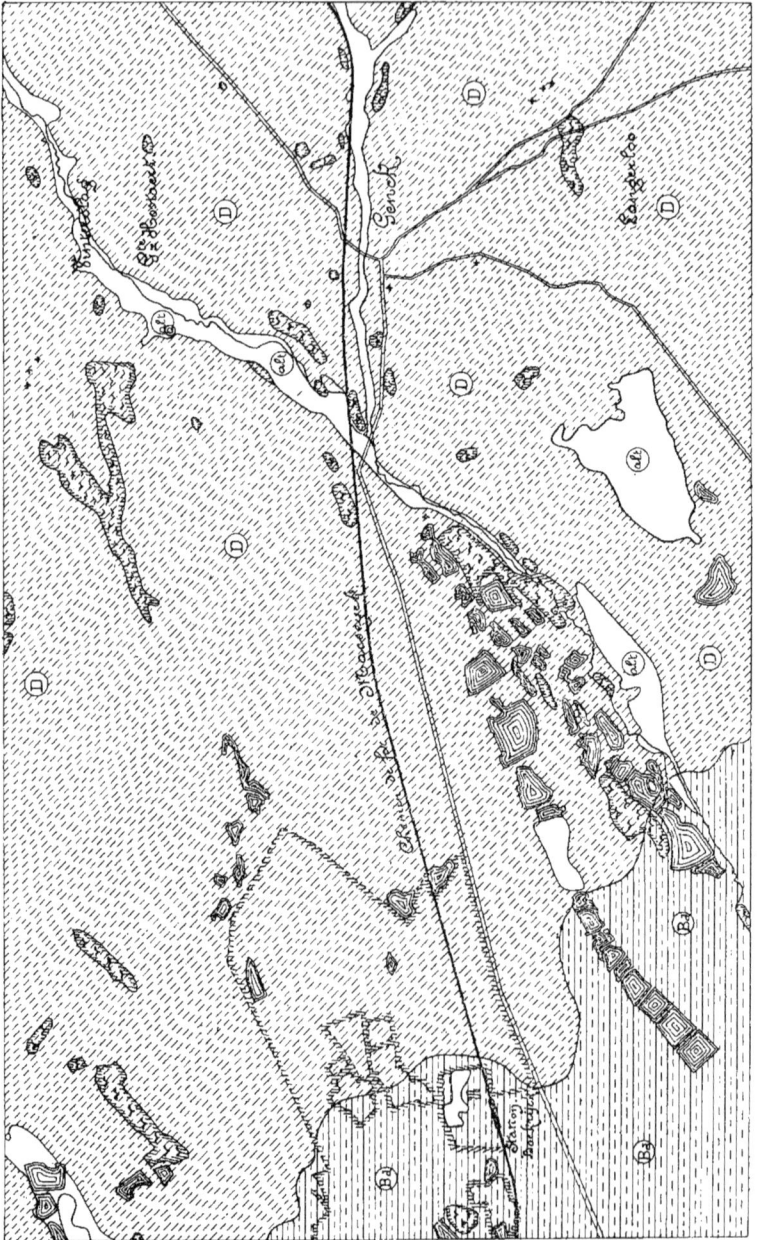

Fig. 81. — Carte géologique des environs de Boekryck et de Genck, dans la Campine limbourgeoise. Voir la légende p. 201. (Comparer avec la figure 79.)

mais depuis longtemps celles-ci ont disparu pour faire place à des pineraies (phot. 54, 69, 70, 71). Comme le Diestien n'affleure généralement que sur les crêtes des collines, on voit toutes les hauteurs couronnées de bois de Pins (phot. 70).

Les tableaux suivants donnent la composition physique et chimique des terres de la Campine. La plupart des analyses sont extraites des *Monographies agricoles de la Belgique*. Celles de Neeroeteren, Rethy, Neerpelt, Aerschot et Lummen, ainsi que celles du sous-sol de Merxplas (bonne et mauvaise pineraie), sont extraites de Petermann (*1898*).

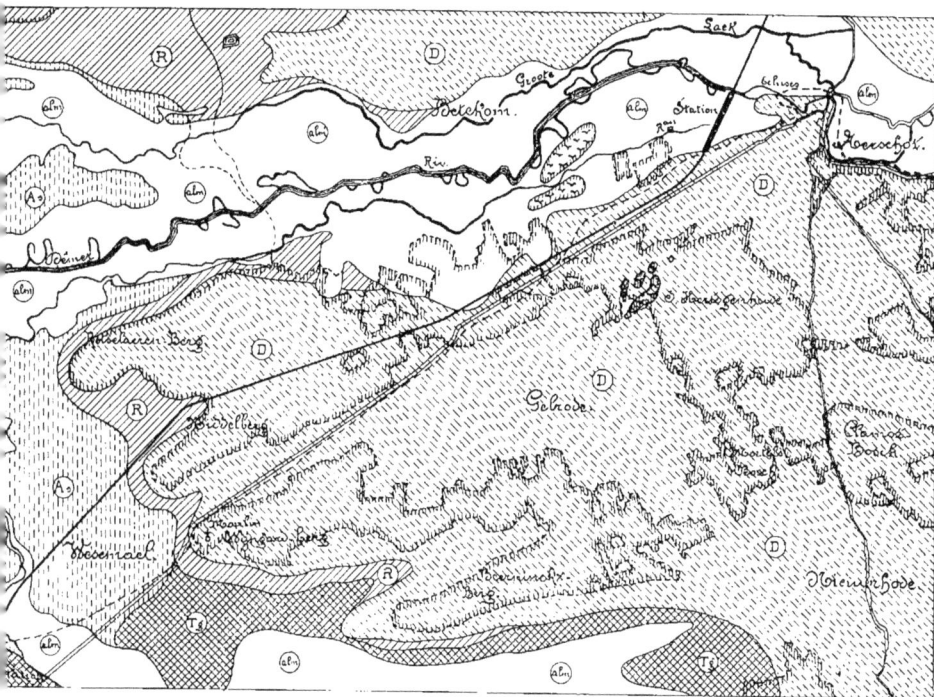

Fig. 82. — Carte géologique des environs de Wesemael et Aerschot dans la Campine brabançonne. Voir la légende p. 201.

(Comparer avec la figure 79.)

Analyse physique a

	BRUYÈRES.				
	SABLES CAMPINIENS.				
	Bruyères sèches.				Bruyère
				Genck.		
	Asch.	*Peer.*	*Helchteren.*	*Sol*	*Sous-sol.*	
Eau à 150° C	12.17	13.12	10 26	6.41	20.36	
Résidu sur le tamis de 1 millimètre.						
Débris organiques	2.87	5.00	1.00	1.66	0.34	
Débris minéraux	274.92		36.00	22.49	11.68	
Terre fine passant au tamis de 1 millimètre . .						
Matières organiques	13 85	—	—	18.19	27.66	
Sable grossier ne passant pas au tamis de 0mm5	38.74			66.97	59.38	
Sable fin ne passant pas au tamis de 0mm2 . .	410.44	944.00	896.00	463.16	591.99	
Sable poussiéreux passant au tamis de 0mm2 .	234.98			409.63	270.85	
Argile	9.40	3.00	11 00	10.28	16.08	
Différence considérée comme calcaire (1) . .	2.63	—	—	1.21	1.66	
Matière noire de Grandeau.	4.36	15.71	16 32	8.48	12.25	
Poids d'un litre de terre séchée à l'air	1k575	1k310	1k355	1k390	1k340	
Pouvoir absorbant de la terre séchée à l'air .	232 00	285	410	308.00	320.00	

(1) L'analyse est faite d'après la méthode de SCHLOESING. L'analyse chimique

à l'air (1,000 parties).

PINERAIES à Merxplas. (able flandrien.)			CHAMPS LABOURÉS. (Sables campiniens.)				PRAIRIES IRRIGUÉES.				SABLES DIESTIENS	
ne aie.	Mauvaise pineraie.		Brée.		Peer.	Helchteren.	Rethy.		Neerpelt.		Aerschot.	Lummen.
Sous-sol.	Sol.	Sous-sol.	Sol.	Sous-sol.			Sol.	Sous-sol.	Sol.	Sous-sol.		
8 81	13.24	9.93	15.66	9.82	15.54	17.63	18.53	11.92	4.71	4.76	7.20	12.75
4.43		21.94					5.21	2.20	8.32	4.42	60.0	145.0
1.84	11.03	9.03	1.75	Traces	1.37	2.12	4 11	1.53	1.97	0.25	0.7	143.0
2.59	23.35	12.91	4.28	47.78	33.17	30.68	1.10	0.67	6.35	4.17	59.3	
86.76		968.13					976.26	985.88	686.97	990.82	940.0	857.0
7.89	24.82	5.87	47.34	21.84	33.19	33.29	28 94	29.24	12.48	9.19	4 7	22.4
14.45	7 25	5.27	127.57	188.63	165.99	139 95	9.59	8.23	71.13	43.24	27 1	
04.86	273.86	177.68	317.05	309.79	631.39	585.29	661.68	704.22	464 35	474.77	735.7	830.1
17 54	597.60	710.99	423.36	385.11	106.31	182.89	260.68	228 24	429.62	447.42	155.1	
41.92	48.66	67.63	21 50	35 14	9.48	7.10	12.12	13.00	6.18	13.26	16.2	3.1
0.10	0.19	0.69	1.79	1.89	3.56	1 05	3.25	2.95	3.21	2.94	1.2	1.4
Traces	5.17	Traces	9.78	5.52	13.16	15.97	8.46	10.16	2.c6	0.58	—	—
1k470	1k315	1k340	1k280	1k380	1k365	1k355	1k290	1k355	1k495	1k440	1k550	—
26.7	319.00	28 5	370.00	294.00	346.80	392.50	412	348	294	302	252	306

ment sur le taux en carbonates.

Analyse chimiq

	BRUYÈRES.					
	SABLES CAMPINIENS.					
	Bruyères sèches.					Bruyère maré-
				Genck.		
	Asch.	*Peer.*	*Helchteren.*	Sol.	Sous-sol.	*Neerolveren.*
Matières combustibles et volatiles	*19.50*	*28.24*	*38.15*	*18 75*	*28.59*	*219*
Azote organique	0.41	0.31	0.57	0.14	0 16	6
— ammoniacal	0.01	»	»	0 02	0 02	0
— nitrique	0.01	0.09	0.03	Traces	Traces	0
Soluble à froid dans HCl (D = 1.18)	*9.03*	*9.03*	*5.26*	*4.31*	*14.52*	*54*
Oxyde de fer et alumine	6.71	7.27	3.99	2 52	13.23	43
Chaux	0.73	0.55	0.04	0.25	0.04	4
Magnésie	0.11	0 33	0.23	0.03	0 10	I
Soude	0.32	0.32	0.42	0.64	0.53	0
Potasse	0.09	0.22	0.13	0.03	0 02	0
Acide phosphorique	0 57	0 12	0 13	0.1?	0.28	2
— sulfurique	0.16	0.16	0.27	0.09	0.13	I
— carbonique	0.09	Point	Point	0.37	»	Po
— silécique	0.22	0.04	0 05	0.24	0.18	0
Chlore	0.03	0.02	Traces	0.01	0.01	Tra
Insoluble à froid dans CHl, soluble dans HFl .	*971.47*	*962.73*	*956.59*	*976.74*	*956.89*	
Potasse	5.23	20.26	6 48	1.79	2.47	13
Chaux	7.29	9 50	9.59	4.52	11.13	17
Magnésie	1.27	12.91	2 60	2 42	3.06	17
Acide phosphorique	0.10	Point	Point	0.22	0.08	Po

fine (1,000 parties).

PINERAIES à Merxplas. (ble flandrien.)			CHAMPS LABOURÉS. (Sables campiniens.)				PRAIRIES IRRIGUÉES.				SABLES DIESTIENS.	
ne aie.	Mauvaise pineraie.		*Brée.*		*Peer.*	*Helchteren.*	*Rethy.*		*Neerpelt.*			
Sous sol.	Sol.	Sous-sol.	Sol.	Sous-sol.			Sol.	Sous-sol.	Sol.	Sous-sol.	AERSCHOT.	LUMMEN.
8.00	26.06	6.06	50.40	23.17	34.95	35.04	29.64	29.65	12 64	9.28	5.01	26.17
0.10	0.07	0.05	1.53	0 56	1.12	1.17	0.76	0.67	0.58	0.16	0.15	0.30
Traces	Traces	Traces	0.03	0 03	0 01	0.04	0.03	0.02	Traces	Point	0.01	0
0.01	Traces	Traces	0.01	Traces	0.01	0.01	Traces	Traces	Traces	Traces	Traces	0.06
10.67	8.06	14.64	9.32	9.05	8.42	5.03	6.13	5.19	7.19	6.34	23.95	32.41
9.63	7.15	13.72	6.37	6 36	4.03	3.61	2.04	2.16	3.73	3.60	22 85	0.06
0.03	0 19	0.03	0.29	0.40	1 68	0.27	2.68	2.31	1.57	1.21	0.13	0.56
0.22	0.11	0.38	0.18	0.25	0.29	0.11	0 19	0.15	0.25	0.14	0.10	0 18
0.30	0.25	0 06	0.42	0.95	0 19	0.11	0.09	0.08	0.61	0 30	0 19	0.29
0.13	0.05	0.11	0.27	0 05	0.12	0.05	0.07	0.08	0.11	0.02	0.08	0.52
0 c8	0.10	0 13	0.53	0.46	0 81	0.34	0.'8	0.15	0.13	0.12	0.27	0.44
0 16	0.10	0.12	0 34	0.24	0 28	0.35	0.08	0.01	0.08	0.05	0.17	0.11
—	—	—	0.67	0 11	0.05	0 07	0.25	0.16	0.61	0.61	0.c8	Traces
0.07	0.10	0.08	0.22	0.20	0.95	0.11	0.14	0 08	0.07	0.15	0.06	0 07
0.05	0.01	0.01	0.03	0.03	0.02	0.01	0.01	0.01	0.03	0.14	0.02	0.02
981.33	965.88	979.30	940.28	967.78	956.63	959.93	964.23	965.16	980.17	984.38	971.04	941.42
15.74	27.96	25.16	5.40	6.63	6.18	4.59	23 93	27.48	12.91	16.03	11.69	25 70
0.86	10.27	18.36	7.51	4.84	9 83	6.24	32 78	34.99	5 64	5.54	10.32	0.71
0.09	0.61	0 31	0.68	0.17	4.01	0.52	1.13	1.44	0.71	1 51	2.27	8.13
—	0.02	Traces	0 22	0.07	Traces	0.10	0.13	0.11	0.21	0.10	Traces	—

Au point de vue géobotanique, nous avons classé les terres analysées en cinq catégories :

1° Les bruyères, et 2° les pineraies, à sol très maigre. Rien ne montre mieux la stérilité du sol de la Campine que la lenteur avec laquelle une terre vierge se repeuple. On a enlevé à Calmpthout, sur une étendue de plusieurs dizaines d'hectares, tout le sable superficiel, jusque dans le voisinage de la nappe aquifère. Ce travail a été exécuté il y a quinze ou vingt ans. Or, le terrain ainsi dénudé est loin d'être garni de végétation : que l'on compare les photographies 64 et 65 ; la photographie 8ŋ montre aussi la pénétration des plantes sur le sol vierge. La bruyère marécageuse de Neeroeteren est remarquablement riche en azote organique, ce qui explique peut-être que beaucoup de plantes de ces stations possèdent des mycorhizes (voir p. 131); 3° Les champs labourés : leur terre est sensiblement plus riche; 4° Les prairies irriguées (voir plus loin), où l'eau apporte sans cesse de nouveaux aliments; 5° Les sables diestiens : la présence de glauconie élève énormément le taux en potasse.

B. — LES PRINCIPALES ASSOCIATIONS.

Les sables maigres et inféconds de la Campine n'ont jamais attiré une bien forte population (p. 88); aussi ce district renferme-t-il encore pas mal de landes (carte 2, hors texte). Suivant la quantité d'eau qui imprègne le sol, les terres incultes se présentent sous des aspects très divers, depuis les dunes mobiles à végétation clairsemée jusqu'à la tourbière. Nous avons déjà vu (p. 79, ss.) qu'à chaque degré d'humidité correspond une certaine association d'espèces végétales.

Ce sont les bruyères qui occupent la plus grande partie des terres incultes. Les bruyères sèches ont la flore la plus pauvre en espèces qu'il soit possible d'imaginer : *Calluna vulgaris* est tout à fait prédominant (phot. 68, 89 et 307). Entre ses touffes se montrent *Festuca ovina*, *Nardus stricta*, *Agrostis vulgaris*, *Rumex Acetosella*, *Genista pilosa*, *Jasione montana*, *Cladonia rangiferina* (phot. 307), *C. coccifera*, *Polytrichum piliferum*. Aux environs d'Asch, dans la Campine limbourgeoise, *Calluna* est remplacé par *Erica cinerea*.

Dans les bruyères humides, c'est encore *Calluna* qui domine, mais en mélange avec une flore beaucoup plus variée (phot. 64, 90 et 312) : *Erica Tetralix, Molinia coerulea, Juncus squarrosus, Salix repens, Potentilla sylvestris, Genista anglica, Hydrocotyle vulgaris, Mentha arvensis, Cladonia furcata*. Sur le sable nu, dans les creux, il y a souvent un feutrage de filaments de *Zygnema ericetorum* ou de rameaux rampants d'*Alicularia scalaris*. C'est là que les pauvres paysans campinois viennent, à l'aide d'une houe spéciale, enlever la croûte superficielle du sol, celle qui contient le plus de matières humiques, pour se procurer du combustible (phot. 90).

Encore plus bas, la bruyère devient marécageuse. *Calluna* cède le pas à *Erica Tetralix*. Des coussinets de *Sphagnum*, blancs quand il fait sec, verts lorsqu'ils sont gorgés d'eau, sont posés sur le sable. *Alicularia* et *Zygnema* font des tapis de plus en plus épais. Aux plantes que nous venons de rencontrer dans la bruyère humide, s'ajoutent *Osmunda regalis, Lycopodium inundatum* (phot. 82), *Deschampsia discolor, Cardamine pratensis, Drosera rotundifolia, Eriophorum angustifolium* (phot. 77), *Hydrocotyle vulgaris, Pedicularis sylvatica, Cirsium palustre*.

Encore plus bas, les touffes de *Sphagnum* deviennent de plus en plus larges et épaisses ; bientôt elles confluent (phot. 503) : nous sommes en plein marécage, c'est-à-dire dans un endroit qui s'inonde régulièrement en hiver. Les marécages sont le mieux marqués aux bords des étangs (phot. 72 à 79, 81, 303 à 306), surtout lorsque la pente du terrain est douce. Ils forment alors des plages tourbeuses. Les deux plantes les plus caractéristiques sont *Sphagnum div. sp.* et *Myrica Gale* (phot. 76, 77, 78, 79, 305, 306). Parmi les *Sphagnum* se trouvent pas mal d'autres Bryophytes : *Aulacomnium palustre, Polytrichum commune*, même *Hypnum Schreberi* et *Calypogeia Trichomanis* qu'on ne s'attendait pas à trouver là (phot. 304) ; plus rarement *Sphagnoecetis communis* et *Aneura pinguis*. De grands buissons se dressent au milieu des *Myrica* : *Alnus glutinosa, Rubus fruticosus, Viburnum Opulus, Rhamnus Frangula, Ilex Aquifolium, Salix cinerea* (phot. 305) et *S. aurita* (phot. 74). Des *Betula alba* (phot. 78) se dressent partout. Une abondante végétation d'herbes et de petits arbrisseaux se plaît

14

entre les arbustes : *Calla pa-lustris* (phot. 305), *Andromeda poliifolia* (phot 306), *Potentilla (Comarum) palustris*, *Peu-cedanum palustre* (phot. 316), *Stellaria palustris*, *Aspidium spinulosum*. Parfois les ar-bustes et même les grandes herbes font défaut, et les plantes de plein soleil appa-raissent : *Rhynchospora fusca, R. alba, Elodes palustris, Drosera intermedia, Gentiana Pneumonanthe, Menyanthes trifoliata, Viola palustris*.

Lorsque les bords de la mare, au lieu d'être garnis de *Sphagnum*, sont nus, leur flore est tout autre. Ce sont alors de nombreuses plantes herbacées de très petite taille, atteignant à peine 10 ou 15 centimètres de hauteur. Il y a là une zone, large de 1 à 3 ou 4 mètres, selon le degré d'inclinaison de la pente, où se donne rendez-vous une flore extrèmement curieuse, repré-sentée par les photographies 299 à 302. Aux espèces qui sont énumérées sur ces pho-tographies, on peut encore ajouter : *Subularia aquatica, Radiola linoides, Centunculus minimus, Elatine hexandra, Gnaphalium luteo-album. G. uliginosum, Riccia canalicu-lata*.

Mais toutes les espèces qui figurent sur les photogra-phies 299 à 302 ne sont pas de celles qui colonisent d'habi-

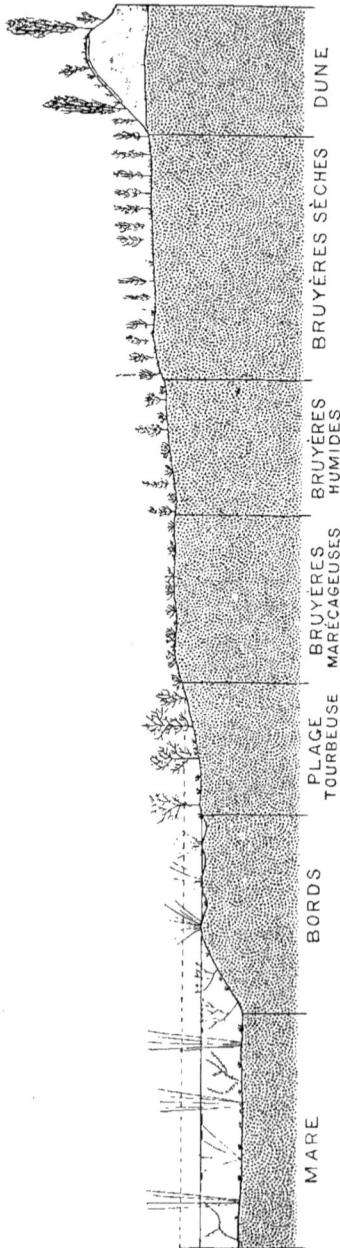

Fig. 83. — Coupe schématique à travers la bruyère basse, à Genck

tude les plages sableuses. Il en est aussi qui sont des plantes aquatiques typiques, par exemple *Scirpus lacustris*, *Potamogeton*
polygonifolius et *Lobelia Dortmanna*. Ces photographies ont été
prises, en effet, dans des étangs mis à sec. Une lutte s'établit
alors entre les espèces installées dans l'étang et celles des bords,
qui progressivement envahissent le fond à mesure qu'il émerge.
Phragmites communis, *Scirpus lacustris*, *Eleocharis palustris*,
Lobelia Dortmanna, *Littorella uniflora* persistent le plus souvent,
tandis que *Cicuta virosa*, *Sagittaria sagittifolia* (phot. 81), *Alisma*
Plantago, les *Potamogeton*, *Ranunculus aquatilis*, *Myriophyllum*
alterniflorum, *Callitricha vernalis*, etc., succombent.

Nous étions descendus depuis la bruyère sèche jusqu'aux mares.
Remontons maintenant vers les dunes, qui couvrent de grandes
étendues dans certaines parties de la Campine (voir fig. 79 à 82).

Les plus nombreuses, mais les moins intéressantes, sont les
dunes fixées, simples buttes au milieu de la bruyère et ayant
à peu d'espèces près la même flore que les landes mêmes (phot. 91,
308, 311 et 312). *Cetraria aculeata*, *Polytrichum piliferum* (phot. 308)
sont plus abondants que dans la bruyère. *Juniperus communis*, *Carex*
arenaria, *Thymus Serpyllum*, *Scleranthus perennis* sont nouveaux.

Il y a aussi des monticules de sable mouvant (phot. 65,
84 à 86, 309 et 310). Leur végétation est en partie celle des dunes
littorales : *Ammophila arenaria*, *Corynephorus canescens* (phot. 85),
Carex arenaria (phot. 86), *Salix repens* (phot. 309 et 310), mais le
caractère calcifuge de la flore est indiqué par *Calluna vulgaris*
(phot. 310), *Polytrichum piliferum*, *Genista pilosa*, etc.

*   *
*

Les bois de la Campine (¹) sont presque uniquement des pineraies. *Pinus sylvestris* (phot. 63, 64, 69 à 71, 79, 93 et 315) se cultive
partout, *P. Pinaster* est assez abondant dans la Campine anversoise (phot. 87). Sur les collines diestiennes de la Campine brabançonne, il y a quelques bois de *Castanea vesca* et *Betula alba*
(phot. 71). Les fonds humides portent quelques aunaies (phot. 316).

Les peuplements de résineux de la Campine sont trop clairs et
trop secs pour posséder une flore importante de Phanérogames du
sous-bois. Par contre, les Champignons sont nombreux et carac-

---

(¹) Le Rapport de *1905* renferme une foule de notions intéressantes sur cette
question.

téristiques : *Tricholoma equestre*, *Boletus lividus*, *B. viscidus* (phot. 313), *Cantharellus cibarius* (phot. 313), *Ammanita muscaria* (phot. 314), *Polyporus perennis* (phot. 315), *Thelephora terrestris*, *Marasmius globularis.*

La plupart des chemins sont bordés de Chênes (*Quercus pedunculata*, phot. 93 et 95). Dans le nord de la Campine brabançonne, où le sol est diestien, la plupart des champs sont bordés de haies en têtards de Chênes (phot. 94). Peut-être est-ce cela qui a valu au pays le nom de Hageland (pays des haies).

Les p r a i r i e s sont très rarement des pâturages secs, tel que celui que figure la photographie 68. Pour les créer, on laboure la bruyère et on mélange au sol des engrais chimiques, surtout du phosphate basique : cela suffit à empêcher le retour de la végétation spontanée. Ces prairies consistent surtout en Graminacées et en Compositacées : *Hypochoeris radicata* et *Leontodon autumnale.*

Dans les fonds, on établit surtout des prairies irriguées (phot. 91). Un système de canaux et de fossés répartit régulièrement l'eau sur toute la surface de la prairie, disposée en ados parallèles. La figure 84 montre la disposition de ces rigoles. Ces prairies reçoivent aussi des fumures aux engrais chimiques. Leur flore se modifie rapidement à partir du moment où elle est mieux nourrie. La plupart des plantes du marécage primitif sont remplacées par des Graminacées fourragères (*Phleum pratense*, *Alopecurus pratensis*, *Dactylis glomerata*, etc.), *Orchis latifolia*, *Saxifraga granulata*, *Cirsium oleraceum*, *Ranunculus acris*, plantes à croissance rapide qui ne se rencontrent en Campine que dans les endroits où le sol est modifié par le travail humain.

Les prairies cultivées d'une façon régulière sont encore rares en Campine. Presque partout les alluvions sableuses ou tourbeuses qui garnissent le fond des vallées (carte 6) ne fournissent qu'une herbe maigre et dure, à peine digne d'être fauchée. La flore de ces p r a i r i e s a c i d e s consiste surtout en Graminacées à feuilles raides (*Agrostis vulgaris*, *Nardus stricta*, *Deschampsia discolor*), en Cypéracées (*Scirpus sylvaticus*, *Carex div. sp.*, *Eriophorum angustifolium*, *Eleocharis div. sp.*) et en herbes grossières : *Ulmaria palustris*, *Angelica sylvestris*, *Cirsium palustre;* on y trouve aussi de petits arbustes : *Salix repens*, *Genista tinctoria*, etc. La couche superficielle, formée de racines et de matières humiques, constitue une sorte de tourbe fibreuse (phot. 83) qu'on découpe en morceaux réguliers.

Dans le voisinage des terrains diestiens et poederliens, très ferrugineux (carte 6), on exploite, immédiatement sous la tourbe fibreuse, une couche de limonite de marais, due à l'activité des Bactéries ferrugineuses (phot. 85).

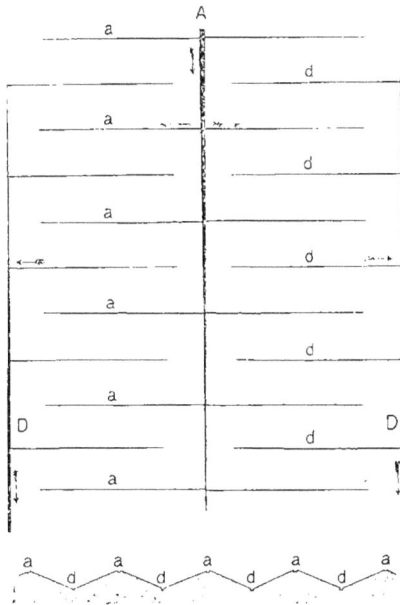

FIG. 84. — Plan et coupe schématiques d'une prairie irriguée.

A. Ruisseau amenant l'eau. — a. Petites rigoles d'irrigation. — d. Petites rigoles d'évacuation. — D. Ruisseau par lequel l'eau s'écoule.

Les champs labourés ne présentent pas grand intérêt pour nous. La flore messicole est essentiellement la même qu'en Flandre (p. 197), sauf que les espèces les plus exigeantes, par exemple *Cen-*

taurea Cyanus, sont exceptionnelles. Les principales cultures sont le Seigle (phot. 92 et 93), la Pomme de terre (phot. 94), le Sarrasin (_Polygonum Fagopyrum_), la Spargoute (_Spergula arvensis_, phot. 92). Ajoutons qu'on sème aussi beaucoup de Lupin (_Lupinus luteus_) pour servir d'engrais vert (phot. 94).

§ 10. — District hesbayen.

A. — LE MILIEU.

Le district hesbayen débute près des polders, à l'altitude de 5 mètres (carte 5). Le long de son bord septentrional, contre les districts flandrien et campinien, son altitude est de 20 à 100 mètres (carte 6). Outre cette inclinaison générale, fort lente, vers l'W., le district hesbayen présente aussi une pente plus accentuée vers le N.: en effet, à sa limite avec les districts crétacé et calcaire, son niveau est d'environ 200 mètres (carte 7). D'une façon générale, plus le pays est élevé, plus sont profondes les vallées ou rivières qui le sillonnent et plus accentuées sont par conséquent les ondulations du terrain: que l'on compare, par exemple, la photographie 28, dans le Veurne-Ambacht ou Métier de Furnes, à l'altitude de 5 à 6 mètres, avec la photographie 106, dans le Brabant méridional, à l'altitude de 110 mètres; avec la photographie 337, dans le S. de la Flandre, à l'altitude de 120 mètres; avec la photographie 107, dans le Limbourg, à l'altitude de 100 mètres, et avec la photographie 110, dans le Hainaut, à l'altitude de 100 mètres. Dans les terrains meubles, soit sableux, soit limoneux, qui constituent le sol, les chemins se sont creusés profondément dans les flancs des coteaux (phot. 118 et 119).

Le climat est franchement maritime dans la Flandre occidentale: les bois de Mélèzes (_Larix decidua_) y sont prospères (phot. 113). Dans la partie occidentale du district jusqu'en Brabant, la flore renferme plus de plantes atlantiques que la partie orientale, par exemple, _Lathraea clandestina_, _Scilla non-scripta_, _Hydrocharis Morsus-Ranae_ (voir p. 56 et carte 3). Vers le pays de Herve, le climat devient de plus en plus continental.

Le terrain est d'une variété extrême : presque tous les étages y sont représentés, depuis le Cambrien jusqu'au Moderne. Pourtant, c'est du limon qui constitue le sol dans la majeure partie du territoire; ce limon est presque toujours hesbayen (fig. 8, p. 22) ou brabantien (fig. 7, p. 21, et phot. 119); il est flandrien (fig. 6, p. 20) dans le Métier de Furnes (phot. 98). Sur les crêtes des collines et sur les pentes exposées au S.-W. et à l'W., d'où soufflent les vents pluvieux, la couche de limon a souvent été emportée, et il ne reste que le lit de cailloux de la base du Hesbayen (phot. 96). Parfois la couche hesbayenne est insignifiante, ou même elle manque complètement; les terrains plus anciens sont alors à nu. Ce sont d'ordinaire des sables : Pleistocène inférieur (fig. 10, p. 23, et fig. 11, p. 24), Pliocène (phot. 100, 113), Oligocène (phot. 99) ou Éocène (phot. 102 à 106, 327, 328); plus rarement, c'est de l'argile éocène, oligocène ou miocène qui affleure.

Presque toujours les espaces où manquent les limons surmontent les plateaux, ou bien ils sont situés sur les pentes des collines. Peu nombreux et d'étendue restreinte à l'est et à l'ouest (cartes 6 et 5), ils sont beaucoup plus importants dans la portion moyenne, c'est-à-dire dans le Brabant et le Hainaut (carte 7).

Ce n'est pas tout. Dans la partie moyenne, vers le sud, la plupart des vallées pénètrent dans les schistes cambriens et siluriens (carte 7, phot. 101, 231). La zone d'affleurement de ces terrains sur les pentes des vallées est trop étroite pour influencer sérieusement la géographie biologique; pourtant, il y a certaines Muscinées qui sont localisées dans cette partie du pays sur ces rochers schisteux. Citons, d'après M. Élie Marchal *(1888)* : *Frullania Tamarisci, Grimmia trichophylla, Rhacomitrium fasciculare, Ptychomitrium polyphyllum, Orthotrichum saxatile, Bryum binum, Pterogonium gracile, Brachythecium plumosum.*

Il y a aussi des endroits où le sol est constitué par les produits d'altération des terrains sous-jacents. Ainsi, près de Péruwelz, ce sont des couches crétacées (Turonien, phot. 97) et du calcaire dinantien qui ont fourni les éléments pour la terre arable; aux environs de Mons, il y a en contact immédiat des couches crétacées, wealdiennes, houillères (phot. 110); dans le Limbourg, ce sont des couches crétacées, ou bien des marnes éocènes inférieures (phot. 107); dans le petit coin hesbayen situé à l'E. de Thuin (carte 7), il y a des argiles compactes (appelées deffes) qui sont considérées comme provenant de l'altération du Crétacé.

Enfin, signalons encore de petits massifs plutoniens (phot 332).

Revenons un instant aux limons qui couvrent la plus grande partie du district hesbayen. En Flandre, le limon est beaucoup plus sableux que dans la Hesbaye, c'est-à-dire dans l'E. du Brabant et dans les provinces de Limbourg, Liége et Namur. D'un autre côté, nous avons vu que le Brabant présente pas mal d'affleurements étendus de sables peu fertiles. Aussi les agronomes distinguent-ils dans le district hesbayen trois portions : occidentale, moyenne et orientale, dont les limites sont à peu près celles que nous venons d'esquisser. Il est juste de dire que le climat est également assez différent du bord W. au bord E. du district (voir plus haut).

Au point de vue géobotanique, on pourrait subdiviser le district hesbayen en quatre sous-districts, qui sont, de l'W. à l'E. :

1º La Flandre occidentale, où l'on fait des bois de Mélèze;

2º La Flandre orientale, avec *Lathraea clandestina* (carte 3);

3º Le Brabant, le Hainaut et la partie occidentale de la province de Namur, où *Scilla non-scripta* est commun dans les bois (carte 8) et *Ornithogalum umbellatum* dans les moissons;

4º L'est du Brabant et de la province de Namur, le Limbourg et la province de Liége, avec *Marrubium vulgare* et *Plantago media* abondants aux bords des chemins.

* *

Les figures 85 à 88 montrent la grande complexité géologique du sol dans le Brabant. Ces cartes sont copiées sur la carte géologique au 40,000e. Elles sont à l'échelle du 60,000e.

Voici (pp. 222 à 225) les analyses physiques et chimiques de terres arables. Elles sont prises pour la plupart dans les Monographies agricoles. Celles de Opheylissem et de Godscheid ont aussi été exécutées à Gembloux; elles ont été mises à ma disposition par M. Gaspart, chef de bureau au Ministère de l'Intérieur et de l'Agriculture.

J'y ajoute, pour la comparaison, des analyses de quelques terres vierges, non cultivées, telles qu'elles existent dans la profondeur; elles m'ont également été communiquées par M. Gaspart.

* *

Les Bois ☁ sont numérotés :
1 Bois de Meygenheide - 2. Ch^teau de Odverosbosch - 3 Bois de Heysberg
4. Bois de Verrewinkel - 5 Forêt de Soignes.

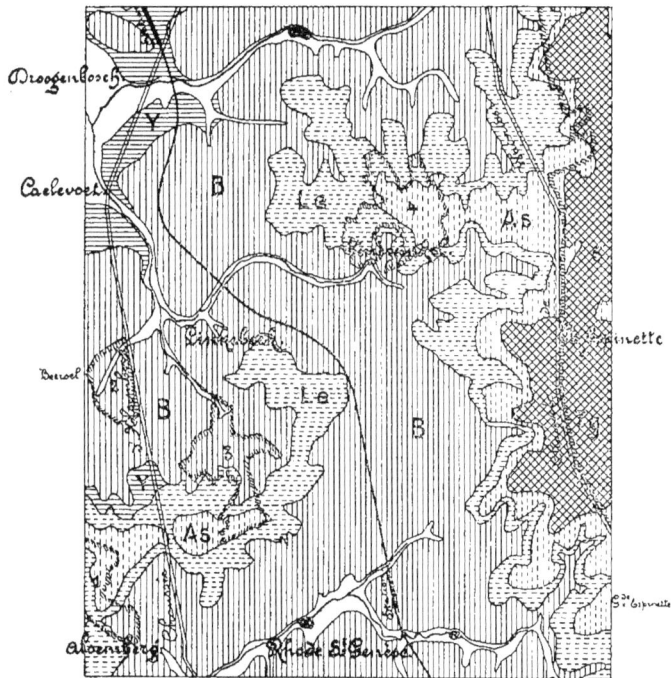

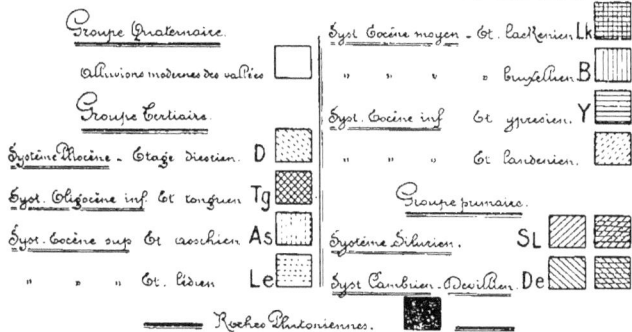

FIG. 85. — Carte géologique des environs de Linkebeek
et Rhode-Ste-Genèse.

Le Tongrien et les terrains plus anciens sont presque partout recouverts
de Hesbayen (Comparer avec la figure 89.)

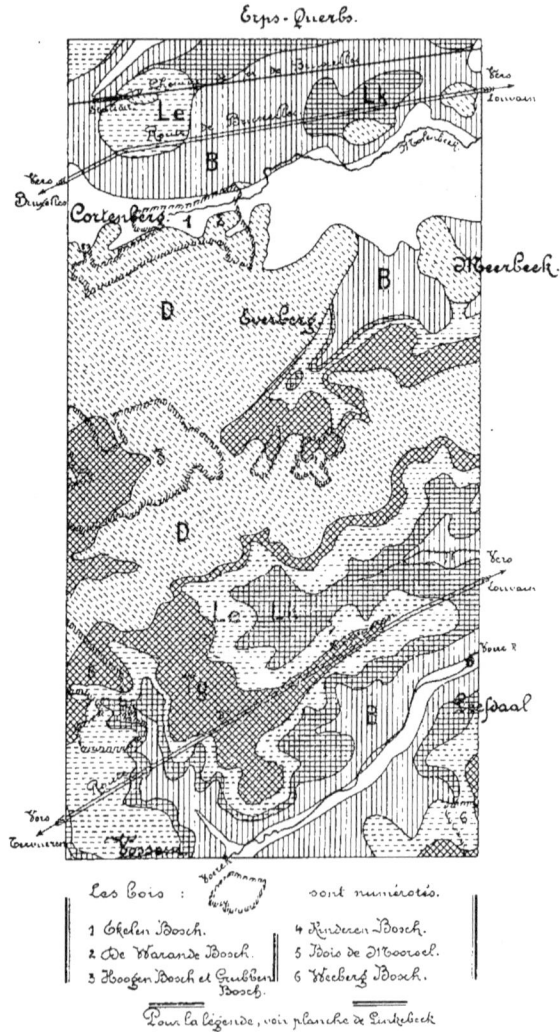

FIG. 85. — Carte géologique des environs d'Everberg.

Le Tongrien et les terrains plus anciens sont presque partout recouverts de Hesbayen. Dans le Grubbenbosch, le Tongrien est recouvert de Campinien. Le Diestien est généralement nu. La légende est sous la figure 85.

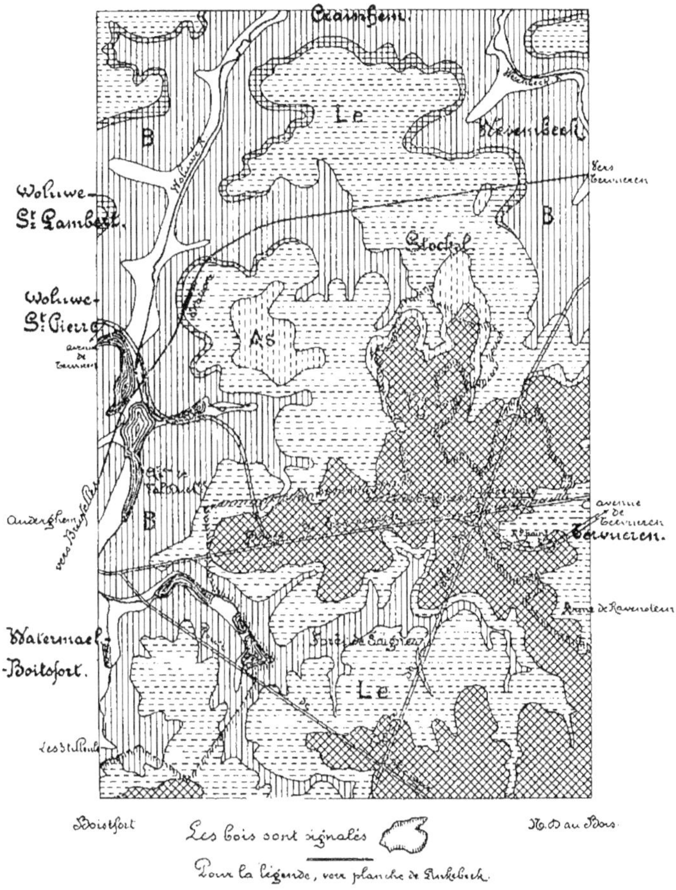

Fig. 87. — Carte géologique des environs de Stockel et du nord
de la Forêt de Soignes.

Le Tongrien et les terrains plus anciens sont généralement recouverts de Hesbayen. — La légende est sous la figure 85. (Comparer avec la figure 89.)

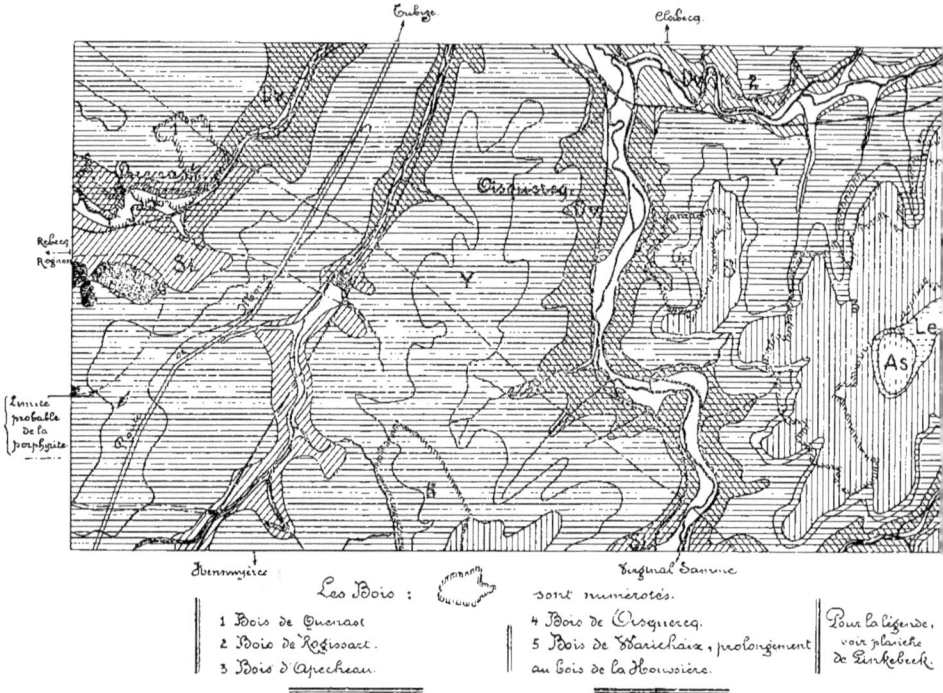

Fig. 88. — Carte géologique des environs de Oisquercq.

A l'Ouest de Oisquercq, le Bruxellien et les terrains plus anciens sont généralement recouverts de Hesbayen. A l'Est, l'Asschien et les terrains plus anciens sont souvent nus; parfois ils sont couverts de Campinien ou de Hesbayen. — Il y a deux failles dirigées de l'W.-N.-W. vers l'E.-S.-E. — La légende est sous la figure 85. (Comparer avec la figure 89.)

Voici, pour la comparaison avec la dernière colonne du tableau de la page 225, la composition d'un schiste devillien de Oisquercq.

L'échantillon, pris à la surface, était légèrement altéré. L'analyse
a été faite par M. Cosyns.

$Si\,O^2$	59.81
Al^2O^3	19.25
$Fe^2O^1 + FeO$	7.53
CaO	0.43
MgO	2.10
K^2O	3.17
NaO	0.90

Avant de décrire les principales associations, un mot au sujet
des relations entre le sol et la végétation, qui sont si manifestes
dans le district hesbayen, même si l'on s'en tient aux terrains
meubles du Brabant. La figure 89 représente ces relations.

Sur les alluvions fertiles et humides qui garnissent le fond des
vallées, il y a le plus souvent des prairies (voir Schouteden-Wery,
Le Brabant, phot. 41, 68); lorsqu'elles se présentent dans un bois,
elles portent généralement des Frênes (Schouteden-Wery, *Le
Brabant*, phot. 13), et, immédiatement plus haut, des Chênes;
parfois on y fait une aunaie (phot. 115). Sur le limon qui surmonte
les sables bruxelliens ou lediens, fertile et profond, mais ne retenant
pas beaucoup d'eau, il y a soit des champs labourés, soit des
hêtraies (phot. 111, 112, 117 et 118). Lorsque le sol est constitué
par une alternance de couches sableuses et de couches argileuses
peu épaisses, il convient à l'établissement d'une futaie variée
(phot. 102). Si un banc argileux imperméable se présente, support-
tant du sable, une tourbière peut se constituer, avec sa végétation
typique (phot. 103 et 328), (Schouteden-Wery, *Le Brabant*,
phot. 44, 45, 46). Sur les sables tertiaires purs, on ne trouve guère
que des pineraies (phot. 100, 104 et 114). Si les sables deviennent
plus secs, même les Pins n'y prospèrent plus, et la bruyère
s'installe, avec quelques Bouleaux épars (phot. 99 et 105), (Schouteden-Wery, *Le Brabant*, phot. 50).

B. — Les principales associations.

Il ne reste guère de coins incultes dans le district hesbayen, à
peine quelques bruyères dans les endroits trop sablonneux. Les
espèces dominantes sont : *Calluna vulgaris* (phot. 99, 105 et 327),

Analyse physique de

	SOLS LIMONEUX PLÉISTOCÈN						
	Limon hesbayen					br‌
	sur sables éocènes.			sur craie.	sur schistes et calcaires dévoniens.	*Deux-Acren.*
	Idegem.	*Bernissem.*	*Winmont.*	*Avin.*	*Emines.*	
Eau à *150° C.*	*13.03*	*24.99*	*28.17*	*27.16*	*48.60*	*53.2*
Résidu sur le tamis de 1 millimètre . .	*9.00*	*10 70*	*3.20*	*5.00*	*22.00*	*1.6*
Débris organiques	0.00	0.00	0.00	0.00	0.00	0.0
Débris minéraux	9.00	10.70	3 20	5.00	22.00	1.0
Terre fine, passant au tamis de 1 milli-mètre	*991.00*	*989 30*	*996.80*	*995.00*	*978.00*	*999.0*
Matières organiques	37 70	23 90	32 40	32.40	24 80	38.2
Sable grossier ne passant pas au tamis de o⁗5.	}	3.10	1.6)	}		2.9
Sable fin ne passant pas au tamis de o⁗2	935.60	21.70	10.6)	}797.60	}826.70	18.2
Sable poussiéreux passant au tamis de o⁗2.	}	855.30	787.20	}		790.0
Argile	14.20	69.70	146.70	137.80	109.20	144.8
Différence considérée comme calcaire (¹)	3.50	15.60	18.30	27.20	17.30	4.8
Matière noire de Grandeau	14.10	2.10	Traces.	8.72	3.10	5.6
Poids d'un litre de terre séchée à l'air .	1ᵏ300	1ᵏ290	1ᵏ405	1ᵏ075	1ᵏ220	1ᵏ0‌4
Pouvoir absorbant de la terre séchée à l'air	426	374	285	442	510	415

(¹) L'analyse est faite d'après la méthode de Schloesing. L'analyse chimique renseig

e à l'air (1,000 parties).

SOL ARGILEUX. (Defte.)	SOLS LIMONEUX MODERNES. (Alluvions des vallées.)							SOLS VIERGES pris dans la profondeur.			
Clermont.	*Eyne.* (Escaut.)	*Donck.* (Gette.)	*Herck-la-Ville.* (Herck)	*Nederheim* (Geer.)	*Godscheid.* (Demer.)	*Rckheim.* (Meuse.)	*Moeseyck.* (Meuse)	Limon brabantien. *Neder heim.*	Argile de Henis. (Tongrien.) *Tongres.*	Sables tongriens. *Tongres.*	Argile PROVENANT DES SCHISTES SILURIENS. *Ottignies.*
73.90	66.40	11.24	54.52	125.40	28 31	21.80	16.01	9.45	84.60	0 90	14.60
4.60	3.00	9.60	0.60	21.70	95.49	4.00	28.40	—	—	—	—
0.00	1.00	0.50	0 40	18.30	1.25	0.00	Traces	—	—	—	—
4.60	2.00	9.10	0.20	3.40	94.24	4.00	28.40	—	—	—	—
995.40	997.00	990.40	999.40	978.30	876.20	996.00	971.60	83.7	87.6	99.5	96.5
40.10	51.90	21.50	61.20	95.20	26.99	21.90	55.30	—	—	—	—
8.60		29.20	0 00		51.01		23.50				
110.70	721.90	249.50	78.20	824 40	312 93	840.10	121.70	75.5	30.7	99.3	79.8
394.20		648.00	733.70		441.31		684.1?				
434.90	157.50	40.00	122.10	51 50	39.46	127 80	77.40	8.2	56.9	0 2	16.7
6.90	65.70	2.20	4 20	4.20	4.47	6.20	9.60	—	—	—	—
Traces	13.37	Traces	10.10	20.80	8 62	3.12	1.98	0.80	3.96	0.08	—
1k300	1k155	1k390	1k130	0k810	1k345	1k305	1k270	1k320	1k305	1k325	1k350
383	541	306	422	935	359.2	370	345	35.5	66.4	28.3	42.5

r le taux en carbonates.

Analyse chimiq

	SOLS LIMONEUX PLÉISTOCÈN					
	Limon hesbayen					br:
	sur sables éocènes.			sur craic.	sur schistes et calcaires dévoniens.	Deux-Acren.
	Idegem.	*Bernissem*	*Wannont.*	*Avin.*	*Emines.*	
Matières combustibles et volatiles . . .	*38.03*	*24.20*	*32.46*	*32.54*	*25.37*	*38.3*
Azote organique.	1.01	0.59	0.68	1.29	0.69	1.1
— ammoniacal	0.05	0.04	0.05	0.03	0.04	0.c
— nitrique	0.01	0.02	0.01	0.04	0 02	0.c
Soluble à froid dans HCl (D = 1.18) .	*10.04*	*30.18*	*44.97*	*47.60*	*26.65*	*32.2*
Oxyde de fer et alumine	5.44	13.63	20.24	27.36	10.77	21.3
Chaux.	0 02	8.68	12.05	9 98	7.07	5.3
Magnésie	1 69	1.43	2.77	3.35	1 37	1.5
Soude	0.79	1.10	0.42	1.13	0.62	1.3
Potasse	0.14	0.41	0 78	1.10	0.37	0.9
Acide phosphorique	0 51	0.16	0.89	0.85	0.54	0.8
— sulfurique	0.33	0.24	0 40	0.24	0.29	0.2
— carbonique	Traces.	3.44	7.17	3.82	0.56	0.5
— silicique	0.22	0.07	0.22	0.07	0.06	0.0
Chlore	Traces.	0.02	0.03	Traces.	Traces.	Trace
Insoluble à froid dans HCl, soluble dans HFl	*951.93*	*945.62*	*922.57*	*199.86*	*947.98*	*929.4*
Potasse	13.27	19.46	22 52	21.47	20.67	13.6
Chaux.	21.90	8.27	14.76	16.10	6 87	12.2
Magnésie	38 90	5 79	5 40	22.18	3 89	1.2
Acide phosphorique	Traces.	0.14	0.35	—	—	0.3
Oxyde de fer et alumine	—	—	—	—	—	

fine (1,000 parties).

SOL ARGILEUX (Deffe)	SOLS LIMONEUX MODERNES. (Alluvions des vallées.)							SOLS VIERGES pris dans la profondeur.			
Clermont.	Eyne. (Escaut.)	Donck. (Gette.)	Herck-la-Ville. (Herck.)	Nederheim. (Geer.)	Godscheid. (Demer.)	Rechleeuw. (Meuse.)	Maeseyck. (Meuse.)	Limon brabantien. *Nederheim*	Argile de Henis. (Tongrien.) *Tongres.*	Sables tongriens. *Tongres.*	Argile provenant des schistes siluriens *Ottignies.*
40.31	52.02	21.75	61.20	100 12	30.80	21.99	56.91	8.65	30.85	4.04	11.57
0.47	1.72	0.83	2 48	3.00	1.30	0.54	1.54	0.08	0.24	0.09	0.38
0.02	0.02	0.03	0.04	0.02	0.02	0.02	0.03	0 02	0.02	Point.	0.17
0 01	0.02	Traces	Traces	0.01	Traces	0.02	Traces	0.03	—	Point.	0 02
55.94	80.54	11.39	41.47	39.36	13.71	44.50	48.18	152.54	37.72	2.78	38.44
42 92	25.75	8 09	31.07	20.53	10.55	34.93	38.53	23.89	28.37	1.19	27 95
8 48	30.98	0.59	5 35	5.40	1 53	2.74	5.43	60.97	6 64	0.84	3 97
1 29	3.18	0.61	2.51	3.10	0.26	3.83	1.30	9.06	Traces.	0.12	2.16
0.16	1.25	0.73	0 41	0.64	0.09	0.99	0.22	0.63	1 13	0.22	0 90
0 49	0.75	0.12	0.13	0 42	0.09	0.46	0.06	0 47	0.91	0.14	2.34
2.05	0.82	0.63	0.91	0.66	0 55	1.03	1.32	1.10	0.23	0.19	0.63
0.15	0.76	0.21	0.46	0.58	0 27	0 41	0.19	0.08	0.34	0.07	0.32
0.36	17.03	0 24	0.45	Traces	0.27	Traces	1.06	56 25	—	Point.	Traces.
0.02	0.02	0.14	0.17	0.03	0.09	0.11	0.05	0 06	0.10	0 01	0.17
0.07	Traces	0 03	0 01	Traces	0.01	Traces	0.02	Traces.	Traces.	Traces.	Traces.
903.75	867.44	966.86	897.33	860.52	955.49	933.51	894.91	109.40	144.30	38.81	43.85
13 09	17 58	4 24	6.10	22.63	29.16	13.56	10.38	52.19	113.33	20.11	19.02
2 94	12.48	7.62	6.40	10.76	39.65	7.00	6.38	31.31	4 23	5.21	20.70
8 83	2.35	0.35	3 28	15.65	1.60	3.07	0 69	15 90	36 74	13.40	4.13
1 34	0.43	0.24	0 39	—	0.21	0.19	0.07	Point.	Point.	Point.	Point.
—	—	—	—	—	—	—	—	—	—	—	—

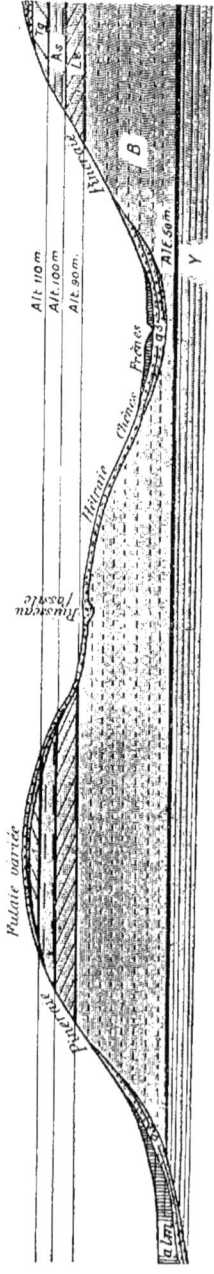

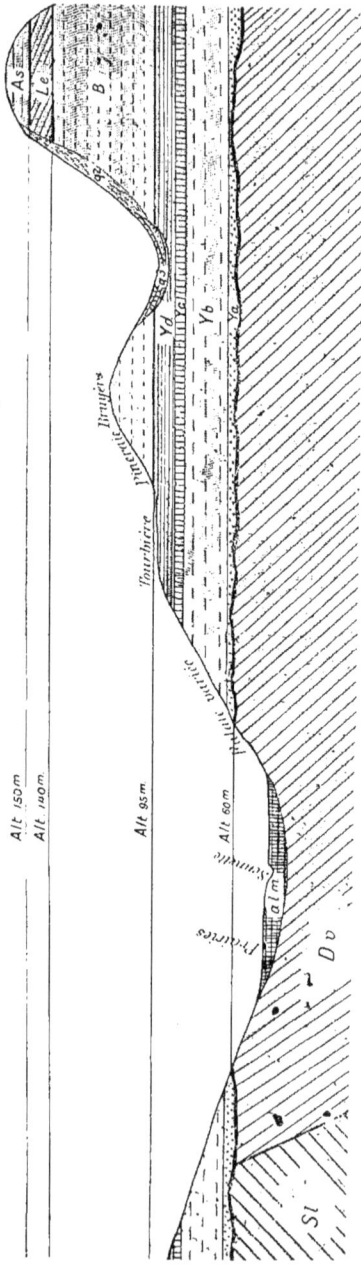

FIG. 89. — Coupes schématiques montrant les relations entre le sol et la végétation.

alm : alluvions modernes des vallées.	*Le* : sable lédien.	*Yb* : sable ypresien.	
q3 : limon hesbayen.	*B* : sable bruxellien.	*Ya* : cailloux roulés ypresiens.	
q2 : sables et graviers campiniens.	*Yd* : argile et sable ypresiens.	*Dv* : schistes devilliens.	
Tg : sables argileux tongriens.	*Yc* : argile ypresienne.	*Sl* : schistes siluriens.	
As : argile asschienne.			

Cystisus scoparius (phot. 106), *Molinia coerulea* (phot. 105), *Deschampsia flexuosa*, *Polytrichum piliferum* (phot. 327); *Hypnum Schreberi* y devient souvent haut de 15 à 20 centimètres.

Les e a u x ont une végétation moins abondante et moins variée que celle des polders, mais qui est pourtant encore remarquablement riche. Dans les ruisseaux, *Elodea canadensis* vit en mélange avec *Callitriche vernalis*. Sur les pierres où rejaillit l'eau des moulins, on trouve *Bangia atropurpurea*, *Conocephalus conicus*, *Eurynchium rusciforme*. Les canaux renferment une foule de *Potamogeton* : *P. densus*, *P. crispus*, *P. perfoliatus*, *P. lucens*, *P. pectinatus*; près des bords, il y a *Sagittaria sagittifolia* (phot. 339), *Acorus Calamus*, *Iris Pseudo-Acorus*. Les fossés des prairies sont souvent encombrés de *Hydrocharis Morsus-Ranae*, *Elodea canadensis*, *Utricularia vulgaris*. Les étangs contiennent des Lemnacées (phot. 110), *Nymphaea alba*, *Nuphar luteum*, *Polygonum amphibium*; sur les bords immergés : *Alisma Plantago*, *Rumex maritimus*, *Typha angustifolia*, *Sium latifolium*, etc.; la photographie 340 montre ces espèces ayant envahi tout un étang mis à sec.

Les b o i s sont fort variés et relativement nombreux (carte 2); ils occupent les endroits les moins fertiles. Lorsque le sol contient encore une certaine proportion de limon, il y a surtout des feuillus; sur les terres tout à fait pauvres, ce sont les pineraies qui dominent.

Les bois ont été suffisamment décrits (p. 126, ss.) pour qu'il soit inutile d'y revenir.

Contentons-nous de signaler les photographies 331, 332 et 333, montrant des Bryophytes, et les photographies 323, 324, 325, 326, relatives aux Champignons.

Les taillis d'*Alnus glutinosa* avec futaie de *Populus monilifera*, qui sont établis sur les alluvions des vallées, ont naturellement une flore très différente de celle des bois ordinaires : *Equisetum palustre*, *E. limosum*, *Urtica dioica*, *Primula elatior*, *Deschampsia caespitosa*, *Carex panicea*, *Orchis maculata*. C'est là qu'on trouve en Flandre de larges touffes de *Lathraea clandestina* parasitant les racines des arbres.

Les p r a i r i e s s è c h e s sont représentées par des vergers. Ceux-ci existent surtout dans certaines régions, par exemple entre Saint-Trond et Tongres (phot. 107) et aux environs de Hal (phot. 338).

Les p r a i r i e s d ' a l l u v i o n s occupent les larges vallées plates (phot. 109); elles sont, en général, très fertiles. Le fond de la végétation est formé de Graminacées à feuillage tendre : *Phleum pra-*

tense, *Alopecurus pratensis*, *Poa trivialis*, *Festuca elatior*, *Dactylis glomerata*, *Arrhenatherum elatius*. Entre elles poussent *Primula elatior*, *Cardamine pratensis*, *Anthriscus sylvestris*, *Ranunculus acris*, *Cirsium oleraceum*, *Orchis latifolia*. Aux bords des fossés, il y a de grandes herbes : *Valeriana officinalis*, *Epilobium hirsutum*, *Symphytum officinale*, *Ulmaria palustris*, *Heracleum Sphondylium*.

Dans les régions où le limon est sableux, les alluvions sont moins fertiles, et les p r a i r i e s deviennent a c i d e s. C'est le cas notamment en certains points des vallées de la Dendre et de ses petits affluents (phot. 329 et 330), et dans une partie du Brabant (phot. 108). Les Graminacées sont alors partiellement remplacées par des Cypéracées (phot. 329); les Dicotylédonées citées plus haut pour les bonnes prairies font aussi place à des espèces différentes (phot. 330).

Les c h a m p s c u l t i v é s n'ont rien de fort caractéristique. Leur flore de mauvaises herbes varie avec la nature du terrain. Celui-ci est-il sableux, aussitôt apparaissent *Scleranthus annuus*, *Spergula arvensis*, *Arnoseris minima*. Quand le limon est plus argileux, *Equisetum arvense* envahit les moissons.

Le mode de culture dépend aussi, jusqu'à un certain point, de la constitution du terrain. En Flandre, les champs sont très petits, tandis qu'en Hesbaye il y a des fermes qui exploitent des étendues considérables. La densité de la population est en rapport avec la fragmentation des cultures (voir p. 89).

Même la flore des b o r d s d e c h e m i n s est influencée par la comsition physique et chimique de la terre : alors que dans les portions occidentales et moyennes du district elle est semblable à celle que nous avons décrite plus haut (p. 144), en Hesbaye elle est caractérisée par l'adjonction d'espèces qui préfèrent un sol argileux et tenace : *Marrubium vulgare*, *Plantago media*, *Ononis spinosa*, *Pulicaria dysenterica*, *Mentha rotundifolia*.

§ 11. — **District crétacé.**

A. — Le milieu

On peut se demander s'il est opportun de créer un district spécial pour les quelques petits affleurements de terrains crétacés que nous possédons en Belgique (carte 1). Certes, s'il n'y avait pas en France et en Allemagne des pays crayeux plus étendus et plus cohérents, on ne songerait pas à réunir sous un vocable commun nos lambeaux crétacés, isolés les uns des autres et perdus au milieu des districts voisins.

Le district crétacé, tel que nous le délimitons ici, comprend d'abord le massif des environs de Mons (phot. 122) et celui qui constitue le Pays de Herve (phot. 123 et 124); les couches crétacées y affleurent en largeur. Sur les coteaux qui bordent la Méhaigne, la Petite-Gette, le Geer et la Meuse près de Visé, ainsi qu'à l'W. de Liége (carte 7), les couches coupées verticalement se présentent plus ou moins sous la forme de falaises (¹) (phot. 341).

Le climat des affleurements crétacés du Hainaut et de la Hesbaye se confond naturellement avec celui de la contrée avoisinante. Mais le plateau de Herve, qui est à l'altitude de 300 mètres et qui est déjà éloigné de la mer, est nettement plus froid et plus continental que la plaine. (Voir Lancaster, *1904*, p. 93). Aussi la question se pose-t-elle : une fois qu'on sépare le Crétacé des autres districts, ne faudrait-il pas mieux le diviser en deux districts : celui du Hainaut et de la Hesbaye, avec un climat assez maritime, et celui du Pays de Herve, dont le climat est le même que dans la partie accidentée du pays? Le premier rentrerait dans le domaine des Plaines de l'Europe N.-W.; le second, dans le domaine des Basses Montagnes de l'Europe centrale.

Le sol est très différent d'un point à un autre. Disons tout de suite que, au point de vue botanique, on doit réunir à la craie proprement dite, appartenant à l'ère secondaire, le tufeau de Ciply, qui est montien, c'est-à-dire de l'Éocène inférieur. Certe roche a d'ailleurs la même structure que la craie; elle affleure près de Mons (phot. 343 et 344).

Les couches crayeuses superficielles sont partout très altérées, et leur décalcification est fort avancée, ainsi que l'indiquent les tableaux des pages 232 et 233, et les photographies 120 et 121.

Sur le plateau de Herve, la terre est particulièrement variée; car il y a là non seulement diverses couches crétacées qui ont été

(¹) Sur la carte 1, ces affleurements en flanc de coteau sont figurés beaucoup plus larges qu'ils ne sont en réalité.

entamées plus ou moins complètement par la pluie, mais aussi des limons pléistocènes et même des schistes houillers dont la désagrégation fournit un sol assez analogue à celui que donne le Crétacé. D'ailleurs, quelles que soient les dissemblances géologiques, toutes les terres y sont uniformément converties en pâturages.

Ainsi qu'on le voit, c'est donc uniquement dans les carrières et sur leurs déblais (phot. 120, 121, 342 à 344), ainsi que sur les escarpements bordant les vallées (phot. 341), que la craie a conservé ses caractères primitifs. Pour donner une idée de la composition de la craie vierge, j'ajoute aux analyses physiques et chimiques extraites des MONOGRAPHIES AGRICOLES quelques analyses chimiques données par PETERMANN, *1898* (pp. 393 et 394), relatives à des craies prises dans les profondeurs. Eben est dans la vallée du Geer, en aval de Tongres; Jauche est dans la vallée de la Petite-Gette; Moxhe et Meeffe sont dans la vallée de la Méhaigne (carte 7).

A. — LES PRINCIPALES ASSOCIATIONS.

Il n'y a de végétation inculte que dans les carrières abandonnées et sur les pentes plus ou moins raides qui bordent les vallées.

Dans les c a r r i è r e s et sur les e s c a r p e m e n t s, la flore est assez pauvre. Elle se compose en majorité de plantes habitant les rochers et les éboulis calcaires : *Reseda lutea, R. Luteola, Brachypodium pinnatum, Carduus nutans* (phot. 343), *Centaurea Scabiosa* (phot. 344), *Anthyllis Vulneraria, Silene inflata, Thymus Serpyllum, Satureia Acinos, Helianthemum Chamaecistus, Asperula Cynanchica, Sedum acre, Scabiosa Columbaria, Asplenium Ruta-Muraria, Camptothecium lutescens, Grimmia pulvinata, Encalypta streptocarpa, Lecidea fusco-rubens, Trentepohlia aurea,* etc.

Encore plus caractéristique est la flore des p e l o u s e s qui couvrent les côtes, par exemple celle qui borde la rive gauche de la Meuse, de Lanaye à Petit-Lanaye. L'aspect de la flore rappelle, à s'y méprendre, les pelouses garnies de buissons isolés de *Prunus spinosa, Cornus sanguinea, Mespilus monogyna...,* du pays calcaire et du Jurassique. On y cueille : *Verbascum Lychnitis, Lotus corniculatus, Galium verum, Brachypodium pinnatum* (phot. 346), *Helianthemum Chamaecistus, Sanguisorba minor* (phot. 346), *Linaria striata, Leontodon hispidus, Ononis spinosa* (phot. 346),

Analyse physique de la terre séchée à l'air (1,000 parties).

	Sols provenant de la décomposition de la craie.				Sols provenant de la décomposition des schistes houillers.	
	Quévy-le-Petit. (Hainaut.)		*Gemmenich.* (Pays de Herve.)		*Montzen.* (Pays de Herve.)	
	Sol.	Sous-sol.	Sol.	Sous-sol	Sol.	Sous-sol.
Eau à 150° C.	32.80	40.02	89.66	42.29	93.02	50.28
Résidu sur le tamis de 1 millimètre	1.C0	0.10				
Débris organiques . .	0.10	Traces.	3.00	—	4	—
Débris minéraux . . .	0.90	0.10	57.01	83.0	18	3.0
Terre fine passant au tamis de 1 millimètre. . .	999.00	999.90				
Matières organiques .	40.50	16.10	45.03	22.8	47.8	28.9
Sable grossier ne passant pas au tamis de 0mm5 .	2.20	5.20	8.06	12.5	8.6	8.6
Sable fin ne passant pas au tamis de 0mm2 . . .	10.60	3.70	73.3	87.2	82.1	56.3
Sable poussiéreux passant au tamis de 0mm2. . .	726.80	743.80	763.9	705.8	797.5	801.1
Argile	210.10	226.60	39.6	80.6	29 2	95.4
Différence considérée comme calcaire (¹) . . .	8.80	4.50	5.2	8.1	12.8	6.7
Matière noire de Grandeau.	Traces.	—	6.4	2.88	10.68	2.60
Poids d'un litre de terre séchée à l'air . . .	1k075	1k135	1k025	1k340	0k955	1k080
Pouvoir absorbant de la terre séchée à l'air . .	415	376	602	448	1.100	1.036

(¹) L'analyse est faite d'après la méthode de Schloesing. L'analyse chimique renseigne exactement sur le taux en carbonates.

Analyse chimique

	Sols provenant de la décomposition de la craie.			
	Quévy-le-Petit. (Hainaut.)		*Gemmenich.* (Pays de Her	
	Sol.	Sous-sol.	Sol.	So
Matières combustibles et volatiles	*40.53*	*16.19*	*47 98*	
Azote organique.	1.24	0 45	2 31	
— ammoniacal	0.02	0 01	0 13	
— nitrique	0 01	0.01	0.01	
Soluble à froid dans HCl (D = 1.18) . .	*58.26*	*56.24*	*22.87*	
Oxyde de fer et alumine	24.20	26 98	16 13	
Chaux.	6.78	3.92	3.24	
Magnésie	2.89	2.62	1.02	
Soude	0 60	0 44	0.62	
Potasse	0 66	0.58	0.41	
Acide phosphorique	1.31	1 01	0.63	
— sulfurique	0.35	0.17	0.57	
— carbonique	1.25	0.33	0.10	
— silécique	0.06	0.06	0.12	
Chlore.	0.16	0 13	0.03	
Insoluble à froid dans HCl, soluble dans HFl.	*924.24*	*945.45*	*929.15*	*9*
Potasse	17.47	15.61	9.79	
Chaux.	3 68	3 20	25.55	
Magnésie	Traces.	Traces.	0.46	
Acide phosphorique	Traces.	Traces.	0.32	

ie (1,000 parties).

s provenant décomposition uistes houillers. *Montzen.* s de Herve.) Sous-sol.			Craies non altérées, de la profondeur.			
			Maestrich-tien.	Sénonien		
			Eben.	*Jauche.*	*Moxhe.*	*Meeffe.*
̃	*29.02*	Eau	o.6	7.1	4.3	o.9
5	0.96	Matières organiques . .	1.3	2.7	3 4	1.3
2	0.07	Chaux	529.8	510.5	530.8	509.0
1	0.01	Magnésie.	4.0	0.2	0.5	o.9
5	*27.43*	Potasse	1.8	0.4	0.1	1.2
ɔ	21.09	Soude	1.7	2.0	9.9	2.5
4	2.53	Oxyde de fer et alumine	33.1	29.4	6.0	28.5
3	1.95	Acide carbonique . . .	408.1	4ʳ5.0	398.9	̃81.8
3	0.27	— sulfurique . . .	1.0	0.2	1.4	0.4
8	0.34	— phosphorique . .	6.6	4.4	3.2	7.0
4	0.49	Insoluble dans CHl (sable, silice, argile)				
ɔ	0.50		12.0	38.1	41.5	66.5
3	0.09					
7	0.14	·				
4	0.03					
2	*943.55*					
3	15.89					
ɔ	12.03					
8	0.42					
5	0.23					

Plantago media, Satureia Clinopodium, Cirsium acaule, Dactylis glomerata, Achillea Millefolium, Hieracium Pilosella, Festuca ovina, Epipactis latifolia, Linum catharticum, etc.

Les bois revêtent tantôt des pentes où la craie est à nu (phot. 347), tantôt les produits d'altération qui surmontent la craie (phot. 342, 348). Certaines de ces dernières stations montrent, le plus clairement possible, que tout le carbonate de calcium est enlevé : *Pteridium aquilinum* et *Deschampsia flexuosa* (phot. 348), *Rhamnus Frangula, Digitalis purpurea...* y voisinent avec *Deschampsia caespitosa, Sambucus racemosa, Teucrium Scorodonia, Luzula albida, L. maxima, Aspidium spinulosum, A. Filix-Mas,* etc.

Les prairies sur alluvions (phot. 125) ne présentent rien de remarquable, pas plus que les vergers. Quant aux pâturages secs qui couvrent tout le Pays de Herve (phot. 123, 124), ils constituent l'un des paysages les plus curieux de notre pays, avec leurs nappes d'un vert clair, étalées sur les larges ondulations du terrain. Les haies, destinées surtout à fournir de l'ombre aux bestiaux, ne sont pas l'une des moindres particularités de cette contrée. Leur flore est tout à fait banale (voir p. 145).

Les champs cultivés ne sont réellement influencés par la présence de la craie qu'aux environs de Mons (phot. 122). La flore messicole renferme, comme espèces spéciales, *Adonis flammea* (carte 4) et *A. autumnalis* (carte 4 et phot. 345).

§ 12. — District calcaire.

A. — Le milieu.

Le district calcaire forme les pentes inférieures de la partie accidentée du pays, depuis la cote 160 à 200, près de la Meuse et de la Sambre, jusqu'à la cote 300 à 400, à la limite de l'Ardenne.

Le climat est manifestement continental : chaud en été, surtout dans les vallées encaissées entre des roches calcaires; froid en hiver (voir fig. 23 A, p. 48).

Le sol est d'une étonnante variété. Qu'on ne se laisse pas induire en erreur par les mots : le district calcaire est loin d'être formé uniquement, ni même en majeure partie, de rochers calcaires (carte 7). Lorsqu'on se promène dans les vallées de la Meuse, de l'Ourthe, de la Lesse, etc. (phot. 126 à 138, 140, 141), on est facilement trompé par la vue des belles falaises calcaires qui attirent si vivement les regards; l'attention se détourne alors des collines schisteuses, psammitiques, gréseuses, aux formes moins pittoresques, à la flore moins attrayante; et pourtant, même dans la vallée de la Meuse, les roches non calcaires sont plus répandues que les calcaires et les dolomies, surtout en aval d'Yvoir (fig. 90, 91). On oublie aussi, trop souvent, que les vallées ne sont que des échancrures, accidentelles pourrait-on dire, dans le vaste plateau à pente douce qui forme réellement le district calcaire.

Voici l'énumération des principaux terrains, cohérents et meubles, qui forment le sol du Calcaire :

Roches cohérentes, non calcaires : schistes, psammites, grès, poudingues, quartzites, etc. :
Silurien (phot. 143).
Gedinnien.
Coblencien.
Burnotien (phot. 391, 392).
Couvinien.
Givetien.
Frasnien (phot. 131, 144, 146, 147, 149, 384).
Famennien (phot. 126, 140, 141, 389, 390).
Houiller (phot. 153, 154, 385, 386, 387, 388).

Roches cohérentes, calcaires : calcaires, dolomies, marbres, grauwackes, schistes calcaires, etc. :
Couvinien (phot. 146, 361).
Givetien (phot. 133, 139, 146, 147, 148, 384).
Frasnien (phot. 127, 130, 131, 140, 141, 146, 349, 353, 354, 355, 359, 360, 366, 367, 374, 375, 376, 377, 378, 379, 380).
Famennien (phot. 362).
Tournaisien (phot. 350, 356, 357, 358).
Waulsortien (phot. 126, 132).
Viséen (phot. 128, 129, 134, 135, 136, 137, 138, 351, 352, 363, 364, 365, 369, 370, 371, 372, 373, 381, 382, 385).

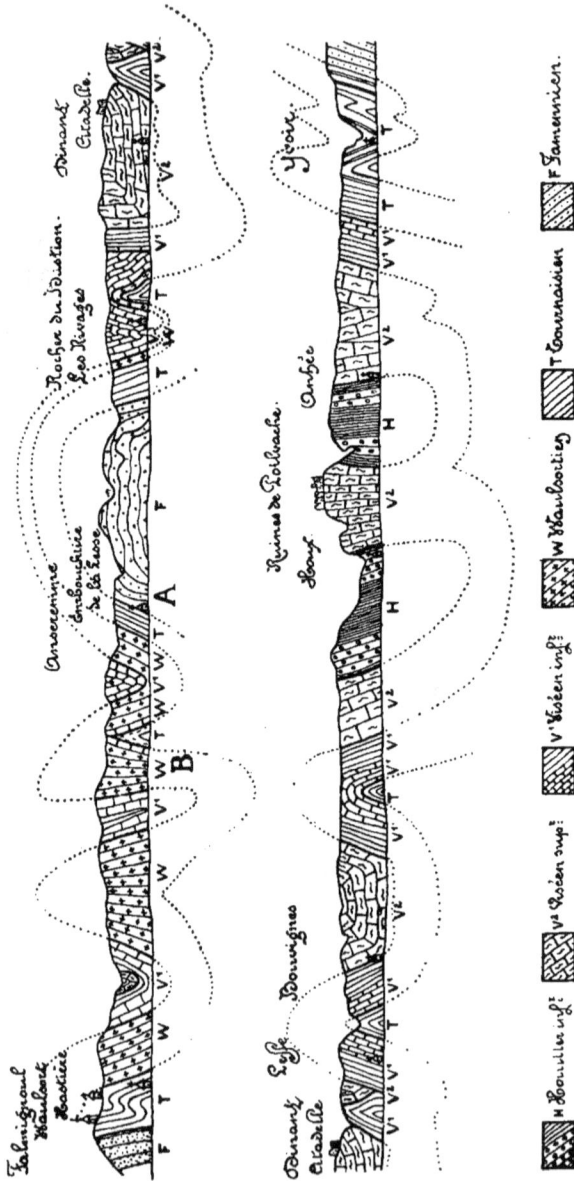

Fig. 90. — Coupe dans la vallée de la Meuse entre Falmignoul et Yvoir (distance 10 kilom.), d'après M. Gosselet (1887).

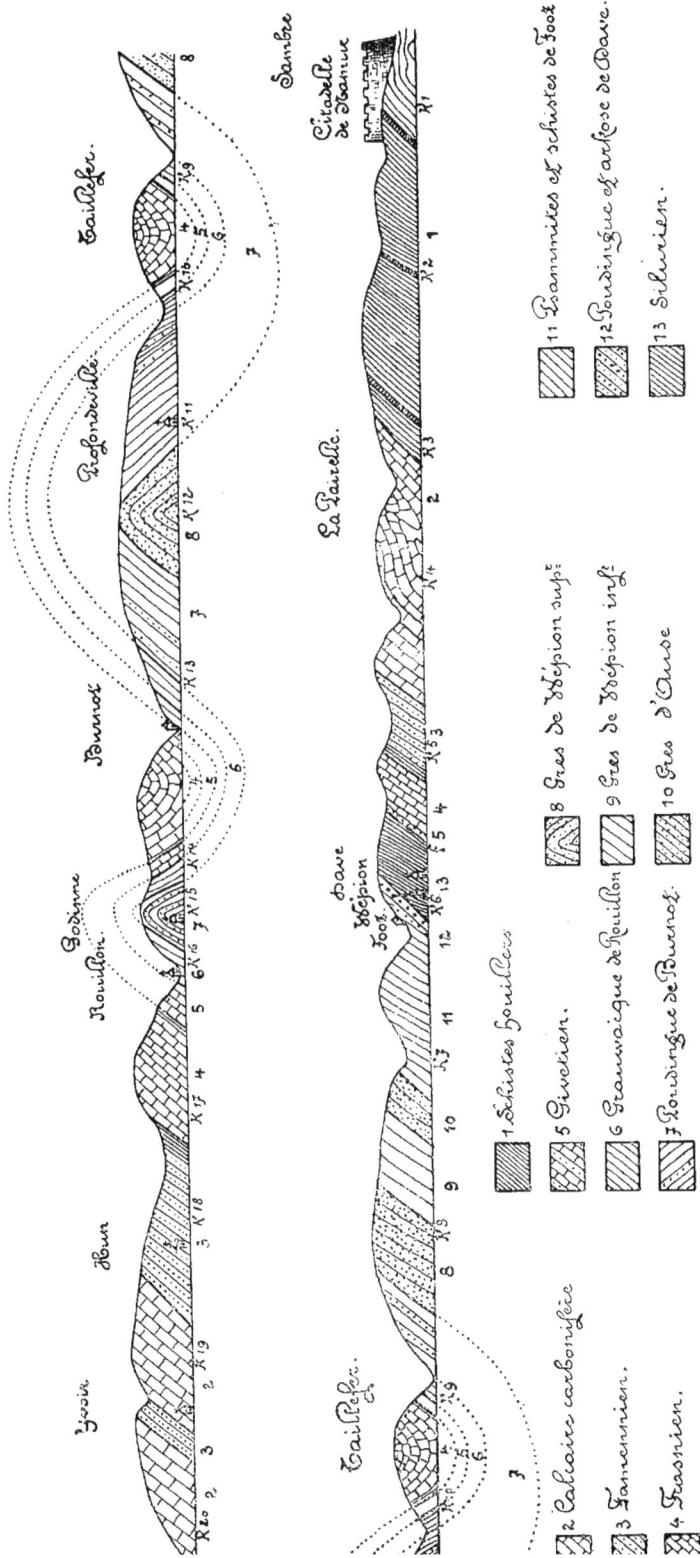

Fig. 91. — Coupe dans la vallée de la Meuse entre Yvoir et Namur. Les localités sont supposées projetées sur le plan méridien K₁, K₂... nombre de kilomètres à partir de Namur. D'après M. Gosselet (1888).

D'après la terminologie adoptée pour la carte géologique de la Belgique au 40,000e, le n° 6 fait partie du Couvinien; le n° 7, du Burnotien: les n°s 8, 9 et 10, du Coblencien; les n°s 11 et 12 du Gedinnien.

Roches meubles, généralement non calcaires. Ce sont d'abord
les produits d'altération, abondants et variés, provenant
des roches dures citées plus haut (sur la carte 7, ces produits d'altération ne sont pas distingués de la roche primitive). En outre, il y a :

Sables tertiaires (phot. 142, 145).

Argiles tertiaires.

Limon hesbayen, souvent sableux.

Alluvions modernes des vallées.

Les figures 90 à 99 sont destinées à donner une idée de la multi-
plicité des terrains dans le district calcaire. Les régions figurées
sont celles qui présentent le plus d'intérêt pour la botanique.

Les clichés 92 à 94 et 96 à 99 ont été mis à ma disposition par
MM. van den Broeck, Martel et Rahir *(1910);* la figure 95 a été
dessinée en grande partie par M. G. Cosyns.

⁎
⁎ ⁎

La simple inspection du paysage montre d'ailleurs l'hétérogénéité du sol. Les calcaires se désagrègent sous l'influence des
intempéries tout autrement que les schistes ou les psammites.
L'eau s'infiltre dans leurs joints de stratification et dans les crevasses qui les sillonnent en tous sens (phot. 135, 138, 139). Les blocs
ainsi isolés, de dimensions fort diverses, se détachent d'un coup.
Il résulte de ce mode de destruction que les calcaires forment souvent des escarpements abrupts. Comme les couches sont plissées
(phot. 128, 129, 135) ou redressées (phot. 130, 133, 349, 350), ou
même renversées, les falaises présentent les aspects les plus pittoresques et les plus imprévus.

Les rochers schisteux ou psammitiques, les poudingues, etc.,
se désagrègent au contraire en petits morceaux (phot. 387, 389,
390, 392); les détritus s'accumulant indéfiniment à la base des
rochers, ceux-ci finissent par s'arrondir : leurs pentes douces font
le plus frappant contraste avec les côtes escarpées du calcaire
(phot. 140, 141).

Les modes de destruction qui viennent d'être décrits sont ceux
qu'on observe sur les flancs des vallées profondes. Sur les plateaux
le processus est quelque peu modifié, puisqu'il n'y a pas ici de
larges surfaces inclinées où la pierre est à nu. Le ruissellement
attaque beaucoup plus les couches schisteuses et psammitiques que
les calcaires, qui restent donc en saillie. Aussi les vallées parallèles
à la direction des assises sont-elles presque toujours creusées dans

Fig. 92. — Carte géologique des environs de Nismes et Dourbes, d'après MM. van den Broeck, Martel et Rahir (*1910*). Voir la légende à la page suivante.

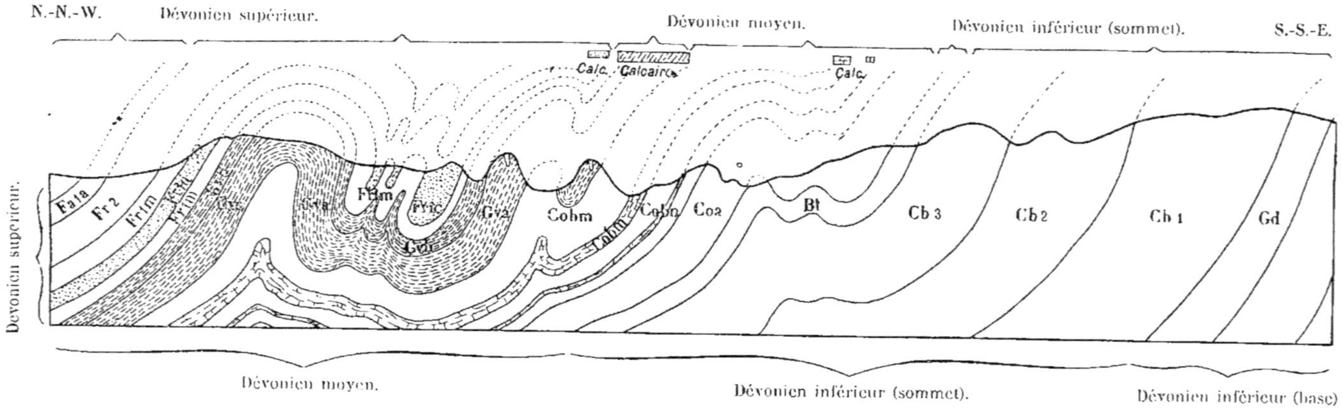

Fig. 93. — Coupe *nue* de la figure précédente, d'après MM. van den Broeck, Martel et Rahir (*1910*).

Légende des figures 92 et 93.

Gd : psammites et schistes gedinniens.
Cb1, *Cb2* et *Cb3* : grès et schistes coblenciens.
Bt : poudingues, grès et schistes burnotiens.
Cou : schistes, psammites, grès, etc. couviniens.
Cohn et *Cohu* : grès, schistes, macigno couviniens (en blanc); calcaires couviniens (hachurés).

Gna et *Gvb* : calcaires givetiens.
Frin et *Fr2* : schistes frasniens.
Fr10 : calcaires frasniens.
Fa1a : schistes famenniens.
L2 : sables landeniens.
ona : sables et cailloux oligocènes.

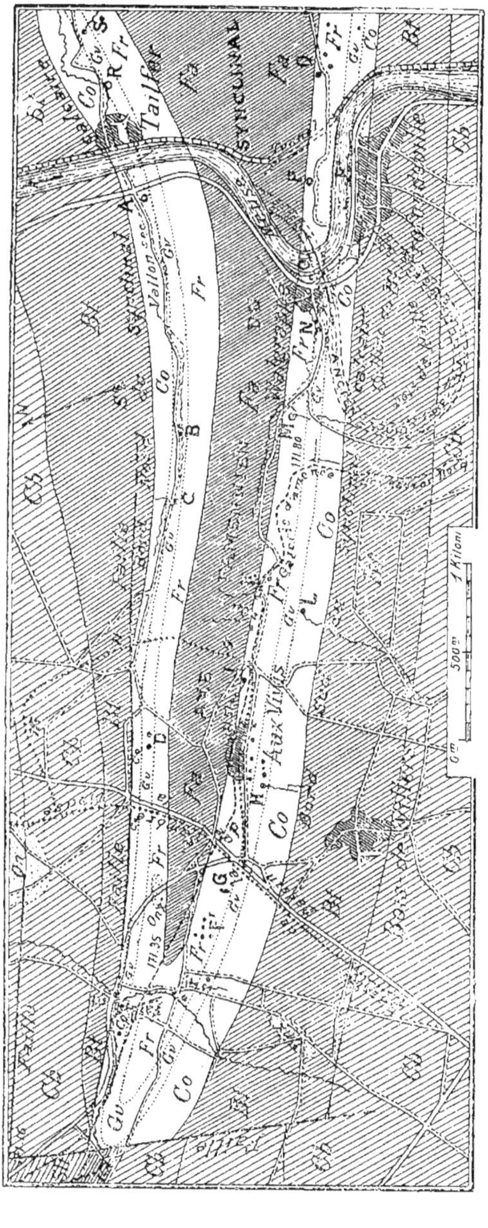

Fig. 94. — Carte géologique des bords de la Meuse aux environs de Taifer et Profondeville, d'après MM. van den Broeck, Martel et Rahir (1910).

Voir la légende à la page suivante. Les calcaires sont en blanc; les schistes, psammites, etc., sont hachurés.

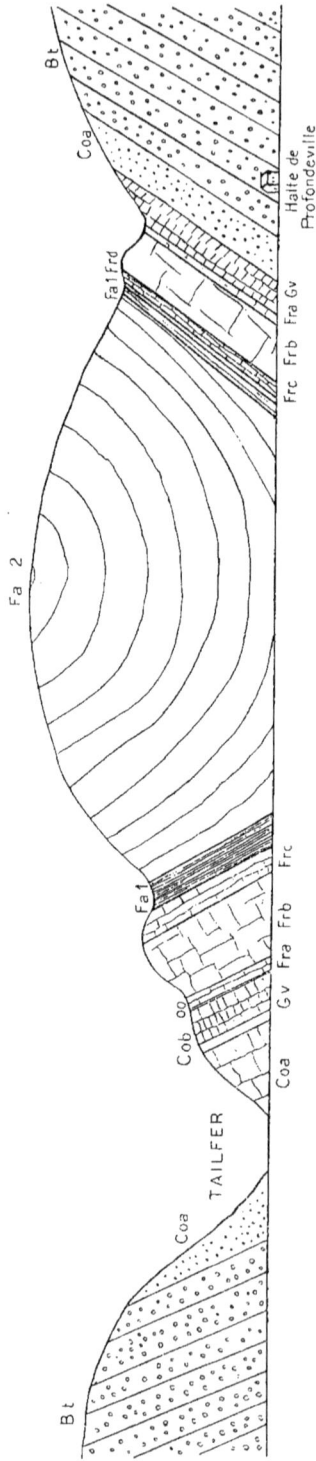

Fig. 95. — Coupe dans la partie orientale de la figure précédente. Les terrains calcaires ont les indications en bas; les autres ont les indications en haut.

Légende des figures 94 et 95, ainsi que des figures 96 et 97, pour le Dévonien.

Cb : grès et schistes coblenciens.

Bt : poudingue, grès et schistes burnotiens.

Cma : poudingue et grauwacke couviniens.

Cvb : grès et schistes couviniens.

Gv : calcaires givetiens.

ae : oligiste oolithique frasnienne.

Fra : macigno frasnien.

Frb : calcaires à stratification indécise, frasniens.

Frc : calcaire stratifié frasnien.

Frd : schistes frasniens.

Fa1 : schiste famennien.

Fn2 : psammites famenniens.

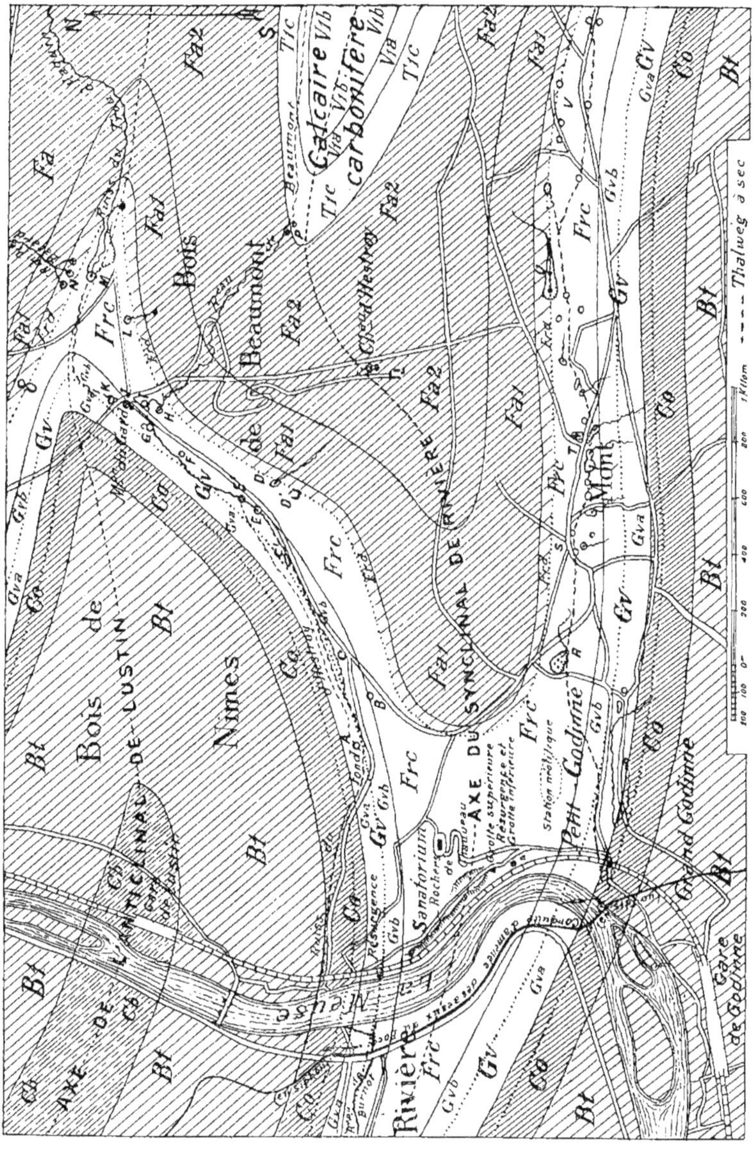

Fig. 96. — Carte géologique des bords de la Meuse aux environs de Rivière et de Gedinne (en amont de la figure 94), d'après MM. van den Broeck, Martel et Rahir (1910).

Voir la légende à la page précédente (pour le Dévonien) et à la page suivante (pour le Dinantien). — Il y a beaucoup d'aiguigeois et de résurgences. — Les calcaires sont en blanc; les schistes, psammites, etc., sont hachurés.

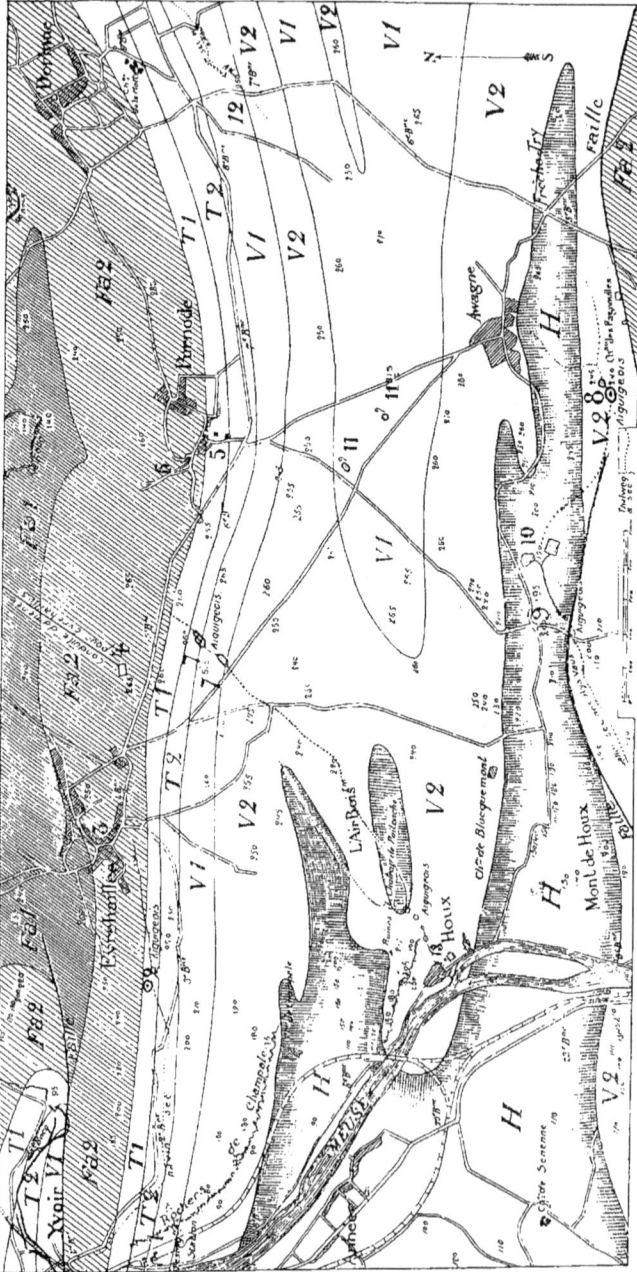

Fig. 97. — Carte géologique des bords de la Meuse à Yvoir et Houx, d'après MM. VAN DEN BROECK, MARTEL ET RAHIR (1910).

Légende des figures 96 et 97 pour le Dinantien et le Houiller :

T_1 et T_2 : calcaires tournaisiens. — V_1 et V_2 : calcaires viséens. — H : schistes houillers.

La légende pour le Devonien est sous la figure 95.

Les calcaires sont en blanc; les schistes, psammites, etc., sont hachurés. — Les aiguigeois sont numérotés.

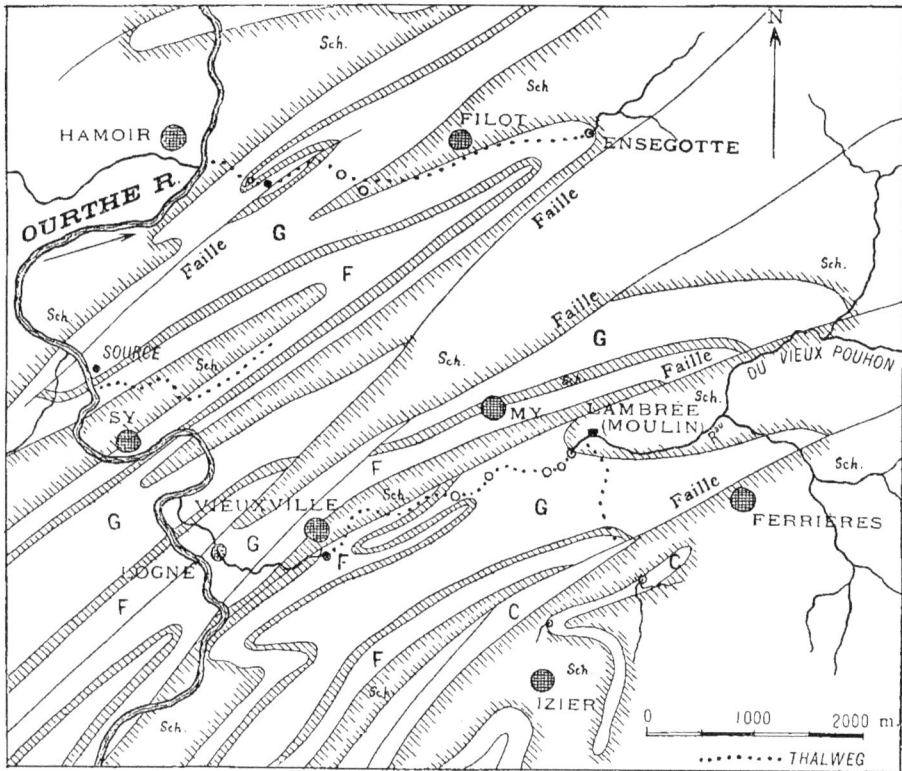

Fig. 98. — Carte géologique des bords de l'Ourthe, à Hamoir et Sy, d'après MM. van den Broeck, Martel et Rahir (*1910*). Les calcaires sont en blanc; les schistes sont bordés de hachures.

F : calcaire frasnien. — *G* : calcaire givetien. — *C* : calcaire couvinien.

les rochers non calcaires (phot. 131, 143, 149), tandis que les calcaires forment des coteaux (phot. 148); c'est également en calcaire (souvent du marbre) que sont faites les « tiennes », bosses dressées au-dessus du plateau, qui sont si caractéristiques pour la Fagne (phot. 131, 146) et pour la Famenne (phot. 148).

Mais si les calcaires résistent victorieusement à l'érosion, ils subissent très fortement la corrosion par les eaux pluviales qui s'infiltrent dans les fissures. Petit à petit, ces dernières s'élargissent, et des grottes étendues, aux couloirs capricieux et aux salles immenses, se creusent finalement au sein du massif. Tous les plateaux calcaires sont ainsi percés de trous par lesquels les eaux de ruissellement s'engouffrent dans les profondeurs de la

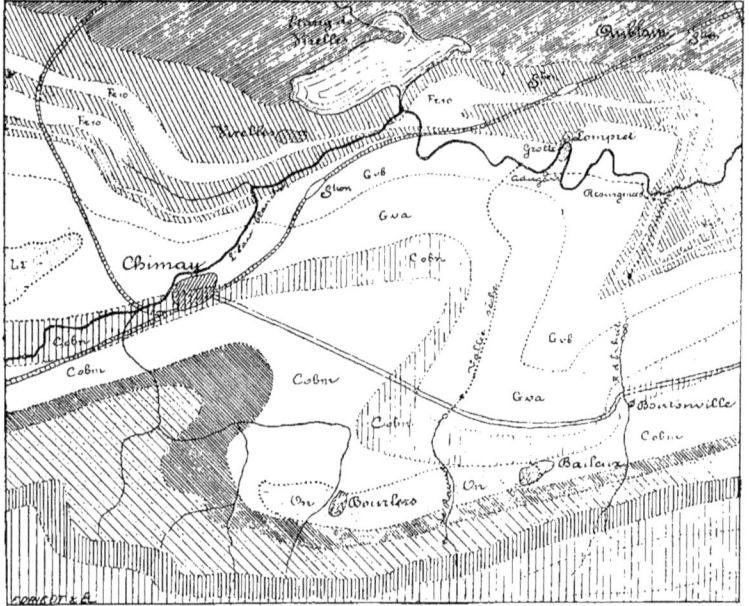

FIG. 99. — Carte géologique des environs de Chimay et de Virelles, d'après MM. VAN DEN BROECK, MARTEL ET RAHIR (*1910*).

Les schistes sont hachurés. Il y a de haut en bas :

Hachures obliques vers la gauche : schistes famenniens.
Hachures obliques vers la droite : schistes frasniens.
Hachures verticales : schistes couviniens.
Hachures obliques vers la droite : schistes couviniens.
Hachures obliques vers la droite et points : schistes couviniens, grauwacke et grès.
Hachures verticales serrées : schistes et grès burnotiens.
Hachures verticales écartées : schistes et grès coblenciens.

Les calcaires sont en blanc :

Fr10 : calcaire frasnien. — *Gvb* et *Gva* : calcaires givetiens. — *Cobm* : calcaire couvinien.

Le Tertiaire est pointillé :

L2 : sables landeniens. — *On* : sables, cailloux et argiles oligocènes.

terre (phot. 145). Les rivières à cours régulier peuvent aussi s'enfoncer dans les grottes par des fissures, et l'on voit alors leur lit complètement à sec (phot. 133). Les eaux qui coulent dans les grottes de Han, de Rochefort, de Remouchamps, etc., sont de ces rivières à cours partiellement souterrain. Dans le livre de MM. van den Broeck, Martel et Rahir (*1910*), tous ces phénomènes sont soigneusement décrits. Les cartes que je leur emprunte (fig. 94 et 96 à 99) montrent beaucoup d'aiguigeois ou chantoirs (points où se perdent les eaux superficielles), surtout les figures 96 et 97.

Voici maintenant la composition physique et chimique du sol. Les renseignements que donnent les Monographies agricoles (tableau des pp. 248 et 249) ne concernent, évidemment, que les terres arables, c'est-à-dire ce qui nous intéresse le moins.

M. Cosyns a bien voulu faire des analyses de roches dures, prises à la surface des affleurements, c'est-à-dire dans les conditions précises où les plantes les habitent. Le tableau des pages 250 et 251 donne le détail de ces analyses; j'y joins quelques données plus anciennes, déjà publiées par M. Cosyns (*1907*). Toutes les quantités sont p. c.

Toutes les roches de ce tableau ont été recueillies par moi, sauf le schiste frasnien de Barvaux et les roches des cinq dernières colonnes, que M. Cosyns a recueillis lui-même.

La composition des calcaires et des dolomies n'a rien d'imprévu. La grauwacke est curieuse avec sa forte proportion de silice. Dans les roches peu calcaires, il y a souvent plus de magnésie que de calcaire, ce qui les rend assez peu propices à la végétation. Le psammite famennien de Tailfer renferme une proportion inusitée de calcaire. Peut-être est-ce à cause de cela qu'*Arabis arenosa* y prospère, d'ailleurs en compagnie de *Digitalis purpurea*, réputé calcifuge (phot. 390). Il y a sans doute d'autres anomalies du même genre : ainsi sur les poudingues de Burnot croît, à Profondeville, *Endocarpon miniatum* (phot. 391), qui est calcicole (carte 3). — La richesse des schistes en potasse est connue.

Très intéressantes sont les cinq dernières colonnes, empruntées à M. Cosyns (*1907*). On y voit d'abord les progrès de l'altération d'un calcaire dinantien par les eaux météoriques. Le limon accumulé

Analyse physique de la terre séchée à l'air (1,000 parties).

	SOLS SABLO-ARGILEUX DÉTRITIQUES					SOLS ALLUVIAUX.	
	provenant du calcaire viséen. *(Hainaut.)*	provenant de roches non calcaires				*Boussu en-Fagne.* (Eau Blanche).	*Salzinne* (Sambre.)
		de psammites.		*Louveigné.*	de schistes. *Louvigné.*		
		Silenrieux.					
		Sol	Sous-sol.				
Eau à 150° C	*19.60*	*31.38*	*38.88*	*21.43*	*33.50*	*136.30*	*31.10*
Résidu sur le tamis de 1 millimètre.							
Débris organiques. . .	—	0.20	—	—	—	11.00	—
Débris minéraux . . .	43.00	62.40	52 60	23.0	159.00	1 00	57.00
Terre fine passant au tamis de 1 millimètre							
Matières organiques . .	15.00	33.90	25.70	37 30	47.20	132 20	19.50
Sable grossier ne passant pas au tamis de 0^{mm}5		15.50	15.50				
Sable fin ne passant pas au tamis de 0^{mm}2 . . .	847.60	29.20	29.00/855.00	716 00	724.90	781 20	
Sable poussiéreux passant au tamis de 0^{mm}2 . .		740.1	700.10				
Argile	84.00	114.20	172.00	78.00	69.00	9.10	126.90
Différence considérée comme calcaire (¹) . .	10.40	4.50	5 10	6 70	8.8	40.80	15.40
Matière noire de Grandeau	2.54	Traces	Traces	10.20	16.60	21.40	—
Poids d'un litre de terre séchée à l'air . . .	*1^k065*	*1^k195*	*1^k175*	*1^k165*	*1^k255*	*0^k875*	*1^k165*
Pouvoir absorbant de la terre séchée à l'air . .	387	434	434	399	414	754	411

(¹) L'analyse est faite d'après la méthode de Schlœsing. L'analyse chimique renseigne exactement sur le taux en carbonates.

Analyse chimique de la terre fine (1,000 parties).

	SOLS SABLO-ARGILEUX DÉTRITIQUES					SOLS ALLUVIAUX	
	provenant du calcaire viscéen. *Hainois.*	provenant de roches non calcaires					
		de psammites.			de schistes.		
		Silenrieux.		*Lonneigné.*	*Lonneigné.*	Boussu-en-Fagne. (Eau-Blanche.)	Salzinne (Sambre)
		Sol.	Sous-sol.				
Matières combustibles et volatiles	15.64	36.15	27.15	38.22	56.15	133.77	20.63
Azote organique	0.49	1.43	0.66	1.01	1.41	4.69	1.15
— ammoniacal.	0.03	0.01	0.01	0.02	0.07	0.09	0.07
— nitrique	0.02	0.01	0.01	0.01	0.03	0.03	0.03
Soluble à froid dans HCl (D = 1.18)	35.29	42.48	41.15	20.93	39.10	88.11	55.37
Oxyde de fer et alumine.	22.44	28.83	31.45	15.81	29.55	56.31	24.06
Chaux	6.61	7.13	3.81	2.48	4.27	14.58	18.85
Magnésie	1.84	2.77	2.10	0.95	3.51	6.69	2.01
Soude	0.13	0.33	0.47	0.25	0.36	1.75	0.17
Potasse	0.48	0.50	0.36	0.55	0.56	0.64	0.38
Acide phosphorique	0.38	0.70	0.55	0.55	0.57	1.15	0.75
— sulfurique	0.03	0.26	0.19	0.25	0.18	1.24	0.20
— carbonique.	3.32	1.93	2.17	Trace	Traces	5.67	8.57
— silicique	0.06	0.01	0.03	0.09	0.10	0.08	0.06
Chlore	Traces	0.02	0.02	Traces	Traces	Traces	Traces
Insoluble à froid dans HCl, soluble dans HFl.	949.07	921.37	931.70	940.85	904.75	787.12	924.02
Potasse	33.22	14.89	19.69	36.87	30.09	20.37	31.02
Chaux	4.03	3.46	3.85	9.81	8.37	14.97	2.89
Magnésie	—	5.35	5.37	4.80	6.33	5.67	—
Acide phosphorique	—	0.38	0.33	0.22	0.32	Point.	—

| | Ginetien à Tailfer. | CALCAIRES. | | | | | | DOLOMIES. | |
| | | Frasnien. | | | | | Viséen à Dave (V2b). | Viséen Dolomie caverneuse à Dave (V1by). | Tournaisien à Marche-les-Dames. |
		Schistes calcareux à Dave (Fra).	Calcaire à Dave (Frbp).	Calcaire blanc à Dave (Frc).	Calcaire gris à Tailfer.	Calcaire à polypiers à Tailfer.			
Humidité	0 08	—	—	—	0.30	0.05	0 11	? 0 31	—
Quartz	7 24	31.65	6.49	5 55	5 05	0.98	0.67	0.55	0.6
Charbon			0	0					
Matières organiques. . .	0.12	—	—	—	1.04	—	0.17	0.29	—
Soufre			—	—					
Carbonate de calcium . .	87.09	55 40	91 85	93.34	92.05 1)	97.69	96.91	56.14	54.
— de magnésium .	4 85	3.96	Traces	Traces	0.65	0.98	0.98	38.81	43.0
Alumine	0.18	4.95	Traces	Traces	0.06	0 09	1.25	3.95	—
Oxyde de fer	0.37	3.98	1.01	0 79	0 36	0 24			0.2
Potasse	—	—	—	—	—	—	—	—	—
Soude	—	—	—	—	—	—	—	—	—
Acide chlorhydrique . .	—	—	—	—	—	—	—	—	—
— sulfurique. . .	—	—	—	—	—	—	—	—	—
— phosphorique. . .	—	—	—	—	—	—	—	—	—

(¹) Il y a un peu de sulfate de calcium.

(²) Principalement à l'état ferreux.

(³) La chaux et la magnésie ne sont que partiellement à l'état de carbonates ; il y a des traces de sulf de chlorures ?

(⁴) Une partie de la magnésie appartient au mica.

(⁵) L'échantillon était altéré par les agents météoriques.

(⁶) Il y a aussi 0.64 de magnésie associée à la silice.

...GUES.	GRÈS.		PSAMMITES.			SCHISTES.			CALCAIRE CARBONIFÈRE et ses produits d'altération, à Engihoul.			SCHISTE DÉVONIEN et ses produits de décomposition, à Tilff.	
Convinien à Tailfer (Coa).	*Coblencien* à Dave (Cb1).	*Convinien* à Pepinster (Coa).	*Fauennien* à Dave (Fa2b).	*Fauennien* à Tailfer (Fa2b).	*Houiller* à Samson (5).	*Frasnien* à Barvaux (Fr2).	*Houiller* à Samson (5).	Calcaire intact.	Limon résiduel dans une grotte	Limon du plateau surmontant le calcaire.	Schiste non altéré.	Argile d'altération.
...42	0.41	1.14	—	0.86	—	—	—	—	—	—	—	—
...65	94.25	89.05	92.10	81.73	69.15	60.80	60.41(7)	0.48(9)	34.04(7)	69.32(7)	62.05	69.55
								Graphite	—	—	—	—
—	—	—	—	—	—	—	—	—	—	—	—	—
								—	—	—	—	—
...06	0.68	0.81(3)	2.89	8.76	1.28	3.22(10)	0.78	96.90	29.77	1.05	—	Variable
...59	1.24	0.93(3)	1.08(4)	0.47	2.11(6)	0.90(10)	1.65(8)	0.85	1.92	—	0 95(10)	0.33(10)
...35	0.86	6.79	0.79	4.18	3.95	21.05	19.14	0.75	9.65	20.65	19.15	20.48
3.05(2)	0.49		2.24	3.12	4.48	5.95	5.06	0 08	23.16	6.14	5.01(12)	6.89(13)
Traces	—	0.09	Existe	Existe	0.31	} 4.51	2.81	—	—	—	} 6 65(11)	1.11
Traces	—	—	—	—	—		Traces					
—	Traces	Traces	—	—	—	—	—	—	—	—	—	—
—	Traces	Traces?	—	—	—	—	—	—	—	—	—	—
—	—	—	—	—	—	—	0.13?					

Quartz et silice combinés.
Il y a en outre 0.09 de magnésie.
Il y a en outre 0 39 de Si O² opale.
La magnésie et la chaux ne sont pas à l'état de carbonates.
Il y a des traces de Ti O² et de Mn O².
Le fer est *surtout* à l'état de pyrite.
Le fer est à l'état de limonite.

dans une poche de la grotte, contient encore 29.77 de calcaire et seulement 34.04 de silice; mais dans le limon exposé à toutes les intempéries, qui recouvre superficiellement les bancs rocheux, le calcaire est réduit à 1.05, tandis que la silice monte à 69.3; l'alumine augmente parallèlement à la silice.

Les deux colonnes relatives au schiste dévonien font voir que la décomposition du schiste en argile est accompagnée d'une altération chimique beaucoup moins accentuée.

*
* *

Est-ce que les calcaires couviniens, givetiens et frasniens auraient une composition chimique ou une structure physique différente de celle des calcaires plus récents? Les analyses que nous possédons sont trop peu nombreuses pour qu'on puisse rien affirmer. Toujours est-il que de nombreuses plantes du Calcaire sont citées dans la *Flore de* Crépin comme vivant exclusivement à la limite du district calcaire et de l'Ardenne, ou comme beaucoup plus communes sur cette bande; or, celle-ci est précisément formée des couches indiquées plus haut. Voici quelques-unes de ces espèces :

Bromus arduennensis.
Elymus europaeus.
Ventenata triflora.
Carex Hornschuchiana.
C. tomentosa.
Allium oleraceum.
Scilla bifolia.
Pirus torminalis.
Thesium pratense.
Bupleurum rotundifolium.
Carum Bulbocastanum.
Centunculus minimus.
Gentiana ciliata.
Digitalis lutea.

Linaria striata.
Melampyrum arvense.
Stachys recta.
Brunella alba.
Teucrium montanum.
Globularia vulgaris.
Sambucus racemosa.
Galium sylvaticum.
Scabiosa Columbaria.
Filago neglecta.
Aster Linosyris.
Podospermum laciniatum.
Senecio erucaefolius.

Pour pas mal de ces plantes, le climat est probablement plus favorable dans les points élevés du Calcaire, et c'est ce qui les cantonne le long de la limite de l'Ardenne (voir par exemple *Sambu-*

cus *racemosa*, sur la carte 3); mais pour d'autres, qui ne sont nullement des espèces de la Haute-Belgique, c'est sans doute la nature
du sol qui est en jeu (par exemple *Centunculus minimus* et *Senecio
erucaefolius*).

Il est permis de se demander s'il ne faudrait pas séparer, au point
de vue géobotanique, la lisière Sud-Est du Calcaire.

B. — LES PRINCIPALES ASSOCIATIONS.

D'une façon générale, le plateau est cultivé dans ses parties calcaires et boisé lorsque le sous-sol est schisteux ou psammitique; les
fonds des vallées sont couverts de prairies ; les rochers et les pentes
ont conservé leur végétation naturelle.

La flore des ro chers calcaires a déjà été décrite dans ses grandes
lignes (pp. 94 ss.). Disons seulement que certaines plantes semblent
affectionner les schistes calcareux, par exemple *Helianthemum
Fumana* et *Campanula rotundifolia* (phot. 362). Y a-t-il aussi des
espèces qui croissent avec prédilection sur la dolomie, ou bien y
en a-t-il qui fuient cette roche magnésienne? Je l'ignore.

La végétation des pe lo uses et celle des é b ou lis ont aussi été
étudiées suffisamment (pp. 100 ss.), et il est inutile d'y revenir.

Les terrains calcaires et les terrains non calcaires sont si intimement enchevêtrés que l'on peut presque partout rencontrer en une
même promenade les uns et les autres. Rien n'est plus intéressant
que de comparer les deux flores. La transition de l'une à l'autre
est toujours remarquablement brusque : on passe directement de
la flore calcifuge à la flore calcicole, ou inversement. Ainsi, par
exemple, on était au milieu de *Helianthemum Chamaecistus*, *Hippocrepis comosa*, *Sesleria coerulea*, *Festuca duriuscula glauca* et
autres plantes calcicoles, et tout à coup on ne voit plus que *Calluna
vulgaris*, *Cytisus scoparius*, *Digitalis purpurea*, *Vaccinium Myrtillus*, *Pteridium aquilinum*, *Rumex Acetosella*, *Hypnum Schreberi*,
Mnium hornum, etc. : grattez le sol, c'est du schiste ou du psammite.

Voici un tableau qui résume, pour quelques plantes vasculaires
des rochers avoisinant Tailfer (fig. 94 et 95), les raisons probables
qui déterminent leur localisation. Ce tableau a encore un autre

RAISONS DE LA LOCALISATION DE QUELQUES PLANTES DES ROCHERS DE TAILFER.

	HABITAT.		EXIGENCES SPÉCIALES.				
	Calcaire.	Psammite et poudingues.	Rochers (et vieux murs).	Endroits très chauds.	Calcicole.	Calcifuge.	Plantes ne quittant guère le domaine des Basses - Montagnes
Filicées.							
Asplenium septentrionale . .	—	+	+	—	—	—	+
Ceterach officinarum . . .	+	—	+	—	—	—	+
Polypodium vulgare . . .	+	+	—	—	—	—	—
Pteridium aquilinum . . .	—	+	—	—	—	+	—
Monocotylédonées.							
Poa compressa	+	—	+	—	—	—	—
P. nemoralis	+	+	—	—	—	—	—
Sesleria coerulea	+	—	+	+	+	—	+
Festuca duriuscula glauca. .	+	—	+	—	+	—	+
Allium sphaerocephalum . .	+	—	—	+	—	—	+
Dicotylédonées.							
Corylus Avellana	+	+	—	—	—	—	—
Rumex scutatus	+	+	+	—	—	—	+
R. Acetosella	—	+	—	—	—	+	—
Dianthus Carthusianorum .	+	—	+	+	+	—	+
Silene nutans	+	—	—	—	+	—	—
Helleborus foetidus. . . .	+	+	—	—	—	—	+
Sedum reflexum	+	+	+	—	—	—	—
Potentilla verna.	+	—	—	+	—	—	+

Raisons de la localisation de quelques plantes des rochers de Tailfer (*suite*).

	HABITAT.		EXIGENCES SPÉCIALES.				
	Calcaire.	Psammites et poudingues.	Rochers (et vieux murs).	Endroits très chauds.	Calcicole.	Calcifuge.	Plantes ne quittant guère le domaine des Basses-Montagnes.
Prunus spinosa	+	+	—	—	—	—	—
Pirus Malus.	+	+	—	—	—	—	+
Cytisus scoparius	—	+	—	—	—	+	—
Anthyllis Vulneraria . . .	+	—	—	—	+	—	—
Hippocrepis comosa. . . .	+	—	+	—	+	—	+
Geranium sanguineum . . .	+	—	—	—	+	—	+
Buxus sempervirens . . .	+	—	—	+	—	—	+
Helianthemum Chamaecistus.	+	—	—	—	+	—	—
Tilia platyphyllos . . .	+	+	—	—	—	—	—
Epilobium spicatum . . .	—	+	—	—	—	+	—
Seseli Libanotis	+	—	—	—	+	—	+
Cornus mas	+	—	—	—	+	—	+
Calluna vulgaris	—	+	—	—	—	+	—
Vaccinium Myrtillus . .	—	+	—	—	—	+	—
Teucrium Chamaedrys . .	+	—	—	+	+	—	+
Digitalis purpurea . . .	—	+	—	—	—	+	—
Melampyrum arvense . . .	+	—	—	—	+	—	+
M. pratense	—	+	—	—	—	+	—
Asperula Cynanchica . . .	+	—	—	—	+	—	—
Viburnum Lantana . . .	+	+	—	—	—	—	+
Campanula persicifolia . .	+	—	—	—	+	—	+
Centaurea Scabiosa. . . .	+	—	—	—	+	—	+
Artemisia Absinthium. . .	+	—	—	+	—	—	—
Lactuca perennis	+	—	—	+	+	—	+

intérêt : c'est de montrer combien sont variées les exigences des éléments qui constituent la flore soit des calcaires, soit des psammites et des poudingues : on y voit que les plantes de ces rochers sont loin d'exiger toutes que le support soit pierreux ; la plupart se contentent parfaitement de terre meuble, et c'est quelque autre particularité écologique qui leur permet de prospérer sur les rochers. Un exemple analogue, pour les dunes, a déjà été cité dans l'introduction (p. 4).

La carte 2, hors texte, est intéressante à consulter. On y voit que les bois du district calcaire sont presque tous allongés de l'W.-S.-W. à l'E.-N.-E. La raison de cette disposition est donnée par la carte 7 ; les couches géologiques ont aussi cette direction. Un examen plus attentif montre que les bois n'existent guère que sur les terrains non calcaires : psammites, schistes, poudingues, grès, etc. Ceux qui couvrent les roches calcaires sont limités aux bords des vallées, sur les versants trop escarpés, par exemple le long de la Meuse en amont du confluent de la Lesse.

Les bois établis sur le plateau consistent surtout en futaies de Pins sylvestres, de Bouleaux (phot. 153, 386) ou de Chênes, et en taillis de Chênes, Charmes, etc. (voir GILLET, *1910*). Il y a aussi des bois de *Pinus Laricio*, surtout sur calcaire ; ici, comme dans les bois de Pins sylvestres, on trouve fréquemment *Monotropa Hypopitys* (phot. 397).

Les bois méthodiquement aménagés des plateaux sont moins intéressants pour le botaniste que ceux qui occupent les escarpements calcaires. Les résineux sont ici le plus souvent l'Épicéa et le Laricio (phot. 128, 352) ; mais ce sont les feuillus qui dominent : Chêne, Hêtre, Frêne, Érable Faux-Platane, avec taillis de Charme, Tilleul, Noisetier, etc. Lorsque ces bois occupent les larges creux entre les rochers (phot. 151, 371, 372, 373), leur atmosphère calme et humide convient à des plantes telles que *Lunaria rediviva* (carte 3, phot. 372), dont il a été question plus haut (p. 60).

Aux endroits où les grands arbres manquent, ce qui est fréquent sur les côtes trop sèches, il y a un taillis (phot. 130, 131, 135, 138, 141, 350, 374) composé de *Ligustrum vulgare, Cornus sanguinea, Acer campestre, Evonymus europaeus, Mespilus monogyna, M.*

Oxyacantha, Pirus Malus, Prunus spinosa, Rhamnus cathartica, Viburnum Lantana, etc. Clematis Vitalba y est souvent parasité par son Aecidium (phot. 398).

Les prairies sèches ont remplacé les pelouses partout où le sol n'est pas trop rocailleux. Elles sont souvent plantées d'arbres fruitiers, surtout de Pommiers, sur lesquels s'installe Viscum album (phot. 395). Les alluvions des vallées portent généralement des prairies à faucher. Colchicum autumnale y est plus fréquent qu'ailleurs (phot. 384).

Les étangs sont peu nombreux et presque exclusifs aux régions non calcaires, par exemple les étangs de Rance, de Saint-Gérard et de Virelles (fig. 99, phot. 144). Leur flore est très pauvre : Sphagnum, Carex Goodenoughii, C. paludosa, Iris Pseudo-Acorus, Phragmites communis, Mentha aquatica, Ranunculus Flammula, Lysimachia vulgaris, Limosella aquatica.

Les eaux courantes, généralement rapides, portent sur les pierres Cinclidotus fontinaloides, Fontinalis antipyretica, Lemanea fluviatilis et L. torulosa (carte 4). Dans l'eau flottent les longues tiges de Callitriche vernalis et de Ranunculus fluitans (phot. 150). En plusieurs points se sont formées des masses, parfois énormes, de tuf calcaire (phot. 152).

Les bords des eaux sont garnis de Petasites officinalis (phot. 152), Festuca arundinacea, Thalictrum flavum et d'autres grandes herbes. Au bord de la Meuse, on trouve fréquemment Euphorbia Esula et Inula britanica, qui descendent la rivière jusqu'en Néerlande ; Cuscuta europaea y est particulièrement abondant (phot. 396). Sur les alluvions de la Sambre vivent de grands Rumex : R. maximus et R. aquaticus.

Les moissons renferment une flore assez particulière, surtout le long de la bande méridionale. Plusieurs des espèces citées plus haut (p. 252) sont en effet messicoles. Orlaya grandiflora, Turgenia latifolia, Caucalis daucoides et d'autres sont également plus communes dans les moissons à la limite avec l'Ardenne. Il en est encore de même pour Bromus arduennensis et sa variété villosus, les seules Phanérogames endémiques de notre pays. D'autres plantes se retrouvent dans les moissons de tout le district calcaire : Reseda lutea, Carduus nutans, Silene venosa, Lolium temulentum, etc.

Un mot enfin sur certaines associations qui n'existent guère que dans ce district. Ce sont celles qui habitent les grottes profondes complètement soustraites à la lumière. Dans les petits bassins. où se conserve de l'eau toute l'année, mais qui ne sont en communication avec une rivière que lors des crues de l'hiver, il y a une végétation très pauvre de Bactéries et de Flagellates (surtout *Chilomonas Paramaecium*). Sur les boiseries qui sont introduites dans les grottes pour la construction de marches, de barrières, etc., se développe une flore de Champignons, parmi lesquels on peut reconnaître des *Polyporus*, et les longs rhizomorphes d'*Armillaria mellea* formant parfois de véritables draperies. Les mêmes Champignons envahissent les galeries abandonnées dans les houillères.

⁎

C'est au district calcaire qu'appartiennent les terrains calaminaires (carte 4). Les quatre espèces caractéristiques de Phanérogames (phot. 393 et 394) se rencontrent dans les anciennes carrières abandonnées et aussi sur les amas de résidus laissés après l'extraction du zinc.

Nous ne possédons pas de liste complète des plantes habitant le Calaminaire, et c'est regrettable, car elle nous dirait si la présence de sels de zinc empêche le développement de certaines espèces communes.

§ 13. — District ardennais.

A. — LE MILIEU.

L'Ardenne est, de toutes nos grandes régions naturelles, celle dont les limites prêtent le moins à la discussion; ce qui signifie qu'elle se distingue nettement des districts voisins et qu'elle est de structure homogène. Cette uniformité fait précisément que le district ardennais, malgré sa grande étendue, n'est pas fort intéressant pour le botaniste.

L'Ardenne occupe les deux versants du grand ride qui coupe la Belgique de l'W.-S.-W. ou l'E.-N.-E. Les points les plus élevés ont été distraits de l'Ardenne pour faire le district subalpin.

Il y fait froid toute l'année (fig. 23 A, p. 48). Même pendant les
mois de juillet et août, le thermomètre descend — exceptionnel-
lement il est vrai — au-dessous de 0°; quant aux gelées blanches,
elles surviennent en toute saison, surtout dans les vallées où l'air
ne se renouvelle pas assez facilement. La neige est abondante
(phot. 399, 400, 401). Le givre peut s'accumuler en telle quantité
sur les branches (phot. 170, 171, 402), qu'elles se rompent. Les
pluies, très copieuses (fig. 24, p. 50), tombent surtout en novem-
bre-décembre et en juillet (fig. 23 B, p. 49). L'air est humide
(p. 47).

Le sol est constitué par les roches schisteuses ou siliceuses du
Cambrien et du Dévonien inférieur : schistes, phyllades, grès,
quartzites, quartzophyllades, poudingues. La décomposition des
schistes et des phyllades (phot. 163, 165), plus rapide que celle des
roches siliceuses, donne des argiles compactes imperméables, en
nappe parfois épaisse (phot. 419), supportant des fagnes marécageuses (phot. 159, 172, 405, 406, 418) ou sèches (phot. 173), qui
sont souvent remplacées par des bois. Les rognons de quartzite
qui existaient dans la roche (phot. 163, 165) résistent à l'altération,
et on les retrouve soit restés en place sur le terrain (phot. 415),
soit ayant roulé au fond des vallées (phot. 155, 158, 399). Les phyllades percent parfois le sol sur les pentes des vallées, où les produits
de décomposition sont entraînés par le ruissellement (phot. 156,
157, 164, 407 a 414 et 416).

Les grès et les quartzophyllades se désagrègent en un sol plus
perméable et convenant davantage à la culture. Mais ils sont
moins répandus que les roches donnant de l'argile; aussi la carte 2
montre-t-elle que l'Ardenne est restée en grande partie boisée et
que la province de Luxembourg mériterait encore maintenant le
nom de département des Forêts qu'elle portait sous la domination
française. Les cultures ne sont quelque peu nombreuses que sur le
versant méridional de la crête ardennaise; encore font-elles place
aux bois le long de la bordure S. Ce dernier fait permet d'assurer
que ce ne sont pas les conditions climatiques qui rendent ce
versant plus propice à l'exploitation agricole, mais bien la nature
du sol : en effet, les phyllades et les schistes y font assez souvent place a des quartzophyllades et à des grès; mais ceux-ci

deviennent de nouveau plus rares vers la limite de l'Ardenne et du Jurassique.

Près du district calcaire, le sol de l'Ardenne est formé en partie de Burnotien et de Couvinien; ces roches ont en commun avec celles du Cambrien et du Dévonien inférieurs d'être fort pauvres en calcaire.

Les tableaux des pages 262 à 265 donnent, d'après les Mono-GRAPHIES AGRICOLES, la composition physique et chimique de quelques terres de l'Ardenne; elles proviennent toutes du versant S.

Voici des analyses de phyllades cambriennes. Les quatre premières ont été faites par De Windt (*1897*); la dernière par M. Rosenbusch (*1901*).

	Schiste aimantifère de Monthermé.		Schiste ardoisier de Rimogne.	Schiste ordinaire violet de Fumay.	Schiste violet de Vielsalm.
	A	B			
SiO^2	58.78	59.91	61.43	61.07	53.77
Al^2O^3	19.52	19.51	19.10	20.01	15.96
FeO^3	1 87	2.74	4.87	5.83	18.27
FeO	2.67	2.87	3.12	1.18	0.65
CaO	0.21	0.40	0.31	0 19	0.18
MgO	2.21	2.53	2.29	1.87	1.38
K^2O	3.11	3.20	3.34	3.29	2.37
Na^2O	1.24	1.57	0.82	0.90	1.02
H^2O	2.24	3.46	3.52	3.25	3.00
TiO^2	2.28	1.46	0 75	1.80	—
MnO	—	—	—	—	1.96
Ph^2O^5	—	—	—	—	0.34

B. — Les principales associations.

Les analyses chimiques montrent clairement que la terre de l'Ardenne est fort maigre. Il n'y a que la Campine et les dunes littorales qui puissent lui être comparées à ce point de vue. Rien d'étonnant donc à ce que ces trois districts renferment le plus de terres non encore mises en culture (carte 2). Tandis que le sol plat de la Campine est semé de nombreuses mares, l'Ardenne, plus accidentée, ne possède que très peu d'eaux stagnantes; mais si les étangs y sont rares, les marécages y sont encore plus répandus que sur les terres sablonneuses de la Campine.

Les fagnes ont une végétation très semblable d'aspect à celle des bruyères campinoises, sauf que les espèces atlantiques font défaut à l'Ardenne. Ainsi *Cicuta virosa, Elatine hexandra, Myrica Gale, Erica cinerea, Cyperus fuscus, Cladium Mariscus* manquent à l'Ardenne ou n'existent que tout à fait à l'Ouest du district. Mais quelques espèces de l'Europe centrale remplacent les plantes pour lesquelles le climat ardennais est trop rude : *Arnica montana, Geum rivale, Trientalis europaea, Eriophorum vaginatum* (phot. 405). Malgré ces différences, le fond de la végétation est le même en Ardenne et en Campine, si on laisse de côté quelques plantes essentiellement sabulicoles comme *Scleranthus perennis* et *Corynephorus canescens*. Ainsi dans la fagne sèche (phot. 173), on rencontre *Cladonia coccifera, Lycopodium clavatum, Danthonia procumbens, Antennaria dioica, Nardus stricta, Agrostis vulgaris, Deschampsia flexuosa, Juniperus communis, Calluna vulgaris, Potentilla sylvestris, Cytisus scoparius ;* dans la terre humide (phot. 172) : *Nardus stricta, Calluna vulgaris, Molinia coerulea, Juncus conglomeratus, Salix cinerea, S. aurita, Narthecium ossifragum, Viola palustris, Cirsium palustre* (phot. 159), *Lysimachia vulgaris, Ulmaria palustris, Angelica sylvestris, Orchis maculata, O. Morio, Platanthera bifolia, Potentilla palustris, Vaccinium Oxycoccos, Erica Tetralix*, les *Sphagnum, Aulacomnium palustre, Polytrichum commune* (phot. 418).

Les étangs de l'Ardenne sont d'une pauvreté déconcertante. Sur les bords du lac de la Gileppe (phot. 166), les schistes restent

Analyse physique de

		I	
		Prairies	
	sur schistes coblenciens.		sur grès coble.
	OCHAMPS.		St-PIERRE-EN-
	Sol.	Sous-sol.	Sol.
Eau à 150° C	51.90	44 80	26 59
Résidu sur le tamis de 1 millimètre.			
Débris organiques	—	—	0.50
Débris minéraux	119.00	90.80	202.10
Terre fine passant au tamis de 1 millimètre . .			
Matières organiques	80 60	45.00	48.70
Sable grossier ne passant pas au tamis de 0^{mm}5 .			4.80
Sable fin ne passant pas au tamis de 0^{mm}2 . .	767.90	780.80	16.30
Sable poussiéreux passant au tamis de 0^{mm}2 .			677.00
Argile	25.30	77.80	47.40
Différence considérée comme calcaire ([1]) . .	7.20	5 60	3.20
Matière noire de Grandeau	9.03	5.80	13 50
Poids d'un litre de terre séchée à l'air	0^{k}980	1^{k}095	1^{k}220
Pouvoir absorbant de la terre séchée à l'air. .	759.00	566 00	382.00

[1] L'analyse physico-chimique de la terre fine a été exécutée d'après la méthode Sc

l'air (1,000 parties).

AIS.					DISTRICT SUBALPIN.	
	Champs labourés				Bruyères défrichées mais non mises en culture.	
zophyllades nciennes.	sur phyllades (?) coblenciennes.					
TOGNE.	LONGCHAMPS.		JUSERET.		ODEIGNE.	BIHAIN.
Sous-sol.	Sol	Sous-sol.	Sol.	Sous-sol.	Sol.	Sol.
27.40	30.50	39.34	29.50	30.18	45.19	105.75
					287.5	119.3
—	1.30	0.20	0 60	0.80	7.3	9.7
95.00	366 00	366.40	1c4 80	91.80	280.2	109.6
					712.5	880.7
30.40	57.40	29.30	49.00	41.20	82.7	141.5
	25.50	14.01	3.90	7.30	39.3	16.3
792.70	31 20	21 60	21 30	17.10	14.1	35.8
	466.50	525.40	755 60	754.70	558.5	606.0
79 20	41.50	65 80	58 50	84.00	12.3	60.5
2.70	10 60	7.20	6.30	3.10	5.6	20 6
5.80	Traces.	Traces.	5.13	1.70	—	—
1k110	1k250	1k255	1k090	1k090	0k945	1k080
517.00	377.00	322.00	463 00	412.00	466.0	518.0

chimique renseigne exactement sur le taux en carbonates.

Analyse chimiq

	Prairies		
	sur schistes coblenciens.		sur grès coble
	OCHAMPS.		St-PIERRE-EN
	Sol.	Sous-sol.	Sol.
Matières combustibles et volatiles	54 77	45.42	90 89
Azote organique	2.98	1 54	2.65
— ammoniacal	0.07	0 05	0.03
— nitrique	0.01	0.01	0.02
Soluble à froid dans HCl (D = 1.18)	56 71	32.99	75.35
Oxyde de fer et alumine	28.53	27 :5	58.47
Chaux	2 35	0.47	4.76
Magnésie	3.57	2.91	7.06
Soude	0.33	0.37	0 36
Potasse.	0.22	0 18	1.08
Acide phosphorique	1.03	0.73	1.28
— sulfurique	0.28	0.37	2.08
— carbonique.	0.21	Traces.	Traces.
— silicique	0.14	0.14	0.26
Chlore	0.05	0.07	Traces.
Insoluble à froid dans HCl, soluble dans HFl .	908.52	921.59	835.76
Potasse	25.47	26.55	31 12
Chaux	3.41	3.58	6.26
Magnésie	13.00	12.86	10.98
Acide phosphorique	0.18	0.17	Point.
Oxyde de fer et alumine	135.31	146.74	Point.

fine (1,000 parties).

		Champs labourés				DISTRICT SUBALPIN.	
						Bruyères défrichée mais non mises en culture.	
...uartzophyllades oblenciennes.		sur phyllades (?) coblenciennes.					
BASTOGNE.		LONGCHAMPS.		JUSERET.		ODEIGNE.	BIHAIN.
l.	Sous-sol.	Sol.	Sous-sol.	Sol.	Sous-sol.	Sol.	Sol.
.11	58.45	71 74	55 56	90.76	44.20	113.96	160.69
.54	1.28	2.05	0 49	1 98	1.52	2.95	2.94
.03	0.03	0.04	0.02	0.02	0.02	0.07	Traces.
.01	0.01	0 02	0.02	0.01	0.01	Traces.	Traces.
08	55 81	46 67	45.54	47.71	42.11	7 07	45.54
.67	28.53	39.56	38.04	35.53	33.05	3 47	41 53
.81	1.53	0 95	0.85	3.01	1.35	0.35	0 17
.38	4.05	4.21	5.22	5.77	5.05	0.24	0.69
.19	0.15	0.47	0.29	0.16	0.21	0.18	0 15
30	0.38	0.39	0 33	0.43	0.53	0 22	0.10
.04	0.68	0.70	0.56	1.44	1.05	1 31	0.25
.13	0.19	0.04	0 03	0.42	0.25	0.34	0 21
.35	0.08	Traces.	Traces.	0 45	0.43	0.84	0.34
.15	0.16	0 35	0.22	0.41	0.34	0.10	0.07
.06	0.06	Traces.	Traces.	0.09	0.07	0 02	0.03
81	925.65	881.59	920 90	861.55	915.69	878 97	795.77
.46	21.01	22.28	52.95	20.82	15.97	16.35	9.27
.04	4.05	10.14	9 44	2.91	3 88	6.27	6.07
.27	10 20	2.69	4.98	8 22	7.85	4.47	1.47
13	0.11	0.46	0.42	0.48	0.53	0.16	0.17
.72	146.48	Point.	Point.	125.42	146 57	—	—

tout nus; dans l'eau, un chétif gazonnement de *Scirpus setaceus;* ni Algues, ni Flagellates; les Poissons y meurent d'inanition.

Les f o s s é s de drainage des fagnes et les trous de tourbière ont une flore plus variée : Schizophycées (par exemple *Stigonema panniforme*), Zygnémées (*Zygnema ericetorum*), Desmidiées, Diatomées, Chrysomonadines (par exemple *Mallomonas*) y sont abondants.

Dans les r u i s s e a u x les pierres sont généralement couvertes de verdure : Algues (*Zygnema sp., Stigeoclonium tenue*) et Hépatiques (*Pellia epiphylla, Scapania undulata*) (phot. 413).

La flore des eaux et des marécages ardennais est manifestement adaptée à un milieu où les sels assimilables sont rares. Pour étudier expérimentalement ce point, j'avais fait creuser en 1902 une mare dans la fagne marécageuse du Terrain Expérimental établi par le Jardin botanique de l'État à Francorchamps, et j'y avais introduit une cinquantaine d'espèces de plantes aquatiques, n'existant pas en Ardenne ou y étant rares. En 1909, la plupart étaient mortes. Voici celles qui ont réussi à soutenir la concurrence contre *Potamogeton natans* envahissant toute l'eau : *Glyceria aquatica* (phot. 406), sur les bords et dans l'eau, ne fleurissant guère ; *Sparganium ramosum*, sans fleurs; *Polygonum amphibium*, sans fleurs, uniquement au bord, jamais flottant; *Hydrocharis Morsus-Ranae*, se propageant activement par des stolons, mais sans fleurs. La persistance de cette dernière espèce est tout à fait surprenante, et pour moi inexplicable : en effet, elle est liée aux eaux riches (elle meurt quand on l'introduit dans les mares des dunes) et, de plus, elle est exclusivement atlantique (voir p. 56).

La végétation des r o c h e r s schisteux et gréseux (phot. 407 à 416) est beaucoup moins variée que celle des rochers calcaires. Les Phanérogames sont celles du bois voisin. Il en est de même de la plupart des Bryophytes, sauf *Orthotrichum rupestre*, *Grimmia montana* (carte 4), *Andreaea petrophila* (carte 3) et quelques autres. Beaucoup de lichens sont particuliers aux rochers non calcaires : *Endocarpon aquaticum, Umbilicaria pustulata* (carte 3), divers *Lecanora* et *Lecidea*.

Les b o i s de l'Ardenne sont les plus beaux et les plus variés du pays (phot. 155 à 162, 166 à 171). Tous les genres de peuplement s'y rencontrent : futaies d'Épicéas (phot. 406), très sombres et n'ayant pour ainsi dire pas de sous-bois, de Pins sylvestres avec *Pteridium aquilinum* (phot. 162), de Hêtres (phot. 170, 171) avec une abondante végétation de *Rubus Idaeus*, *Vaccinium Myrtillus*, *Senecio nemorensis;* futaies de Chênes et de Bouleaux (phot. 161, 389 à 404) avec taillis de Chênes, de Charmes, etc., et avec un tapis dense de *Calluna vulgaris*, *Pteridium aquilinum*, *Daphne Mezereum*, *Vaccinium Myrtillus*, *Molinia coerulea*, *Polygonatum verticillatum*, *Polygonum Bistorta*, *Ranunculus platanifolius*, *Luzula albida*, *L. sylvatica*, *Rubus Idaeus*, *Ilex Aquifolium*, *Hypnum purum*, *H. Schreberi*, *Polytrichum formosum*, *Dicranum scoparium*, *Dicranella heteromalla*, *Hylocomium splendens* (phot. 417), *Plagiochila asplenioides*, *Hylocomium brevirostre*, *H. triquetrum*, *Peltigera canina*, *Cladonia fimbriata*; taillis de Chênes à écorcer (phot. 169) avec petits *Pirus* (*Sorbus*) *Aucuparia* portant sur leurs feuilles les écidies de *Gymnosporangium*, *Sambucus racemosa*, *Digitalis purpurea*, *Solidago Virga-aurea*, *Melampyrum pratense*, *Agrostis vulgaris*.

Les plus variés de ces bois sont les futaies mélangées de Chênes et Bouleaux avec taillis de Chênes. Grâce à l'humidité de l'atmosphère, de nombreux Lichens et Muscinées épiphytes peuvent s'installer sur les troncs et les branches des Chênes : *Frullania dilatata*, *Orthotrichum* divers, *Leucodon sciuroides*, *Homalothecium sericeum*, *Evernia Prunastri*, *Ramalina fraxinea*, *Parmelia physodes* (phot. 422), *Sticta pulmonacea*, *Alectoria jubata*, *Usnea barbata*. Le dernier est particulièrement remarquable par les longues barbes qu'il suspend aux rameaux.

A la fin de l'été, les bois se remplissent de Champignons : *Ithyphallus impudicus* (phot. 421), *Boletus lividus* (phot. 419) *B. viscidus*, *Lactarius piperatus* (phot. 419), *Marasmius splachnoides*, *M. Abietis*, etc.

Des prairies occupent les fonds des vallées (phot. 167, 174, 177). Les ruisseaux qui y serpentent sont bordés d'*Alnus glutinosa*, *Viburnum Opulus*, *Angelica sylvestris*, *Ulmaria palustris*, etc.

En beaucoup d'endroits, les fagnes ont été drainées et transformées en prairies. Dans la Thiérache (phot. 175, 176), ces prairies occupent de grands espaces; ce sont surtout des prés à faucher, appelés « rièzes » dans le pays; elles ne sont pas limitées par des haies.

Les champs cultivés sont peu fertiles. Les seules céréales communes sont le Seigle (phot. 179) et l'Avoine (phot. 178). On pratique souvent l'essartage. Lorsqu'un bois a été coupé, on arrache les herbes et les arbustes et on les brûle sur place ; les cendres sont ensuite répandues sur l'espace dénudé, ce qui permet d'obtenir une maigre récolte d'Avoine ou de Seigle. Les herbes les plus résistantes repoussent, par exemple *Pteridium aquilinum* et *Molinia coerulea;* souvent quelques arbres avaient été conservés, et on les voit se dresser dans les champs (phot. 179).

§ 14. — District subalpin.

A. — Le milieu.

La rudesse du climat ardennais est encore aggravée (phot. 423 à 425). L'hiver devient de plus en plus long; l'été se raccourcit : la verdure apparaît une bonne quinzaine de jours plus tard qu'à Liége (voir le tableau p. 66, et phot. 188), les feuilles tombent une quinzaine de jours plus tôt. Même des chutes de neige en plein été (par exemple le 12 juillet 1888 et en août 1896) peuvent rendre au paysage un aspect hivernal. En mars 1890, on a observé à la Baraque-Michel un minimum de — 20°0; le 16 octobre 1887, un minimum de — 11°3.

Voici encore quelques autres renseignements, extraits de la Monographie agricole de l'Ardenne; ils montrent que si l'hiver est long et âpre sur le plateau subalpin, le brassage constant de l'air empêche le thermomètre d'y monter et d'y descendre autant que dans certains coins abrités de l'Ardenne. Ainsi la plus haute et la plus basse température observées à la Baraque-Michel (alt. 670 m.) sont 30°0 et — 22°5 (différence 52°5), tandis qu'au Barrage de la Gileppe (alt. 290 m. on a noté 36°2 et — 28°5 (différence 64°7) et à Ville-au-Bois (alt. 400 m.), près de Vielsalm, on a noté 35°0 et — 29°8 (différence 64°8).

La figure 24 (p. 50) montre l'abondance des pluies : 150 centimètres au plateau de la Baraque-Michel.

Une autre particularité du climat des hauts plateaux est la violence des vents, surtout en hiver, lorsque les arbres sans feuilles ne brisent plus les rafales. Aussi les fermes sont-elles généralement entourées de hautes haies en Épicéa (phot. 190) ou en Hêtre (phot. 191, 192, 425).

Longueur de l'hiver, abondance des neiges, violence des vents, tout concourt à rendre le climat des plateaux subalpins désagréable et il n'y a donc rien d'étonnant à ce que le Pin sylvestre ne s'y développe plus qu'avec peine: il y a près de la Baraque-Michel un petit boisement où les Pins ont pris les formes les plus étranges.

Le sol est le même qu'en Ardenne, avec une prédominance marquée de schistes et de quartzites. Les tableaux des pages 263 et 265 donnent la structure physique et chimique de deux terres du plateau des Tailles. Les photographies 180 186, 431 et 432 montrent les blocs de quartzite abandonnés sur le sol après la désagrégation et l'enlèvement des schistes.

Voici l'analyse d'une roche du plateau de la Baraque-Michel. Elle a été faite par M. Cosyns.

Quartzite revinien imprégné de phyllade, de Hockai.

Si O^2	95.85
$Al^2 O^3 + Fe^2 O^3$	3.10
Ca O	0.20
Mg O	0.11
$K^2 O$	0.53

Sur le plateau de la Baraque-Michel, un autre élément géologique s'ajoute à ce qui existe ailleurs en Ardenne. La figure 13 (p. 28) indique l'immersion de ce plateau sous une mer de la fin du Crétacé. De la craie et des silex furent déposés, mais il ne reste plus maintenant qu'un lit, d'ailleurs peu épais, de silex altérés (phot. 183, 434).

Ce qui vient d'être dit du climat et du sol montre clairement qu'il n'y a pas de frontières précises entre l'Ardenne et le district subalpin. C'est donc d'une façon tout à fait arbitraire que je limite le district subalpin par la cote de niveau de 550 mètres ([1]), comme je l'ai fait sur la carte 1. Ajoutons que les exemples de distribution représentés par la carte 3 (voir p. 54) indiquent également qu'il n'y a pas de démarcation tranchée entre l'Ardenne et ses points les plus élevés.

B. — LES PRINCIPALES ASSOCIATIONS.

Les associations du district subalpin ne sont que la continuation de celles de l'Ardenne et elles ont le même aspect : fagnes marécageuses (phot. 181, 183, 185, 189, 195, 423, 427 à 430), fagnes sèches (phot. 182, 186, 187, 434), blocs de rochers (phot. 180, 431, 432), eaux courantes (phot. 180, 433), bois (phot. 188, 424), prairies (phot. 192, 194, 426, 435), et champs cultivés (phot. 193, 436) sont formés essentiellement des mêmes espèces que les associations correspondantes en Ardenne. Leur caractéristique est donnée par la présence des espèces subalpines, sur lesquelles M. FREDERICQ (*1904*) attire l'attention. Notre carte 4 représente la distribution de quelques-uns de ces survivants des époques glaciaires du Pleistocène.

Certaines de ces plantes sont cantonnées sur les montagnes; d'autres habitent à la fois les montagnes du centre de l'Europe et les plaines de l'Europe arctique; parmi ces dernières, il en est même qui habitent déjà notre Campine : *Arnica montana* et *Vaccinium uliginosum* (carte 3), *Scirpus caespitosus*, *Juncus filiformis*, *Eriophorum vaginatum*.

La figure 100 donne la distribution en Europe d'une espèce exclusivement alpine (*Meum Athamanticum*) et d'une espèce alpine-arctique (*Vaccinium uliginosum*). Cette carte est naturellement à trop petite échelle pour donner les détails : ainsi on a dû réunir par un contour général les habitations des deux espèces

---

([1]) M. FREDERICQ (*1904*, p. 1225) comprend dans la zone subalpine tout ce qui dépasse 500 mètres. Il me semble que cette limite est trop basse ; elle est d'ailleurs tout aussi arbitraire que la mienne. En réalité, la démarcation ne pourra être précisée que par de nouvelles recherches.

dans l'Europe centrale, alors qu'elles n'y existent que sur les montagnes.

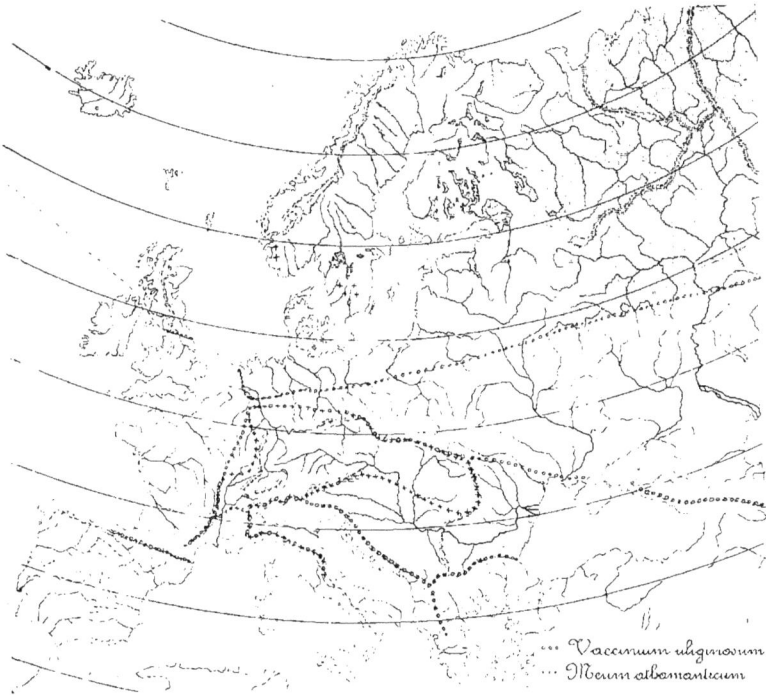

Fig. 100. — Distribution géographique de deux plantes. L'une est uniquement subalpine (*Meum*). L'autre est à la fois alpine, subalpine et boréale (*Vaccinium*).

Lycopodium alpinum et *Corallorhiza innata* sont exclusivement alpins, tout comme *Meum*; *Trientalis europaea* et *Empetrum nigrum* sont à la fois alpins et circumpolaires et habitent déjà la plaine dans le N. de la Hollande et de l'Allemagne; *Gymnadenia albida*, également arctique et alpin, ne descend dans la plaine qu'en Scandinavie, en Sibérie, au Groenland.

§ 15. — District jurassique.

A. — Le milieu.

Aucune partie de la Belgique n'offre une diversité comparable à celle du district jurassique. Le climat, franchement ardennais dans le nord, devient fort chaud à quelques kilomètres vers le sud, surtout sur le coteau qui descend du bois de Torgny vers la Chiers (carte 8), où se trouve installée la colonie si typique des plantes et d'Insectes méridionaux (voir p. 57). La pluie est environ aussi abondante que dans le district calcaire (fig. 24, p. 50). L'humidité atmosphérique est assez forte (p. 47).

Mais c'est surtout dans la nature des sols que la variété est frappante. Le Bas-Luxembourg est comme une carte d'échantillons de toutes les terres de notre pays : rien n'y manque (sauf les rochers métamorphiques), depuis les calcaires les plus durs jusqu'aux sables entraînés par le vent. C'est ce que montrent suffisamment le tableau des pages 34 et 35, la carte 8, hors texte, et les photographies. Voici les plus intéressantes de ces dernières : calcaire (phot. 196), macigno (phot. 197, 460), tuf calcaire (phot. 459), grès et sables calcaires (ou calcaires sableux) (phot. 198, 205), marnes (phot. 198, 199, 215), grès et sables non calcaires (phot. 206, 212, 437, 438), graviers et cailloux (phot. 200), alluvions limoneuses (phot. 216), alluvions tourbeuses et sableuses (phot. 201, 207, 213, 214); il y a même, en beaucoup de points, des dépôts étendus d'un terrain artificiel, les crasses des hauts fourneaux (phot. 465, 466).

Les tableaux des pages 274 à 277 donnent les analyses physiques et chimiques des sols arables du Jurassique, d'après les Mono-graphies agricoles.

Pour avoir une idée plus complète des terrains du Jurassique, j'avais prié M. Cosyns de faire des analyses chimiques de roches, *in situ*. Les échantillons ont été recueillis par M. Dolisy, par M. Verhulst et par M. Jérôme. Ce sont des échantillons superficiels, ayant subi l'action des intempéries. Ils représentent donc bien les terrains tels qu'ils sont exploités par la flore spontanée. Les analyses sont données pages 278 et 279.

La diversité des terrains du Jurassique a amené une diversité correspondante dans la végétation. Les sables les plus stériles (phot. 206, 437 à 442) et quelques coteaux calcaires (phot. 202, 455 à 458, 463) ont conservé la flore spontanée; de même, de petits coins rocheux sur calcaire (phot. 457), sur macigno (phot. 460) ou sur schistes, ainsi que les tufs qui prennent naissance lorsque des eaux suintent sur les déclivités des grès calcaires (phot. 553); c'est aussi une végétation à peu près naturelle qui compose les prairies marécageuses établies sur les alluvions sableuses (phot. 207, 461) ou tourbeuses (phot. 201).

Deux bandes boisées traversent le district jurassique (cartes 2 et 8). La plus large repose sur les sables et grès sinémuriens et virtoniens : les dépôts sinémuriens sont fortement mélangés de calcaire et ils portent des feuillus (phot. 201, 202, 443, 444, 445); les bois sur sables virtoniens, beaucoup plus maigres, ne renferment guère que des essences peu exigeantes : Bouleaux, Chênes, Pins, Épicéas (phot. 213, 439, 453, 464). La bande méridionale, plus étroite, coïncide presque exactement avec l'affleurement de calcaire de Longwy (carte 8); les photographies 202, 449, 450 donnent une idée de ces bois.

Entre ces deux zones de forêts qui traversent le Jurassique de l'E. à l'W., il y a encore d'autres bois, épars au milieu des cultures. Sur les alluvions tourbeuses, ce sont des peuplements de Conifères (phot. 213, 214). Sur les sables stériles, il y a surtout des Bouleaux et des Conifères (phot. 437, 438). Les produits d'altération des marnes, des schistes, des macignos et des psammites nourrissent des futaies de Hêtres et de Chênes, des futaies sur taillis, ou des taillis qui ressemblent beaucoup, à quelques espèces près, aux associations analogues du district hesbayen, ainsi que le montrent les photographies suivantes : marnes (phot. 199, 210, 451, 454), schistes (phot. 206), macignos (phot. 211, 452), psammites (phot. 446).

Deux sortes de terrains portent des prairies. C'est d'abord le limon alluvial des vallées (phot. 216), plus ou moins fertile, souvent mélangé de beaucoup de sable, comme dans la vallée de la Semois. Mais il y a aussi des prairies sèches sur les marnes, sol

Analyse physique de

	MACIGNOS (Virtonien).				
	Macigno d'Aubange.				Macigno et psa de Me
	Athus.		Bleid (Gomery).		Mes.
	Sol.	Sous-sol.	Sol.	Sous-sol.	Sol.
Eau à 150° C	46.57	42.34	39.12	30.45	37.94
Résidu sur le tamis de 1 millimètre.					19.43
Débris organiques	0.3	0.0	0.1	0.3	»
— minéraux	45.7	31.90	18.30	46.6	19.43
Terre fine passant au tamis de 1 millimètre.					942 63
Matières organiques	24.00	15.90	21.80	24.10	52.13
Sable grossier ne passant pas au tamis de 0mm5	2.20	2.40	1.50	5.80	10.47
Sable fin ne passant pas au tamis de 0mm2	8.20	8.30	50.60	40.10	83.97
Sable poussiéreux passant au tamis de 0mm2	632.40	573.10	724.40	734.30	660.46
Argile	225.30	261.10	200.30	142.90	152.69
Différence considérée comme calcaire ([1])	61.90	107.30	3.00	5.90	2.91
Matière noire de Grandeau . .	1.72	1.64	1.02	1.43	3.97
Poids d'un litre de terre séchée à l'air	1k340	1k305	1k305	1k320	1k105
Pouvoir absorbant de la terre séchée à l'air	300.00	331.00	321.00	322.00	493.0

([1]) L'analyse est faite d'après la méthode SCHLOESING. L'analyse chimique renseigne e

ée à l'air (1,000 parties).

	MARNES.			GRÈS CALCAIRES (Sinémurien).					
	Marne Jamoigne (ettangien). — s-sur-Semois.	Marne de Warcq (Sinémurien). — *Florenville* (Haut des Flonceaux).		Calcaire sableux de Florenville. — *Florenville* (A la Lampe).		Calcaire sableux d'Orval.			
						Florenville (Nô de la Bataille).		*Florenville* (Tonneu).	
.	Sous-sol.	Sol.	Sous-sol.	Sol.	Sous-sol.	Sol.	Sous-sol	Sol.	Sous-sol
7	52.20	29.02	30.52	26.50	23.35	26.46	21.22	27.54	28.77
	Traces.	0.1	0,0	0.2	0.1	0.0	0.0	0.1	0.0
o	31.5o	1.4	0.4	2.3	0.7	0 0	0.0	2 6	2.1
o	13.9o	28 4o	25.1o	32.1o	26.20	40.6o	28.6o	46.9o	22.20
o	10.5o	1.9o	1 1o	0.9o	1.10	1 1o	0.8o	3.2o	3.4o
o	33.6o	29.6o	13.4o	93.9o	79.9o	100.8o	59.1o	167.9o	208.8o
ɔ	570.9o	835.1o	810.4o	804 2o	713.7o	785.1o	798.5o	671.5o	655 7o
ɔ	255 2o	100.4o	143 3o	62.8o	172.7o	71.4o	107.50	101.3o	104.20
ɔ	84.4o	3 1o	6 3o	3.6o	5 6o	1.00	5.5o	6.5o	3.6o
s.	Traces	Traces.	Traces.	—	5.6o	3.1o	3 oo	3.39	3.6o
5	1k395	1k320	1k360	1k345	1k405	1k280	1k360	1k260	1k390
ɔ	318.00	35o oo	328.00	331.00	314.00	367.00	345.00	358.00	324.00

aux en carbonates.

Analyse chimique

	MACIGNOS (Virtonien).					
	Macigno d'Aubange.				Macigno, s⸱ et psamn de Messa	
	Athus.		Bleid (Gomery).		Messan⸱	
	Sol.	Sous-sol	Sol.	Sous-sol.	Sol.	S⸱
Matières combustibles et volatiles .	25.20	16.40	25 27	22.22	55 30	4
Azote organique	1.47	1.03	1.06	0.73	1.16	
Azote ammoniacal	0.05	0 03	0.05	0 03	0.07	
Azote nitrique	0.01	0.01	0.01	0.01	0.02	
Soluble à froid dans HCl (D = 1.18).	116.17	163 95	70.65	73.77	88.82	1
Oxyde de fer et alumine . . .	40.72	42.66	59.79	62.51	68.69	1
Chaux	41.58	66.88	3.52	3.17	4.54	
Magnésie	2.26	2.24	3.20	3.56	3.72	
Soude	0.30	1.17	0.41	0.83	0.42	
Potasse	0.72	0 72	0.70	0.69	0.67	
Acide phosphorique	3.85	3.33	2.06	1.93	2.00	
Acide sulfurique	0.33	0.25	0.20	0.14	0.41	
Acide carbonique.	26.37	46.66	0.70	0.78	0.30	
Acide silicique	0.02	0.02	0.02	0.02	0.07	
Chlore	0.02	0.02	0.05	0.14	Traces.	1
Insoluble à froid dans HCl, sol. dans HFl	858.63	819 65	904.08	904.01	865.88	78
Potasse	19.22	20.38	19.17	20.17	17.66	
Chaux	4.40	5.23	Traces.	7.46	4.43	
Magnésie	23.29	8.63	8.53	8.18	4.71	
Acide phosphorique	0.60	0.68	0.53	0.77	0.37	

e fine (1,000 parties).

	MARNES.			GRÈS CALCAIRES (Sinémurien).					
Marne e Jamoigne (lettangien). rs-sur-Semois.		Marne de Warcq (Sinémurien). *Florenville* (Haut des Flonceaux).		Calcaire sableux de Florenville. *Florenville* (A la Lampe).		Calcaire sableux d'Orval.			
						Florenville (Nô de la Bataille).		*Florenville* (Tonneu).	
l.	Sous-sol.	Sol.	Sous-sol.	Sol.	Sous-sol.	Sol.	Sous-sol	Sol.	Sous-sol
15	14.30	28.47	25.07	32.19	26.22	40.63	28.64	47.05	22.28
83	0.93	1.37	0.75	1.43	1.01	1.60	0.84	1.40	0.55
04	0.02	0.02	0.01	0.01	0.03	0.05	0.03	0.05	0.02
01	0.01	0.02	0.01	0.01	0.01	0.01	0.01	0.02	0.01
63	124.71	21.30	29.54	26.45	26.22	26.28	29 05	33.49	22.64
77	37.71	18.02	24.03	20.47	20.95	20 83	23.73	26.40	18.33
04	49.56	1.20	3.07	2.47	2.27	1.73	1.35	3.41	1.00
55	3.29	0.68	0.85	1.24	1.31	1.50	2.07	1.46	1.28
97	0.34	0.11	0.32	0.30	0.23	0.45	0.20	0.15	0.37
52	0.62	0.19	0.17	0.38	0.26	0.24	0.28	0.14	0.14
87	0.65	0.54	0.50	0.80	0.80	0 64	0.62	0.84	0.88
33	0.19	0.23	0.18	0.24	0.23	0.20	0.17	0.37	0.33
54	32.30	0.24	0.29	0.35	0.07	0.35	0.47	0.38	0.09
02	0.03	0.03	0 09	0 12	0 06	0.23	0.06	0.30	0.17
02	0.02	0.06	0.04	0.08	0.04	0.11	0.08	0.04	0.05
92	860.99	950.23	945.39	941.38	947 56	933.09	942.35	919.46	955.08
76	23.88	7.06	7.75	6.77	11.18	13.87	19.01	8.62	11.27
19	4.09	1.31	1.65	2.01	2 02	5.60	3.53	2.07	1.43
26	12.60	3.25	4.05	2.67	3.84	2.65	4.79	3.64	10.03
57	0.44	0.18	0.41	0.45	0.54	0.52	0.51	0.24	0.33

	A	B	C	D	E	F	G	H	I
Si O^2 . . . . . et insolub^{le} d^s acides.	78.85	71.51	49.76	76 26	68.50	74.25	83.50	62 50	98 95
Al^2 O^3 + Fe^2 O^3. .	2.10	2.29	3.55	(1)1.95 (2)3.75	6 42	8.25	10.50	0.65	0.12
Ca Co^3	6.35	15.27	21.56	12.73	22.10	0.88	1.21	33.98	—
Mg Co^3	1.10	0.88	20.90	0.78	0.91	1.06	0.37	1.16	—
K^2 O	0.09	—	—	0.26	—	1.08	—	—	—
Alcalis	—	0.55	—	—	—	—	—	—	—
P^2 O^5	Traces	—	—	—	—	—	—	—	—
H^2 O	9.85	—	—	—	—	14.30	—	—	—

A	Marne sableuse de Hondelange *Vra^m*, sur la route d'Arlon à Waltzing.
B	Marne *Htb^m*, à Tontelange.
C	Marne compacte *Kn*, diversement coloriée.
D	Marne noire *Snb^m*, à Strassen.
E	Marne de Grandcourt *Toc*, à Torgny.
F	Schiste altéré *Vrc*, à Messancy.
G	Macigno très altéré *Vrc*, à Messancy.
H	Sable *Htb^s*, à Metzert.
I	Sable *Sna* (?).
K	Macigno d'Aubange *Vrd*, près de Messancy.
L	Argile rhétienne *Rh*, entre Fouche et Habay.
M	Calcaire argileux *Snb^s*, entre Bonnert et Metzert

M	N	O	P	Q	R	S	T	V	W	Y	Z
.75	93.45	73.10	26.10	32.20	32 10	31.25	34.75	16.90	84.50	96 25	4.10
.95	2.50	17.95	2.45	1.80	3.45	2.10	1 95	5.50	11.11	0.20	4.95
.61	4.10	1.10	62 58	57.11	60.74	59 64	61 61	78.26	0.61	1.25	83.05
.78	—	0.23	7.75	8.82	1.80	3.60	0.78	0.	0.	0 38	0.67
—	—	1.19	—	—	—	—	—	—	—	—	—
—	—	—	—	—	—	—	—	—	—	—	—
—	—	—	—	—	—	—	—	—	—	—	0.18
—	—	—	—	—	—	—	—	—	—	—	—

N	Argile sableuse *Sns*, entre Bonnert et Metzert.
O	Argile schisteuse *Vrb*, entre Hondelange et Sélange.
P	Dolomie *Kn*.
Q	Grès calcareux *Vras*, à Bonnert.
R	Calcaire argileux de Hondelange, *Vram*.
S	Marne calcaire de Jamoigne, *Htbm*.
T	Calcaire argileux *Snbn*, entre Bonnert et Metzert.
V	Calcaire sableux de Florenville *Sn as*, entre Bonnert et Metzert.
W	Sable *Vras*, au cimetière d'Arlon.
Y	Sable rhétien *Rh*, dans la tranchée de chemin de fer entre Fouche et Habay.
Z	Calcaire de Longwy *Bj*, dans la carrière de l'Ermitage à Torgny.

compact, tenace, adhérent, difficile à travailler, gorgé d'eau en hiver et se crevassant en été (phot. 215).

Enfin, les champs cultivés occupent les terrains les plus différents (voir les tableaux des pp. 274 à 275). Les terres sableuses ne conviennent qu'aux Pommes de terre et au Seigle ; mais les produits d'altération des marnes, macignos et schistes, sont beaucoup plus fertiles et donnent de belles récoltes de Froment. Aux environs de Messancy et de Sélange, les coteaux formés de macigno d'Aubange présentent un aspect très curieux avec leurs champs en terrasses, séparés par des marches verticales de 1 ou 2 mètres de hauteur et plantées d'arbustes (phot. 203, 204).

Nous allons examiner succinctement les plus importantes de ces associations. Disons, une fois pour toutes, que la proportion des plantes de l'Europe centrale est plus considérable encore que dans le Calcaire, l'Ardenne ou le Subalpin, ce qui tient sans doute à la position du district jurassique à l'extrême pointe S.-E. de la Belgique.

B. — Les principales associations.

Les marécages, les bruyères et les dunes sont encore nombreux à l'W. d'Arlon, sur les sables virtoniens. Les endroits humides ont une flore semblable à celle des Hautes-Fagnes et de la Campine : *Sphagnum, Aulacomnium palustre, Drosera rotundifolia, Erica Tetralix, Vaccinium Oxycoccos, Arnica montana, Narthecium ossifragum, Potentilla (Comarum) palustris, Menyanthes trifoliata, Juncus squarrosus, J. sylvaticus, Scirpus caespitosus, Hypericum quadrangulum, Eriophorum vaginatum, E. angustifolium, Viola palustris, Ulmaria palustris, Valeriana officinalis ;* les buissons sont : *Alnus glutinosa, Rhamnus Frangula, Betula alba, Salix cinerea, S. aurita, Vaccinium uliginosum.*

L'énumération ci-dessus, aussi bien que la carte 3, montre que plusieurs espèces subalpines se rencontrent ici ; ce sont les mêmes qui descendent dans la Campine.

Dans les endroits plus secs apparaît une flore de bruyère (phot. 206, 439, 440) : *Calluna vulgaris, Antennaria dioica, Agrostis vulgaris, Hieracium Pilosella, Rumex Acetosella, Ornithopus per-*

pusillus. Sur les dunes s'y ajoutent : *Scleranthus perennis, Corynephorus canescens, Genista pilosa, Polytrichum piliferum, Rhacomitrium canescens, Cetraria aculeata.* Dans cette liste il n'y a que des plantes campiniennes; la constitution de la flore est en effet dominée par la nature sableuse du sol. On trouve pourtant çà et là dans la lande jurassique une espèce qui n'existe pas en Campine : *Helichrysum arenarium* (phot. 442), plante du domaine montagneux de l'Europe, qui ne descend dans la plaine qu'au nord de l'Allemagne.

Sur les sables calcaires du Sinémurien, l'association est naturellement un peu autre : *Koeleria cristata, Helichrysum arenarium, Scabiosa Columbaria* (phot. 442); *Genista sagittalis, Plantago media, Anthyllis Vulneraria, Briza media* (phot. 447), *Campanula persicifolia.* Dès que la couche superficielle est décalcifiée, on voit apparaître *Calluna vulgaris, Cytisus scoparius, Hylocomium splendens, Hypnum Schreberi.*

Il n'y a pas dans le Jurassique de véritable association de rochers. Du reste, la pierre ne se montre que d'une manière tout à fait exceptionnelle : dans les anciennes carrières, dans les chemins creux ou sur les talus bordant une rivière. Les blocs durs ainsi mis à nu contiennent presque toujours une forte proportion de carbonate de calcium; aussi leur flore est-elle nettement calcicole : *Cladonia rangiformis* (phot. 463), *Lecanora calcarea* (phot. 460), *Lecidea immersa, Pannularia nigra, Orthotrichum saxatile,* etc.

Une flore intéressante est celle des tufs calcaires qui se forment sur les pentes en sable calcaire. La plante dominante est *Sesleria coerulea* (phot. 459), une Graminacée qu'on est habitué à rencontrer sur les rochers les plus arides et qui vit ici dans l'eau incrustante. Voici des dessins de Mlle Ernould, montrant des coupes de feuilles dans des *Sesleria* de diverses stations (fig. 101).

C'est surtout autour de touffes de Mousses que se dépose le tuf. La photographie 459 montre *Hypnum aduncum.* M. Verhulst, qui s'occupe spécialement de la flore des tufs du Jurassique, me signale aussi *H. commutatum.* Le fond des ruisselets est tapissé d'une couche de calcaire mamelonné, qui est aggloméré autour de filaments d'une Schizophyzée, peut-être un *Scytonema.*

Sur le calcaire de Longwy (Bajocien), il y a quelques pelouses parsemées de blocs de pierre. La flore est analogue à celle des coteaux du Calcaire : *Carex glauca, C. praecox, Koeleria cristata, Sanguisorba minor, Helianthemum Chamaecistus, Brachypodium pinnatum, Cirsium acaule, Carlina vulgaris, Leontodon hispidus, Euphorbia Cyparissias, Asperula Cynanchica, Briza media, Avena pubescens, Cladonia rangiformis,* etc., auxquels s'ajoutent quelques plantes plus spéciales : *Linum tenuifolium* (phot. 456), *Equisetum maximum* et *Cirsium eriophorum* (phot. 458), *Orobanche Epithymum* (phot. 455), *Iberis amara* (phot. 457), *Polygala calcarea, Anemone Pulsatilla, Lactuca perennis, Carex ornithopoda.*

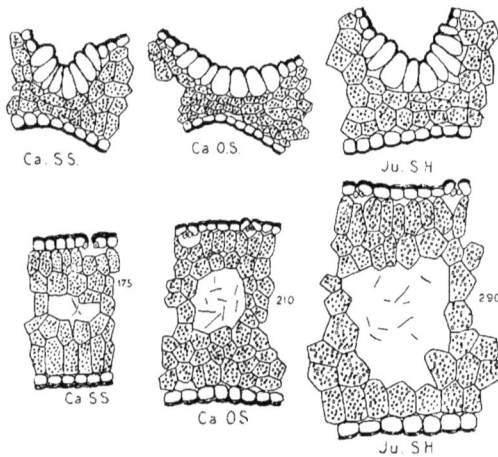

Fig. 101. — *Sesleria coerulea.*

En haut, coupe de la charnière ; en bas, coupe du limbe entre les charnières. Pour l'explication des lettres Ca, SS, OS, SH, et des nombres, voir page 102. — Ju = Jurassique.

Les amas de résidus de hauts fourneaux se rencontrent au voisinage des anciennes forges, dans le fond des vallées. Leur flore est assez particulière. Souvent ils disparaissent sous une végétation arborescente, composée surtout de *Betula alba.* Lorsque les arbres font défaut, on y rencontre *Euphorbia Cyparissias, Arabis are-*

nosa, *Hieracium Pilosella, Sedum reflexum, Rubus Idaeus, Botrychium Lunaria, Rhodobryum roseum, Hypnum Schreberi* (phot. 465). C'est, comme on le voit, une association fort hétérogène, où se rencontrent les espèces les moins habituées à vivre ensemble.

On emploie actuellement ces crasses de forges pour l'empierrement des chemins. Partout où elles sont fraîchement remuées on voit apparaître *Herniaria glabra, Linaria minor* (phot. 466) et d'autres petites plantes annuelles.

Les bois du Jurassique sont d'une diversité déconcertante. Écartons tout de suite les bois sur les sables décalcifiés (phot. 212, 437, 438) qui sont analogues à ceux qui habitent les sables du district hesbayen, sauf qu'il y a quelques espèces spéciales à la Haute-Belgique, par exemple *Luzula albida*; le fond de leur flore est constitué par *Vaccinium Myrtillus, Calluna vulgaris, Deschampsia flexuosa, Pteridium aquilinum, Cytisus scoparius, Hypnum purum, H. Schreberi, Hylocomium splendens, Dicranum scoparium.*

Je crois inutile aussi de m'occuper plus longuement des bois établis sur des limons, des argiles, des marnes altérées, ou sur les produits de décomposition des macignos, schistes, etc. (phot. 208 à 211, 446, 451, 452, 454): ici encore, à part quelques plantes du Domaine des Basses-Montagnes (*Sambucus racemosa, Lathyrus montanus*, etc.), la flore est la même que celle des bois sur limon hesbayen; la légende des photographies est suffisamment complète pour qu'il ne faille pas refaire ici une liste de ces végétaux.

Plus neufs sont pour nous les bois sur calcaire sableux sinémurien (phot. 443, 444), sur calcaire bajocien (phot. 449, 450) et sur macigno virtonien (phot. 447). L'intérêt de ces associations-ci tient au grand nombre de plantes calcicoles et de plantes de la Haute-Belgique qui s'y rencontrent : *Solorina saccata, Peltidea aphtosa, Aspidium Dryopteris, Galium sylvaticum, Asperula odorata, Luzula albida, Aquilegia vulgaris, Daphne Mezereum, Mercurialis perennis, Viburnum Lantana, Rubus saxatilis, Lonicera Xylosteum, Pulmonaria officinalis, Pirus (Sorbus) Aria, Astragalus Glycyphyllos*, etc.

Les prairies acides sur alluvions sableuses ou tourbeuses dérivent directement des marécages dont il a été question plus haut (p. 281). Leur flore n'a pas subi une modification profonde et leur aspect n'a guère changé (phot. 201, 207, 461) : il y a eu simple déplacement de la dominante, en ce sens que ce ne sont plus les *Sphagnum, Drosera rotundifolia, Menyanthes trifoliata, Eriophorum vaginatum* qui sont les plus nombreux, mais les Graminacées (*Glyceria aquatica, G. fluitans, Phragmites communis,* etc.), *Carex paniculata, C. pulicaris, Pedicularis palustris, Orchis incarnata, Cirsium oleraceum, Silaus pratensis, Carum Carvi, Pimpinella Saxifraga, Heracleum Sphondylium, Lathyrus pratensis, Colchicum autumnale, Centaurea Jacea, Senecio Jacobaea, Ulmaria palustris, Chrysanthemum Leucanthemum.* Çà et là des buissons persistent encore : *Alnus glutinosa, Salix Caprea, S. repens, S. aurita;* c'est surtout dans ces broussailles que vivent quelques plantes typiques du Jurassique : *Aconitum Napellus, Carex paradoxa, C. dioica, C. Davalliana, Eriophorum gracile.*

Dans les prairies sur alluvions limoneuses (phot. 216), par exemple au fond des vallées comprises entre les marnes, la flore subit un nouveau changement : les plantes de marécages ont totalement disparu et les espèces de terrains fertiles deviennent prépondérantes : Graminacées à large feuillage tendre (*Dactylis glomerata, Arrhenatherum elatius, Holcus lanatus,* etc.), *Lathyrus pratensis, Silaus pratensis,* etc.; aux bords des fossés et des ruisseaux (phot. 462) : *Phleum pratense, Epilobium hirsutum, Symphytum officinale, Urtica dioica, Calystegia sepium, Cirsium arvense, Valeriana officinalis, Chrysanthemum (Tanacetum) vulgare,* etc.

Les champs cultivés ont naturellement des flores messicoles en rapport avec le terrain. Sur les sols sablonneux ou limoneux légers, il y a *Sinapis arvensis, Scandix Pecten-Veneris, Alopecurus agrestis, Myosotis intermedia, Veronica agrestis, Centaurea Cyanus, Lepidium campestre, Galium Aparine.* Sur les marnes, la flore est autre : *Carum Bulbocastanum, Lathyrus tuberosus, Pastinaca sativa, Melampyrum arvense, Galium tricorne;* à l'extrême pointe méridionale, à Lamorteau et à Torgny, on trouve des plantes du Midi : *Thymelaea Passerina, Adonis aestivalis.*

Les grandes haies qui limitent les terrasses (phot. 203, 204, 448) aux environs de Messancy, Sélange et Turpange ont une flore curieuse de lisières et de clairières : a mi-ombre, sous les *Corylus Avellana, Prunus spinosa, Sambucus nigra, S. racemosa,* vivent *Daphne Mezereum, Actaea spicata, Aspidium Filix-mas, Stachys sylvatica, Poa nemoralis,* etc.

RÉSUMÉ ET CONCLUSIONS

La Belgique, grâce à la diversité de son climat et de son sol, renferme, malgré sa petitesse, toutes les associations végétales de l'Europe occidentale moyenne, sauf celles des rochers et falaises littorales et celles des hautes montagnes.

Le climat, nettement maritime à l'Ouest, devient continental quand on s'éloigne de la mer et qu'on s'élève vers le plateau ardennais. Certains points de celui-ci offrent même des conditions favorables aux espèces subalpines.

Tous les principaux sols existent en Belgique, des plus meubles aux plus durs, depuis les plus pauvres jusqu'aux plus éminemment fertiles. La présence d'endroits saumâtres, calaminaires, de formations de tuf... ajoute encore à la variété des terrains.

Notre pays fait partie de la Région Forestière de l'Ancien Continent. Les plaines qui s'étendent de la mer du Nord au Limbourg forment la lisière méridionale du Domaine des Plaines de l'Europe nord-occidentale. La partie plus accidentée, méridionale, est dans le Domaine des Basses-Montagnes de l'Europe centrale.

Si nous négligeons les Végétaux inférieurs, dont la dispersion est trop peu connue, il n'y a en Belgique qu'une seule espèce endémique, *Bromus arduennensis*.

La flore comprend quelques plantes qui doivent être considérées comme des reliques glaciaires: elles sont presque toutes cantonnées sur la crête la plus élevée du pays.

Le plus grand nombre de nos espèces a donc immigré depuis la dernière période glaciaire. Dans la plaine qui occupe la partie septentrionale du pays (districts littoraux et alluviaux, districts flandrien, campinien et hesbayen), la flore est surtout d'origine atlantique et nous vient du Sud-Ouest. Les districts crétacé, calcaire, ardennais, subalpin et jurassique ont reçu leurs plantes, en majeure partie, de l'Europe centrale.

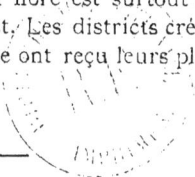

LISTE BIBLIOGRAPHIQUE

ET INDICATION DES PAGES OÙ CHAQUE OUVRAGE EST CITÉ.

ANDERSSON, G., Die Entwicklungsgeschichte der skandinavischen Flora. (*Résultats scientifiques du Congrès international de Botanique de Vienne en 1905.* Iena, 1906.) (P. 22.)

ANNUAIRE MÉTÉOROLOGIQUE DE L'OBSERVATOIRE ROYAL DE BELGIQUE. Un volume paraît tous les ans, depuis 1901. En 1899 et en 1900, la partie météorologique et la partie astronomique étaient confondues en un seul volume : *Annuaire de l'Observatoire royal de Belgique.* L'annuaire pour 1907 contient (pp. 8 et 9) une bibliographie de tout ce qui a paru dans les annuaires précédents au sujet de la climatologie de la Belgique. (Pp. 38, 63.)

BACHMANN, E., Der Thallus der Kalkflechten. (*Berichte der deutschen botanischen Gesellschaft,* Bd X, S. 30, 1892.) (P. 95.)

— Die Beziehungen der Kieselflechten zu ihrem Substrat. (*Ibidem,* Bd XXII, S. 101, 1904.) (P. 95.)

BAGUET, CH., Nouvelles acquisitions pour la flore belge et notes sur des espèces d'introduction récente, particulièrement le long des voies ferrées. (*Bulletin de la Société royale de Botanique de Belgique,* t. XXII, 1883.) (P. 145.)

BLANCHARD, R., La Flandre. Étude géographique de la plaine flamande en France, Belgique et Hollande. Paris, 1906. (Pp. 15, 51.)

BOMMER, C., La biologie des forêts de la Belgique. (*Bulletin de la Société centrale forestière de Belgique,* 1903.) (P. 126.)

BOMMER, E., ET ROUSSEAU, M., Florule mycologique des environs de Bruxelles. (*Bulletin de la Société royale de Botanique de Belgique,* XXIII, 1884.) (P. 3.)

— Contributions à la flore mycologique de Belgique. (*Ibidem,* XXV, 1886) (P. 3.)

— Contributions, etc. (*Ibidem,* XXVI, 1887.) (P. 3.)

— Contributions, etc. (*Ibidem,* XXVIII, 1891.) (P. 3.)

BÖRGESEN, F., Marine Algae. (In *Botany of the Faerões, based upon danish Investigations.* Copenhague, Christiania and London, 1901-1908.) (Ce travail de M. Börgesen date de 1903.) (Pp. 153, 154.)

Börgesen, F., The Algae Vegetation of the Faeröese Coasts, with remarks on the Phyto-Geography. (*Ibidem*, p. 683, 1905.) (P. 153.)

Boulay, Les Muscinées de la France : I. Moussses, Paris, 1884; II. Hépatiques, Paris, 1904. (P. 53.)

Cornet, D., Géologie t. I, Mons, 1909. (P. 27.)

Constantin, J., Sur les feuilles aquatiques. (*Annales des Sciences naturelles* [*Botanique*], 7e série, t. III, p. 126, 1886.) (P. 116.)

Cosyns, G., Essai d'interprétation chimique de l'altération des schistes et calcaires. (*Bulletin de la Société belge de Géologie, de Paléontologie et d'Hydrologie* [Bruxelles], t. XXI; Mémoires, p. 325, 1907.) (P. 247.)

Crépin, Fr., Manuel de la Flore de Belgique. (L'édition la plus complète est la deuxième, qui a paru à Bruxelles en 1866.) (Pp. 2, 3, 86, 252.)

— *1873*, voir Patria Belgica. (P. 86.)

— Guide du botaniste en Belgique. Bruxelles et Paris, 1878. (P. 86.)

Dachnowski, A., The toxic Property of Bog Water and Bog Soil. (*Botanical Gazette*, vol. XLVI, p. 130, 1908.) (P. 111.)

— Bog Toxines and their Effect upon Soils. (*Ibidem*, vol. XLVII, p. 389, 1909.) (P. 111.)

D'Arcy W. Thomson, On the Salinity of the North Sea. (*Nature*, vol. 79, p. 189, 17 décembre 1908.) (P. 150.)

de Candolle, Alph., Géographie botanique raisonnée, 2 volumes. Paris et Genève, 1855. (P. 43.)

Dehoon, A., Mémoires sur les polders de la rive gauche de l'Escaut et du littoral belge. (*Mémoires couronnés et mémoires des savants étrangers publiés par l'Académie royale de Belgique*. Collection in-8°, t. V, 1852.) (P. 16.)

Delogne, Flore cryptogamique de Belgique, 1° partie Muscinées. (*Annales de la Société belge de Microscopie*, VII, 1883, et IX, 1884.) (P. 3.)

De Saporta, G., et Marion, A.-F., Essai sur la végétation à l'époque des marnes heersiennes de Gelinden. (*Mémoires in-4° de l'Académie royale des Sciences de Belgique*, t. XXXVII, 1873.) (P. 27.)

— Revision de la flore heersienne de Gelinden. (*Ibidem*, t. XLI, 1877.) (P. 27.)

De Wildeman E., Flore des Algues de Belgique, 1 vol. (Bruxelles, 1896.) Pp. 3, 152.)

De Wildeman, E., et Durand, Th., Prodrome de la flore belge. Bruxelles, 1898-1907. (Pp. 3, 13, 59, 152.)

De Windt, J., Sur les relations lithologiques entre les roches considérées comme cambriennes des massifs de Rocroi, du Brabant et de Stavelot. (*Mémoires des savants étrangers de l'Académie royale de Belgique*, in-4°, t. LVI, 1897.) (P. 260.)

Drude, O., Atlas der Pflanzenverbreitung (dans *Berghaus' Physikalischer Atlas*. Abt. V. Gotha, 1892.) (Pp. 43, 45, 46.)

Drude, O., Teutschlands Pflanzengeographie. I Theil. Stuttgart, 1896. (Pp. 92, 93.)

Dubois. Eug., 1. Over een equivalent van het Cromer Forest-Bed in Nederland. (*Verslagen der Wis- en Natuurkundige Afdeeling der Koninklijke Akademie van Wetenschappen*. Amsterdam, deel 13, blz. 243, 1905.) (P. 25.)

— 2. L'âge des différentes assises englobées dans la série du « Forest-Bed », ou Cromerien (*Bulletin de la Société belge de Géologie, de Paléontologie et d'Hydrologie*. t. XIX, p. 263, 1905.) (P 25.)

Dumont, Malaise et Verstraeten, Carte agricole de la Belgique. Bruxelles, 1884. (P. 86.)

Durand, *1907*, voir De Wildeman et Durand, 1897-1907.

Durieux. Ch., Étude sur le climat du littoral belge. (*Annuaire de l'Observatoire royal de Belgique*, 1900, p. 376.) (Pp. 150, 151.)

Duvivier, Le Hainaut ancien du VIIᵉ au XIIᵉ siècle Bruxelles, 1865. (P. 91.)

Flahault, Ch., Projet de nomenclature phytogéographique. (*Comptes rendus du Congrès international de Botanique de Paris*, p. 427. 1900. Reproduit dans ses grandes lignes dans le *Bulletin de la Société languedocienne de Géographie*, 1901.) (P. 13.)

— La Flore et la Végétation de la France, avec une carte de la distribution des végétaux en France. (Dans l'introduction de la *Flore de France*, par Coste, 1901.) (P. 13.)

Fourmarier, P., La tectonique de l'Ardenne. (*Annales de la Société géologique de Belgique*, t. 34, p. 15 M, 1907.) (P. 30.)

Frank, B., Ueber die physiologische Bedeutung der Mycorhiza. (*Berichte der deutschen botanischen Gesellschaft*. Bd VI, S. 248, 1888.) (P. 131.)

— Die Ernährung der Kiefer durch ihre Mykorhiza-Pilze. (*Ibidem*, Bd X, S. 577, 1892.) (P. 131.)

Fredericq, L., La Faune et la Flore glaciaire du plateau de la Baraque-Michel. (*Bulletin de l'Académie royale de Belgique [Classe des Sciences]*, 1904, p. 1263.) (Pp. 58, 270.)

— L'état de la végétation à la Baraque-Michel et à Liége en 1908. (*Bulletin de l'Académie royale des Sciences de Belgique*, 1908, p. 963.) (P. 66.)

Früh und Schröter, Die Moore der Schweiz mit Berücksichtigung der gesamten Moorfrage. Bern, 1904. (Pp. 40, 41.)

Gallemaerts, V., Sur les Phanérogames épiphytes de la partie poldérienne du Veurne-Ambacht et des bords de l'Escaut aux environs de Tamise. (*Recueil de l'Institut botanique Léo Errera*, t. VIII, p. 1, 1908.) (P. 187.)

Gayer, K., Traité de sylviculture, traduit par E. Visart de Bocarmé. Bruges, 1901. (P. 124.)

GELLENS, VAN BRABANDT. MELOTTE, WEYTS ET PIERROT, La marée-tempête du 12 mars 1906 dans le bassin de l'Escaut maritime. (*Annales des Travaux publics*, février 1908.) (P. 175.)

GILLET, P., Monographie forestière de la Famenne. (*Annales de Gembloux*, 20e année, p. 15, 1910.) (P. 256.)

GILSON, G., Exploration de la mer sur les côtes de la Belgique en 1899. (*Mémoires du Musée royal d'Histoire naturelle de Belgique*, 1900.) (P. 150.) ✦

GOEBEL, K., Pflanzenbiologische Schilderungen. Marburg, 1889-1891. (P. 116.)

GOSSELET, J., L'Ardenne. Paris, 1888. (Pp. 29, 30, 31. 236, 237.)

GRAEBNER, P., Die Heide Norddeutschlands. Leipzig, 1901. (Pp. 78, 108.)

— Die Pflanzenwelt Deutschlands. Leipzig, 1909. (Pp. 92, 93.)

GRISEBACH, Die Vegetation der Erde, 1872 (traduit en français par P. DE TCHIHAT-CHEFF). Paris, 1876-1877. (Pp 40, 46. 68.)

HANN, J., Handbuch der Klimatologie. Stuttgart. (En voie de publication.)

HARVEY, L. H., Floral Succession in the Prairie-grass Formation of South-Eastern, South Dakota. (*Botanical Gazette*, vol. 46, p. 277, 1908.) (P. 19.)

HENRY, E., Les sols forestiers. Paris et Nancy, 1908. (Pp. 108, 123, 130, 131.)

HOUZEAU, voir PATRIA BELGICA.

KICKX, J., Essai sur les variétés indigènes des *Fucus vesiculosus*. (*Bulletin de l'Académie royale de Belgique*, vol. XXIII. Bruxelles, 1856.) (P. 153.)

KÖPPEN W., Versuch einer Klassifikation der Klimate, vorzugsweise nach ihren Beziehungen zur Pflanzenwelt. (*Geographische Zeitschrift*, 1900.) (P. 44.)

KURTH, G., La frontière linguistique en Belgique et dans le nord de la France. (*Mémoires couronnés et autres mémoires publiés par l'Académie royale de Belgique [Classe des Lettres]*. Coll. in 8°, t. XLVIII, 1895 et 1898.) (P. 91.)

LAMEERE, A., Manuel de la Faune de Belgique, t. I, 1895; t. II, 1900; t. III, 1907. (Pp. 57, 86.)

LAMPERT, K., Das Leben der Binnengewässer, 2. Auflage. Leipzig, 1910. (P. 116.)

LANCASTER, voir MONOGRAPHIES AGRICOLES.

LANCASTER, A., La direction du vent à Bruxelles, après cinquante années d'observations. (*Annuaire de l'Observatoire royal de Belgique*, 1900, p. 424.) (P. 54.)

— Répartition de la température en Belgique. (*Annuaire météorologique de l'Observatoire royal de Belgique* pour 1902. Ibidem pour 1904.) (Pp. 46, 229.)

— L'humidité de l'air en Belgique. (*Annuaire météorologique de l'Observatoire royal de Belgique* pour 1907.) (P. 46.)

LAURENT, E., Influence de la nature du sol sur la dispersion du Gui. (*Bulletin de la Société royale de Botanique de Belgique*, t. XXIX, p. 67, 1890. (P. 75.)

Laurent, E. De l'influence du sol sur la dispersion du Gui et de la Cuscute en Belgique. (*Bulletin de l'Agriculture*, 1900.) (P. 75.)

Le Roux, M., Recherches biologiques sur le lac d'Annecy. (*Annales de biologie lacustre*, t. II, p. 220, 1907.) (P. 116.)

Limpricht, K. G., Die Laubmoose Deutschlands, Oesterreichs und der Schweiz. Leipzig, Bd I, 1890; Bd II, 1895; Bd III, 1904. (P. 53.)

Lohest, M., Les grandes lignes de la géologie des terrains primaires de la Belgique. (*Annales de la Société géologique de Belgique*. Mémoires, t. XXXI, p. 219 M, 1903-1904.) (P. 30.)

Lorié, J., La stratigraphie des argiles de la Campine belge et du Limbourg néerlandais. (*Bulletin de la Société belge de Géologie, de Paléontologie et d'Hydrologie*. Mémoires, t. XXI, p. 531, 1907 (paru en 1908). (P. 25.)

Mac-Leod, J., De Flora van den Sasput bij Thourout. (*Botanisch Jaarboek*. 4ᵈᵉ jaargang. Gent, 1892.) (P. 196.)

Magnin, Ant., La Végétation des Lacs du Jura : Monographies botaniques de 74 lacs jurassiens, suivies de considérations générales sur la végétation lacustre. Paris, 1904. (P. 116.)

Mansion, A., Flore des Hépatiques de Belgique, fasc. I. (*Bulletin de la Société royale de Botanique de Belgique*, t. XLII, p. 44, 1905; fasc. II publié après la mort de l'auteur, par MM. Marchal et Sladden. *Ibidem*, t. XLV, p. 29, 1908.) (P. 3.)

Marchal Élie, Matériaux pour la flore cryptogamique de la Belgique. (*Bulletin de la Société royale de Botanique de Belgique*, t. XXII. 1883.) (P. 245.)

Massart, J., Essai de géographie botanique des districts littoraux et alluviaux de la Belgique. (*Recueil de l'Institut botanique Léo Errera*, t VII, 1908.) (Pp. 12, 19, 44, 53, 55, 69, 73, 75, 76, 77, 153, 156, 161, 168, 169, 172, 173, 177, 179, 181.)

— Les districts littoraux et alluviaux (dans *Les Aspects de la Végétation en Belgique*, de C. Bommer et J. Massart, 1908) (Pp. 12, 19, 55, 73, 136, 152, 168, 169, 172, 177, 181.)

Monographies agricoles de la Belgique, publiées par le Ministère de l'Agriculture (service des agronomes de l'État). Un fascicule spécial est consacré à chacune des neuf régions agricoles de la Belgique. Le chapitre relatif au climat est rédigé, dans chaque fascicule, par M. Lancaster; les chapitres « Géologie et Hydrologie » sont faits par M. Stainier; les analyses de terre ont été faites sous la direction du regretté Petermann, à l'Institut agronomique de l'État à Gembloux; tous les chapitres purement agricoles sont dus aux agronomes circonscriptionnaires de l'État. Bruxelles, 1899-1901. (Pp. 38, 49, 57, 161, 180, 190, 203, 216, 230, 247, 260, 268, 272.)

Mourlon, M., Découverte d'un dépôt quaternaire campinien avec faune du Mammouth et débris végétaux dans les profonds déblais de flofstade. (*Bulletin de l'Académie royale de Belgique* [*Classe des Sciences*], avril 1909.) (P. 24.)

Mouton, Ascomycètes observés aux environs de Liége. (*Bulletin de la Société royale de Botanique de Belgique*, t. XXV, 1886; t. XXVI, 1887.) (P. 3.)

— Notice sur quelques Ascomycètes nouveaux ou peu connus. (*Ibidem*, t. XXVIII, 2, 1888.) (P. 3.)

Noll, Fr., Experimentelle Untersuchungen über Wind-Beschädigungen an Pflanzen. (*Sitzungsberichte der Niederrheinischen Gesellschaft für Natur- und Heilkunde zu Bonn*, Jahrgang 1907.) (P. 55.)

Oettli, M., Beiträge zur Oekologie der Felsflora. (*Inaugural Dissertation*, Zürich, 1904.) (P. 94.)

Osterhout, W.-J.-V., The Resistence of certain marine Algae to changes in Osmotic Pressure and Temperature. (*University of California Publications, Botany*, vol. 2, p. 227. 1906.) (P. 155.)

— The Role of Osmotic Pressure in marine Plants. (*Ibidem*, 1906, p. 229.) (P. 155.)

Patria Belgica, publié sous la direction d'Eug. Van Bemmel, 1re partie : *Belgique physique*. Les chapitres les plus intéressants pour la géobotanique sont : Houzeau, *Climatologie et Météorologie*. — Dupont, *Orologie*. — Van Bemmel, *Aspect pittoresque*. — Mourlon, *Géologie*. — Crépin, *Géographie botanique*. — Malaise, *Géographie agricole*. — E. de Laveleye, *Économie rurale*. — Bruxelles, 1873. (Pp. 38, 57.)

Paul, H., Die Kalkfeindlichkeit der Sphagna und ihre Ursache, nebst einem Anhang über die Aufnahmefähigkeit der Torfmoose für Wasser. (*Mitteilungen der K. Bayrischen Moorkulturanstalt*, Heft 2, S. 63, 1908.) (P. 78.)

Penck, A., Die Entwicklung Europas seit der Tertiärzeit. (*Résultats scientifiques du Congrès international de Botanique de Vienne en 1905*, p. 12. Iena, 1906.) (Pp. 36, 37.)

Petermann, A., Recherches de chimie et de physiologie appliquées à l'agriculture. Bruxelles, Liége, Paris, t. III, 1898. (Pp. 190, 203, 230.)

Petit, L., Étude sur les courants de l'Escaut et de la Durme. (*Annales des Travaux publics de Belgique*, t. XL, 1883.) (Pp. 175, 176.)

Pirenne, H., Histoire de Belgique. I. Des origines au commencement du XIVe siècle, 3e édition. Bruxelles, 1909. (Pp. 90, 91.)

Plateau, F., Note sur l'implantation et la pollination du Gui (*Viscum album*) en Flandre. (*Bulletin de la Société royale de Botanique de Belgique*, t. XLIV, p. 84, 1908.) (P. 85.)

Rapport de la Commission chargée de l'étude de la Campine au point de vue forestier. Bruxelles (Bulens), 1905. (Pp. 108, 211.)

RAUNKIAER, C., Types biologiques pour la géographie botanique (*Bulletin de l'Académie royale des sciences et des lettres du Danemark*, 1905, n° 5.) (P. 68.)

— Planterigets Livsformer og deren Betydning for Geografien. Kjöbenhavn og Kristiania, 1907. (P. 68)

— Livsformernes Statistik, som Grundlag for biologisk Plantegeografi. Kjöbenhavn, 1908. (P. 68.)

REID, CL. AND REID, ELEAN. M., The fossil Flora of Tegelen-sur-Meuse, near Venloo, in the Province of Limburg. (*Verhandelingen der Koninklijke Akademie van Wetenschappen te Amsterdam*, 2de sectie, deel XIII. nr 6, September 1907.) (P. 25.)

— Les éléments botaniques de la détermination de l'âge des argiles à briques de Tegelen, Renver, Rijckevorsel et Raevels. (*Bulletin de la Société belge de Géologie, de Paléontologie et d'Hydrologie*. Mémoires, t. XXI, p. 583, 1907 [paru en 1908].) (P. 25.)

ROSENBUSCH, H., Elemente der Gesteinslehre, 2. Aufl. Stuttgart, 1901. (P. 260.)

RÜBEL, E , Untersuchungen über das photochemische Klima des Berninahospizes. (*Vierteljahrschrift der Naturforschenden Gesellschaft in Zürich*, Jahrgang 53, 1908.) (P. 62.)

RUTOT, A., Les origines du Quaternaire de la Belgique. (*Bulletin de la Société belge de Géologie, de Paléontologie et d'Hydrologie*, t. XI. Mémoires, 1897.) (Pp. 20, 23, 24, 26.)

— Essai de comparaison entre la série glaciaire du professeur A. Penck et les divisions du Tertiaire supérieur et du Quaternaire de la Belgique et du Nord de la France. (Bulletin. *Idem*, t. XX, 1906.) (P. 36.)

— Sur l'âge des dépôts connus sous le nom de sable de Moll, d'argile de la Campine, de cailloux, de quartz blanc, d'argile d'Andenne et de sable à facies marin, noté Om dans la légende de la carte géologique de la Belgique au 40,000e. (*Mémoires in-4° de l'Académie royale de Belgique* [*Classe des Sciences*], 2e série, t. II, juillet 1908.) (P. 25.)

— Note préliminaire sur la coupe des terrains quaternaires à Hofstade. (*Bulletin de la Société belge de Géologie, de Paléontologie et d'Hydrologie*, t. XXIII. Procès-verbaux, p. 235, 1909.) (P. 24.)

SAUVAGEAU, G., Sur deux *Fucus* récoltés à Arcachon (*Fucus platycarpus* et *Fucus lutarius*). (*Société scientifique d'Arcachon, Station biologique*, 11e année, 1908.) (Pp. 153, 154.)

SCHENCK, H , Die Biologie der Wassergewaechse. Bonn, 1886. (P. 116.)

SCHIMPER, Pflanzengeographie auf physiologischer Grundlage. Iena, 1898. (Pp. 40, 46, 94, 95.)

Schouteden-Wery, Joséphine, Dans le Brabant. Bruxelles, 1909. (Pp. 12, 126, 221.)

— Quelques recherches sur les facteurs qui règlent la distribution géographique des Algues dans le Veurne-Ambacht (région S.-W. de la zone maritime belge). (*Recueil de l'Institut botanique Léo Errera*, t. VIII, p. 101, 1909.) (Pp. 152, 161, 186, 188.)

Schröter, C., und Kirchner, O., Die Vegetation des Bodensees. Lindau, 1896-1902. (P. 116.)

Smith, A. M., On the application of the theory of Limiting Factors to measurements and observations of Growth in Ceylon. (*Annals of the Royal Botanic Gardens*. Peradenyia, vol. III, p. 303, 1906.)

Stahl, E., Ueber den Einfluss der Lichtintensität auf Structur und Anordnung der Assimilationsparenchyms. (*Botanische Zeitung*, 1880; S. 808.) (P. 133.)

— Ueber den Einfluss des sonnigen oder schattigen Standortes auf die Ausbildung der Laubblätter. (*Ienaische Zeitschrift für Naturwissenschaften*, 1883.) (P. 133.)

— Der Sinn der Mycorhizenbildung. (*Jahrbücher für wissenschaftliche Botanik*, Bd. 34, 1900.) (P. 131.)

Stessels, A., Discussion des observations de la marée et de ses effets dans l'Escaut. (*Annales des Travaux publics de Belgique*, t. XXX, p. 197, 1872.) (P. 175.)

Tanner-Fulleman, M., Contribution à l'étude des lacs alpins : Le Schoenenbodensee. (*Bulletin de l'herbier Boissier*, 2e série, t. VII, 1897) (P. 116.)

Thuret, G., et Bornet, Ed., Études phycologiques. Paris, 1878. (P. 153.)

Treub, M., La forêt vierge comme association. (*Annales du Jardin botanique de Buitenzorg*, 2e série, t. VII, p. 144, 1908.) (P. 83.)

Van den Broeck, E., Martel et Rahir, E., Les cavernes et les rivières souterraines de la Belgique, 2 volumes. Bruxelles, 1910. (Pp. 14, 238, 239, 240, 241, 243, 244, 245, 246, 247.)

Vanderhaegen, Les Hyménomycètes signalés jusqu'à ce jour en Belgique. (*Bulletin de la Société royale de Botanique de Belgique*, t. XXXVI, I, 1897.) (P. 3.)

Vanderlinden, E., Étude sur les phénomènes périodiques de la végétation dans leurs rapports avec les variations climatiques. (*Recueil de l'Institut botanique Léo Errera*, t. VIII, 1910.) (P. 67.)

Verbist, Pieter, Het noorder deel van 't Graefschap Vlaendren, vervatende het Vrije. Anno 1644. (Un exemplaire de cette carte se trouve au Cabinet des Estampes de la Bibliothèque royale de Bruxelles.) (P. 16.)

Vincent, J., La répartition de la pluie en Belgique. (*Annuaire météorologique de l'Observatoire de Belgique pour 1910*, p. 7.) (Pp. 46, 50.)

Warming, E., Lehrbuch der œkologische Pflanzengeographie. 2. Auflage der deutschen Ausgabe. Berlin, 1902. (Pp. 92, 93.)

WEBER, C.-A., Die Geschichte der Pflanzenwelt des Norddeutschen Tieflandes seit der Tertiärzeit. (*Résultats du Congrès international de Botanique de Vienne en 1905*, p. 98. Iena, 1906.) (P. 22.)

WERY, JOSÉPHINE, Sur le littoral belge, 2ᵉ édition. Bruxelles, 1908. (Pp. 12. 19.)

WOLTERS, Évacuation des eaux des Flandres. (Octobre 1839.) (Des exemplaires de ces cartes se trouvent au Cabinet des Estampes de la Bibliothèque royale de Bruxelles.) (P. 17.)

WOODHEAD, T. W., Ecology of Woodlandplants in the Neighbourhood of Huddersfield. (*The Journal of the Linnean Society*. London, vol. XXXVII, Botany, p. 333, 1906.) (P. 133.)

TABLE ALPHABÉTIQUE

A

Andromeda poliifolia : aire d'habitat, 42, 72. — Adaptation au sol, 78, 81. — Dans Flandrien, 196. — Dans Campinien, 210.

Anemone nemorosa : date moyenne de floraison, 63. — Dans forêts, 129. — Accommodabilité, 132. — Dans prairies, 137. — Manque aux Dunes littorales, 167.

A. Pulsatilla : adaptation au climat continental, 57, 82. — Dans Jurassique, 282.

Aneura pinguis : dans Campinien, 209.

Angelica sylvestris : dans prairies, 137. — Dans Campinien, 212. — Dans Ardennais, 261, 267.

Antennaria dioica : adaptation au sol, 77. — Dans Ardennais, 261. — Dans Jurassique, 280.

Anthemis : messicole, 141.

Anthoceros laevis : adaptation au climat, 56. — Messicole, 140.

Anthophysa vegetans : dans le purin, 146.

Anthoxanthum odoratum : dans prairies, 135.

Anthriscus sylvestris : dans prairies, 136. — Dans Hesbayen, 228.

Anthyllis Vulneraria : dans Crétacé, 230. — Dans Calcaire, 255. — Dans Jurassique, 281.

Antirrhinum majus : sur vieux murs, 97.

Apera Spica-Venti : messicole, 142.

Aphanizomenon : plancton, 116.

Apium graveolens : dans Polders argileux, 187.

Aquilegia vulgaris : dans Jurassique, 283.

Arabis arenosa : adaptation au sol, 75. — Dans Calcaire, 247. — Dans Jurassique, 282.

Arenaria peploides : adaptation au sol, 74. — Dans Dunes littorales, 155, 160, 166.

A. serpyllifolia : saison de l'assimilation, 70, 71, 105. — Dans Dunes littorales, 156.

Armeria elongata : adaptation au sol, 76.

A. maritima : saison de l'assimilation, 70. — Sur Alluvions marines, 160, 171, 172.

Armillaria mellea : dans les grottes, 258.

Arnica montana : dans Campinien, 198. — Dans Ardennais, 261. — Dans Subalpin, 270. — Dans Jurassique, 280.

Arnoseris minima : dans Polders sablonneux, 189. — Dans Flandrien, 197. — Dans Hesbayen, 228.

Arrhenatherum elatius : dans prairies, 136. — Dans Dunes littorales, 160. — Dans Hesbayen, 228. — Dans Jurassique, 284.

Artemisia Absinthium : sur rochers, 96. — Dans Calcaire, 255.

Carex Davalliana et *C. dioica* : dans Jurassique, 284.

C. distans : sur Alluvions marines, 174.

C. glauca : saison de l'assimilation, 106. — Dans prairies sèches, 135. — Dans Jurassique, 282

C. Goodenoughii : dans Calcaire, 257.

C. Hornschuchiana : dans Calcaire, 252.

C. ornithopoda : dans Jurassique, 282.

C. paludosa : dans Polders argileux, 186. — Dans Calcaire, 57.

C. panicea : dans Hesbayen, 227.

C. paniculata : dans prairies, 137. — Dans Jurassique, 284.

C. paradoxa : dans Jurassique, 284,

C. praecox : adaptation au sol, 79. — Dans Flandrien.   . — Dans Jurassique, 282.

C. Pseudo-Cyperus : dans Polders argileux, 186.

C. pulicaris : dans Jurassique, 284.

C. remota : manque aux Dunes littorales, 167.

C. riparia : dans l'argile de Tegelen, 25.

C. tomentosa : dans Calcaire, 252.

C. vulpina : dans prairies, 137.

Carlina vulgaris : saison de l'assimilation, 70. — Dans Dunes littorales, 167. — Dans Jurassique, 282.

Corallorhiza innata : mycorhizes, 133.

Carotte, voir *Daucus*.

Carpinus Betulus (Charme) : dans l'argile de Tegelen, 25. — Limite N., 43. — Date moyenne de feuillaison, 64. — Id. d'effeuillaison, 65. — Sur rochers, 96. — Dans forêts, 124, 125. — Dans Calcaire, 256. — Dans Ardennais, 267.

Carum Bulbocastanum : dans Calcaire, 252. — Dans Jurassique, 284.

C. Carvi : dans prairies, 136. — Dans Jurassique, 284.

Castanea vesca (Châtaignier) : limite N., 43. — Date moyenne de feuillaison, 64. — Id. d'effeuillaison, 65. — Dans forêts, 124, 125. — Dans Flandrien, 196. — Dans Campinien, 211.

Caucalis daucoides : dans Calcaire, 257.

Centaurea Cyanus (Bluet) : messicole, 141, 142. — Manque aux Polders argileux, 187. — Dans Flandrien. 197. — Dans Campinien, 214. — Dans Jurassique, 284.

C. Jacea : messicole, 141. — Dans Jurassique, 284.

C. Scabiosa : dans Crétacé, 230. — Dans Calcaire, 255.

Centunculus minimus : dans Campinien, 210. — Dans Calcaire, 252, 253.

Cirsium : dans prairies, 135.

C. *acaule* : dans les pannes humides, 109. — Dans Dunes littorales, 164, 167. — Dans Crétacé, 234. — Dans Jurassique, 282.

C. *arvense* : messicole, 141. — Dons Jurassique, 284.

C. *eriophorum* : dans Jurassique, 282.

C. *oleraceum* : manque sur le littoral, 53. — Dans prairies, 136. — Dans Campinien, 212. — Dans Hesbayen, 228. — Dans Jurassique, 284.

C. *palustre* : dans les landes humides, 109. — Dans prairies, 137. — Dans Campinien, 209, 212. — Dans Ardennais, 261.

Cladina sylvatica : adaptation au sol, 77.

Cladium Mariscus : manque en Ardenne, 261.

Cladonia : sur les dunes, 106.

C. *coccifera* : adaptation au sol, 77, 79. — Dans Campinien, 208. — Dans Ardennais, 261.

C. *fimbriata* : dans Ardennais, 267.

C. *furcata* : adaptation au sol, 79. — Dans Campinien, 209.

C. *pyxidata* : adaptation au sol, 79. — Dans Flandrien, 196.

C. *rangiferina* : dans les landes humides, 109. — Dans Flandrien, 196. — Dans Campinien, 208.

C. *rangiformis* : dans Dunes littorales, 156. — Dans Jurassique, 281, 282.

Cladophora fracta : sur Alluvions marines, 169, 171, 173.

Clavaria fragilis : dans les bruyères, 85. — Dans Flandrien, 196.

Clematis Vitalba : dans Calcaire, 257.

Climacium dendroides . accommodabilité, 4, 5. — Dans Dunes littorales, 156.

Cochlearia danica : adaptation au sol, 74. — Dans Polders argileux, 186.

Colchicum autumnale : dans prairies, 136. — Dans Calcaire, 257. — Dans Jurassique 284.

Colacium : adaptations aquatiques, 117.

Collema : dans Dunes littorales, 156.

Comarum, voir *Potentilla*.

Conocephalus (Fegatella) conicus : dans Hesbayen, 227.

Convallaria majalis : date moyenne de floraison, 64. — Phénologie comparée, 66.

Convolvulus arvensis : accommodabilité, 4, 5. — Date moyenne de floraison, 64.

Corallorhiza innata : dans Subalpin, 271.

Cornus mas : dans l'argile de Tegelen, 25. — Date moyenne de floraison, 63. — Id. d'effeuillaison, 65. — Dans Calcaire, 255.

H

I

Iberis amara : adaptation au sol, 75. — Dans Jurassique, 282.

Ilex Aquifolium : dans Ardennais, 267.

Illecebrum verticillatum : adaptation au climat, 56.

Impatiens Noli-tangere : adaptation à l'atmosphère calme, 60.

Inocybe rimosa : dans Dunes littorales, 166.

Inula britanica : dans Calcaire, 257.

Iris Pseudo-Acorus : date moyenne de floraison, 64. — Saison de l'assimilation, 70. — Adaptations aquatiques, 117. — Dans Polders argileux, 186. — Dans Hesbayen, 227. — Dans Calcaire, 257.

Isoetes echinospora : sa disparition, 94.

Ithyphallus impudicus : dans Ardennais, 267.

J

Jasione montana : dans Dunes littorales, 161, 166. — Dans Flandrien, 191, 196. — Dans Campinien, 208.

Juglans regia (Noyer) : date moyenne de feuillaison et de floraison, 64. — Id. d'effeuillaison, 65. — Sur les digues, 178, 187.

J. tephrodes : dans l'argile de Tegelen, 25.

Juncus acutiflorus (J. sylvaticus) : dans prairies, 137. — Dans Flandrien, 196. — Dans Jurassique, 280.

J. conglomeratus : dans Ardennais, 261.

J. filiformis : dans Subalpin, 270.

J. Gérardi : dans Alluvions marines, 171, 174.

J. lamprocarpus : dans Dunes littorales, 167.

J. squarrosus : dans Flandrien, 196. — Dans Campinien, 209. — Dans Jurassique, 280.

J. sylvaticus, voir *J. acutiflorus*.

Juniperus communis : adaptation au sol, 80, 82. — Sur les dunes, 99. — Dans Campinien, 211. — Dans Ardennais, 261.

K

Knautia arvensis : messicole, 141.

Koeleria cristata : accommodabilité, 4, 6, 7. — Saison de l'assimilation, 106. — Dans prairies sèches, 135. — Dans Dunes littorales, 155, 160. — Dans Jurassique, 281, 282.

L

Laccaria laccata : dans Flandrien, 197.

Lactarius piperatus : dans Ardennais, 267.'

L. rufus : dans les pineraies, 85.

Lactuca perennis : adaptation au sol, 75. – Sur rochers, 96. — Dans Calcaire, 255. — Dans Jurassique, 282.

Lamium album : dans les haies, 145.

L. Galeobdolon : saison de l'assimilation, 70. — Dans forêts, 126. — Manque aux Dunes littorales, 167.

Larix decidua (Mélèze) : adaptation au climat maritime, 56. — Dans forêts, 124, 125, 150. — Dans Flandrien, 196. — Dans Hesbayen, 214.

Lathraea clandestina : adaptation au climat, 56. — Dans Hesbayen, 214, 216, 227.

Lathyrus Aphaca : messicole, 142.

L. montanus : dans Jurassique, 283.

L. pratensis : dans prairies, 136. — Dans Jurassique, 284

L. tuberosus : dans Jurassique, 284.

Lecanora : sur vieux murs, 97. — Dans Ardennais, 266.

L. calcarea : dans Jurassique, 281.

Lecidea : dans Ardennais, 266.

L. fusco-rubens : dans Crétacé, 230.

L. immersa : sur rochers calcaires, 95. — Dans Jurassique, 281.

Lemanea fluviatilis et *L. torulosa* : adaptation au sol, 75. — Dans Calcaire, 257.

Lemnacées : adaptations aquatiques, 117.

Lemna gibba : adaptation aux qualités de l'eau, 76. — Dans Polders argileux, 1 6.

L. minor : dans Polders argileux, 186.

L. trisulca : dans Polders argileux, 180.

Leontodon autumnalis : dans prairies, 135. — Dans Campinien, 212.

L. hispidus : dans Crétacé, 230. — Dans Jurassique, 282.

Lepidium campestre : dans Jurassique, 284.

Leskea polycarpa : dans l'argile de Tegelen, 25.

Letharia arenaria : dans Dunes littorales, 156.

Leucobryum glaucum : dans Flandrien, 197.

Leucodon sciuroides : dans Ardennais, 267.

Licmophora : adaptations aquatiques, 117.

Lygodium Gandini : dans l'Aquitanien, 27.

Lysimachia Nummularia : dans les landes humides, 110. — Dans prairies, 134.

L. vulgaris : dans les landes humides, 109. — Dans prairies, 134, 138. — Dans Flandrien, 197. — Dans Calcaire, 257. — Dans Ardennais, 261.

Lythrum Salicaria : saison de l'assimilation, 71. — Dans les landes humides, 110.

M

Magnolia Kobus : dans l'argile de Tegelen, 25.

Majanthemum bifolium : dans forêts, 130.

Mallomonas : plancton, 116. — Dans Ardennais, 266.

Malva sylvestris : date moyenne de floraison, 64.

Marasmius Abietis : dans forêts, 130. — Dans Ardennais, 267.

M caulicinalis : dans Dunes littorales, 156.

M. globularis : dans Campinien, 212.

M. Oreades : ronds de sorcières, 84, 85. — Dans Polders sablonneux, 189.

M. splachnoides : dans forêts, 130. — Dans Flandrien, 197 — Dans Ardennais, 267.

Marrubium vulgare : dans Hesbayen, 246, 228.

Matricaria : messicole, 142.

Medicago sativa (Luzerne) : cultivé, 138.

Melampyrum arvense : dans Calcaire, 252, 255. — Dans Jurassique, 284.

M. pratense : dans Calcaire, 255. — Dans Ardennais, 267.

Melandryum diurnum : manque sur le littoral, 53.

Mélèze, voir *Larix*.

Melica ciliata : sur rochers, 96. — Accommodabilité, 102.

M. uniflora : dans forêts, 126.

Melissa officinalis : dans l'argile de Tegelen, 25.

Melosira : plancton, 117.

Mentha, 11.

Mentha aquatica : dans Polders argileux, 186. — Dans Calcaire, 257.

M. arvensis : dans Campinien, 209.

M. rotundifolia : dans Hesbayen, 228.

Menyanthes trifoliata : adaptation au sol, 81. — Dans tourbières, 114. — Dans prairies, 137. — Dans Campinien 210. — Dans Jurassique, 280, 284.

Mercurialis annua : messicole, 141, 143.

Mercurialis perennis : dans Jurassique, 283.

Mespilus germanica : date moyenne de feuillaison, 64. — Id. d'effeuillaison, 65.

M. (Crataegus) monogyna : date moyenne de feuillaison, 63. — Id. de floraison, 64. — Id. d'effeuillaison, 65. — Phénologie comparée, 66. — Sur rochers, 96. — Dans Crétacé, 230. — Dans Calcaire, 256.

M. (C.) Oxyacantha : sur rochers, 96. — Dans Calcaire, 257.

Meum Athamanticum : dans prairies, 135. — Dans Subalpin, 270, 271.

Micrasterias : adaptation aux qualités de l'eau, 78.

M. rotata : dans Dunes littorales, 167. — Dans Flandrien, 196.

Microcala (Cicendia) filiformis : saison de l'assimilation, 71.

Microcoleus chthonoplastes : dans eaux saumâtres, 74 — Sur Alluvions marines, 173.

Mnium hornum : adaptation à la lumière, 63. — Saison de l'assimilation, 70. — Dans forêts, 126. — Dans Calcaire, 253.

Moehringia trinervia : accommodabilité, 132.

Milonia coerulea : sur les dunes, 106. — Dans prairies, 137. — Dans Flandrien, 196. - Dans Campinien, 209. — Dans Hesbayen, 227. — Dans Ardennais, 261, 267, 268

Monotropa Hypopitys : mycorhizes, 133. — Dans Calcaire, 256.

Myosotis hispida : saison d'assimilation, 103.

M. intermedia : messicole, 141. — Dans Jurassique, 284.

M. versicolor : messicole, 141.

Myrica Gale : dans la tourbe post-flandrienne. 20. — Adaptation au sol, 80. — Dans tourbières, 114. — Dans Flandrien, 196. — Dans Campinien, 209. — Rare en Ardenne, 261.

Myriophyllum : manquent aux Alluvions fluviales, 177.

M. alterniflorum : dans Campinien, 211.

M. verticillatum : dans l'argile de Tegelen. 25.

N

Najas minor : dans l'argile de Tegelen, 25.

Narcissus Pseudo-Narcissus : date moyenne de floraison, 63. — Phénologie comparée, 66.

Nardus stricta : manque aux Dunes littorales, 165. — Dans Flandrien, 196. — Dans Campinien, 208, 212. — Dans Ardennais, 261.

Ornithopus sativus (Serradelle) : cultivé, 138.

Orobanche caryophyllacea : adaptation au sol, 75.

O. Epithymum : dans Jurassique, 282.

O. Hederae : adaptation au sol, 75.

O. minor : saison de l'assimilation, 71.

Orthotrichum : dans Ardennais, 267.

O. rupestre : adaptation au sol, 77. — Dans Ardennais, 266.

O. saxatile : dans Hesbayen, 215. — Dans Jurassique, 281.

Osmunda regalis : adaptation au sol, 80. — Dans Campine, 209.

Oxyrrhis marina : dans eau saumâtre, 74.

P

Pandorina : plancton, 116.

Panicum (Oplismenus) Crus-Galli : messicole, 141. — Dans Flandrien, 198.

Pannularia nigra : sur rochers, 95. — Dans Jurassique, 281.

Papaver : messicole, 141.

P. Rhoeas : messicole, 142.

Parietaria erecta et *P. ramiflora* : sur vieux murs, 97.

Parmelia : sur rochers, 95.

P. physodes : sur les dunes, 106. — Dans Ardennais, 267.

P. saxatilis : sur rochers, 95. — Sur vieux murs, 97.

Parnassia palustris : saison de l'assimilation, 71. — Dans les landes humides, 110. — Dans Dunes littorales, 167.

Pastinaca sativa : dans prairies, 136. — Cultivé, 139. — Dans Polders argileux, 186. — Dans Jurassique, 284.

Paxillus involutus : dans Dunes littorales, 167.

Pediastrum : plancton, 117.

P. Boryanum : dans Dunes littorales, 167.

Pedicularis palustris : dans prairies, 137. — Dans Jurassique, 284.

P. sylvatica : adaptation au sol, 80. — Dans tourbières, 114. — Dans Campinien, 209.

Pellia epiphylla : adaptation à la lumière, 63. — Dans Ardennais, 266.

Peltidea aphtosa : dans Jurassique, 283.

Peltigera canina : dans Dunes littorales, 156. — Dans Ardennais, 267.

Polytrichum commune : dans les landes humides, 110. — Dans tourbières, 114. — Dans Campinien, 209. — Dans Ardennais, 261.

P. *formosum* : adaptation à la lumière, 63. — Saison de l'assimilation, 70. — Dans Flandrien, 197. — Dans Ardennais, 267.

P. *piliferum* : adaptation au sol, 77, 80. — Sur les dunes, 106. — Dans Campinien, 208, 211. — Dans Hesbayen, 227. — Dans Jurassique, 281.

Pomme de terre, voir *Solanum tuberosum*.

Pommier, voir *Pirus Malus*.

Populus (Peuplier) *alba* : date moyenne de feuillaison, 64. — Id. d'effeuillaison, 65. — Dans forêts, 127.

P. *monilifera* : dans forêts, 124. — Dans prairies, 137. — Dans Hesbayen, 227.

P. *nigra* : date moyenne d'effeuillaison, 65.

P. *Tremula* (Tremble) : limite N., 43. — Date moyenne de feuillaison, 64. — Id. d'effeuillaison, 65. — Dans forêts, 127.

Porphyra laciniata : dans Domaine Intercotidal, 152, 153.

Porphyridium cruentum : dans les fermes, 146.

Potamogeton : adaptations aquatiques, 117. — Dans Campinien, 211.

P. *crispus* : dans Hesbayen, 227.

P. *densus* : manque aux Alluvions fluviales, 177. — Dans Hesbayen, 227.

P. *lucens* : dans Hesbayen, 227.

P. *natans* : dans Dunes littorales, 167. — Dans Ardennais, 266.

P. *pectinatus* : dans l'argile de Tegelen, 25. — Dans Hesbayen, 227.

P. *perfoliatus* : dans Hesbayen, 227.

P. *polygonifolius* : dans Campinien, 211.

Potentilla Anserina : aux bords des chemins, 144.

P. (*Comarum*) *palustris* : adaptation au sol, 80. — Dans tourbières, 114. — Dans Campinien, 210. — Dans Ardennais, 261. — Dans Jurassique, 280.

P. *recta* : introduit, 145.

P. *reptans* : aux bords des chemins, 144.

P. *sterilis* : accommodabilité, 133.

P. *sylvestris* : dans Campinien, 209. — Dans Ardennais, 261.

P. *verna* : dans Calcaire, 254.

Poterium, voir *Sanguisorba*.

Primula elatior : date moyenne de floraison, 63. — Dans prairies, 136. — Dans Hesbayen, 227.

Ranunculus aquatilis : dans l'argile de Tegelen, 25. — Dans Polders argileux, 186. — Dans Campinien, 211.

R. arvensis : messicole, 142.

R. bulbosus : saison de l'assimilation, 70, 105. — Sur les dunes, 107. — Dans prairies, 135. — Dans Dunes littorales, 156. — Dans Polders sablonneux, 188.

R. Ficaria : saison de l'assimilation, 70.

R. Flammula : dans l'argile de Tegelen, 25. — Dans Flandrien, 196. — Dans Calaire, 257.

R. fluitans : saison de l'assimilation, 70, 118. — Adaptation au sol, 82. — Dans Calcaire, 257.

R. Lingua : adaptations aquatiques, 117.

R. platanifolius : dans Ardennais, 267.

R. repens : accommodabilité, 132. — Aux bords des chemins, 144.

Reseda lutea : dans Crétacé, 230. — Dans Calcaire, 257.

R. Luteola : sur les voies ferrées, 145. — Dans Crétacé, 230.

Rhacomitrium aciculare : adaptation au sol, 78.

Rh. canescens : adaptation au sol, 77. — Sur les dunes, 106. — Dans Jurassique, 281.

Rh. fasciculare : dans Hesbayen, 215.

Rhamnus cathartica : dans Calcaire, 257.

Rh. Frangula : dans tourbières, 114. — Dans forêts, 127. — Dans Flandrien, 196. — Dans Campinien, 209. — Dans Crétacé, 234. — Dans Jurassique, 280.

Rhinanthus : dans prairies, 137.

Rh. major : dans les landes humides, 110. — Dans Dunes littorales, 167.

Rhipidodendron : adaptations aquatiques, 117.

Rhodobryum roseum : dans Jurassique, 283.

Rhynchospora alba : dans tourbières, 114. — Dans Campinien, 210.

Rh. fusca : dans tourbières, 114. — Dans Campinien, 210.

Ribes nigrum : date moyenne de feuillaison, 63. — Id. de floraison, 64. — Id. d'effeuillaison, 65. — Cultivé, 139.

R. rubrum : date moyenne de floraison, 64. — Id. d'effeuillaison, 65. — Cultivé, 139.

R. Uva-crispa : date moyenne de feuillaison et de floraison, 63. — Id. d'effeuillaison, 65. — Cultivé, 139.

Riccia : adaptations aquatiques, 117.

R. canaliculata : dans Campinien, 210.

Silene nutans : accommodabilité, 102, 104. — Dans Calcaire, 254.

S. *venosa,* voir S. *inflata.*

Sinapis arvensis : messicole, 142. — Dans Jurassique, 284.

Sisymbrium austriacum : adaptation au sol, 75.

S *officinale* : sur les décombres, 145.

Sium : adaptations aquatiques, 117.

S. *latifolium* : dans Hesbayen, 227.

Solanum Dulcamara : dans l'argile de Tegelen, 25. — Sur les dunes, 107.

S. *nigrum* : messicole, 142. — Dans Dunes littorales, 168.

S. *tuberosum* (Pomme de terre) : cultivé, 138, 139, 141. — Dans Flandrien, 197. — Dans Campinien, 214.

Solidago Virga-aurea : dans forêts, 130. — Dans Flandrien, 196. — Dans Ardennais, 267.

Solorina saccata : adaptation au sol, 75. — Dans Jurassique, 283.

Sorbus, voir **Pirus**.

Sparganium ramosum : dans Ardennais, 266.

Spargoute, voir *Spergula arvensis.*

Specularia Speculum : messicole, 141.

Spergula arvensis (Spargoute) : cultivé, 138. — Messicole, 142. — Manque aux Polders argileux, 187. — Dans Flandrien, 198. — Dans Campinien, 214. — Dans Hesbayen, 228.

S. *Morisonii* : adaptation au climat, 56. — Saison de l'assimilation, 70. — Sur les dunes, 97.

Spergularia rubra : messicole, 141.

S. *segetalis* : messicole, 141.

Sphaerocarpus terrestris : messicole, 140.

Sphagnoecetis communis : dans Campinien, 209.

Sphagnum : dans la tourbe post-flandrienne, 19. — Adaptation au sol, 78, 80, 100. — Dans les landes humides, 110. — Dans tourbières, 114 — Dans Flandrien, 196. — Dans Campinien, 209, 210. — Dans Calcaire, 257. — Dans Ardennais, 261. — Dans Jurassique, 280, 284.

Spiraea Ulmaria, voir *Ulmaria.*

Spirillum Undula : dans le purin, 146.

Spirodela polyrhiza : dans Polders argileux, 186.

Spirogyra : plancton, 117.

Volvox : plancton, 116.
V. aureus : dans Dunes littorales, 167.

W

Wolffia arhiza : dans Polders argileux, 186.

X

Xanthoria parietina : sur vieux murs, 97.

Z

Zannichellia palustris : adaptations aquatiques, 117.
Zostera nana : adaptation au sol, 74.
Zygnema cruciatum : dans Dunes littorales, 167.
Z. ericetorum : adaptation au sol, 78, 80. — Dans les landes humides, 110 — Dans Campinien, 209. — Dans Ardennais, 266.
Z. sp. : dans Ardennais, 266.

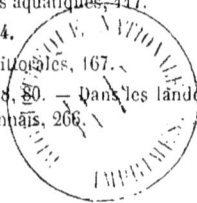